Technik des betrieblichen Rechnungswesens

Lehrbuch zur Finanzbuchhaltung

Von
Dr. rer. pol. Jürgen Schöttler
Dr. rer. pol. Reinhard Spulak

8., verbesserte Auflage

R. Oldenbourg Verlag München Wien

Die Deutsche Bibliothek - CIP-Einheitsaufnahme

Technik des betrieblichen Rechnungswesens / von Jürgen Schöttler ; Reinhard Spulak ; Wolfgang Baur. - München ; Wien : Oldenbourg.
Lehrbuch verf. von Jürgen Schöttler ; Reinhard Spulak
NE: Schöttler, Jürgen; Spulak, Reinhard; Baur, Wolfgang

Lehrbuch zur Finanzbuchhaltung. - 8., verb. Aufl. - 1996
ISBN 3-486-23530-3

Gesamtherstellung: R. Oldenbourg Graphische Betriebe GmbH, München

ISBN 3-486-23530-3

Inhaltsverzeichnis

Vorwort (zur 3. und 4. Auflage)

Das vorliegende Lehrbuch und das hierzu im gleichen Verlag erschienene Übungsbuch sind in ihrer Gesamtkonzeption in erster Linie auf die Anforderungen der Studierenden an den wirtschaftswissenschaftlichen Abteilungen von Hoch- und Fachhochschulen abgestellt; es wendet sich damit an alle Anfangssemester, die sich im Rahmen ihrer Ausbildung mit den Techniken des betrieblichen Rechnungswesens (Finanzbuchhaltung) vertraut machen müssen. Da davon auszugehen ist, daß die Studierenden keine Vorkenntnisse auf dem Gebiet der Finanzbuchhaltung besitzen, ist eine Verwendung des Gesamtwerkes auch an Wirtschaftsgymnasien und sonstigen Wirtschaftsschulen möglich.

Lehr- und Übungsbuch sind nicht nur als studienbegleitende Lektüre anzusehen, sondern sollen vor allem auch zum Selbststudium anregen. Während das Lehrbuch vorrangig der Wissensvermittlung und Darstellung anwendungsbezogener Beispiele dient, kann mit Hilfe des Übungsbuches der eigene Wissensstand an Hand von Übungs- und Testaufgaben, denen ausführliche Lösungen beigegeben sind, überprüft werden. Entsprechend den Erfahrungen, die die Verfasser als Dozenten im Grundstudium der Betriebswirtschaftslehre an der Universität Mannheim sammeln konnten, wurde besonderer Wert auf die grundlegenden Probleme der doppelten Buchhaltung gelegt. Ist nämlich bei den Studierenden erst einmal das grundlegende Verständnis für das System der doppelten Buchhaltung vorhanden, können sie die Vielzahl der besonderen Buchhaltungsprobleme besser verstehen und leichter erarbeiten.

Um den Stoff in einem vertretbaren Rahmen halten zu können, wurde die Darstellung spezieller Buchhaltungsprobleme auf das nach der Meinung der Verfasser Wesentlichste beschränkt; andererseits wurde aber bewußt keine Begrenzung auf die Buchführung des Handelsbetriebes oder Industriebetriebes vorgenommen; vielmehr sollten u. E. in einem einführenden Werk zur Finanzbuchhaltung sowohl Probleme der Verbuchung in Handels- als auch in Industriebetrieben aufgezeigt werden, um eine zu frühzeitige Spezialisierung vermeiden und einen umfassenden Überblick über die gesamte Finanzbuchhaltung geben zu können. Im Rahmen der Industriebuchführung wurde der Kontierung der **Industriekontenrahmen (IKR) 1986** zugrundegelegt, da er den aktuellen handels- und steuerrechtlichen Erfordernissen am besten Rechnung trägt.

Die Verfasser hoffen, daß ihnen das schwierige Vorhaben, einerseits einen Überblick über die grundlegenden Probleme der Finanzbuchhaltung zu geben, andererseits aber den komplexen Stoff auf das Wesentlichste zu beschränken, gelungen ist; sie freuen sich indes über alle Anregungen und Verbesserungsvorschläge, die dazu beitragen, diesem Ziel in Zukunft noch näher zu kommen.

Zu besonderem Dank sind die Verfasser Herrn Weigert vom Verlag für die reibungslose und gute Zusammenarbeit sowie Frau Heikenwälder und Frau Paul für das sorgfältige Schreiben der oft nur schwer leserlichen Manuskripte verpflichtet.

Die Verfasser

Vorwort (zur 5. bis 8. Auflage)

Die vorliegende Auflage berücksichtigt die aktuellen gesetzlichen Grundlagen des Bilanzrichtliniengesetzes (1986). Gleichzeitig wurde bei den Buchungsbeispielen der neue Industriekontenrahmen 1986, der auch die vorgenannten gesetzlichen Neuerungen beinhaltet, zugrundegelegt.

Eine wesentliche Erweiterung erfuhr das erste Kapitel, in dem nunmehr auch auf einige materielle Inhalte der Bilanzierung eingegangen wird. Diese Ausführungen gehen über die Zielsetzung primär der Vermittlung der Buchführungstechnik etwas hinaus, so daß es u.U. für den Anfänger angebracht erscheint sie zunächst zu überschlagen (hierauf wird auch im Text hingewiesen) und sie erst später beim Auftreten materieller Buchungs- und Bilanzierungsfragen mit einzubeziehen (auch hier unterstützen entsprechende Verweise im Text). Wesentlich erweitert wurden außerdem die Ausführungen zum Umsatz- und Gesamtkostenverfahren, der Praxis der Verbuchung des Anlagevermögens sowie der Rückstellungsbegründung und Verbuchung.

Die große Zahl umsatzsteuerlicher Verbuchungsprobleme wird in dem vorliegenden Werk auf der Basis des Umsatzsteuergesetzes 1991 gelöst. Besonderheiten aus der Weiterentwicklung der Europäischen Gemeinschaft (EG) zu einem Raum ohne Binnengrenzen („Binnenmarkt") ab dem 1. Januar 1993 sind für das Verständnis der Verbuchungstechnik der Umsatzsteuer vernachlässigbar und bleiben daher unberücksichtigt.

Die Verfasser

Verzeichnis der wichtigsten Abkürzungen

A	Aktiva
AB	Anfangsbestand
Abb.	Abbildung
ABK	Aktives Bestandskonto
AfA	Absetzung für Abnutzung
AG	Aktiengesellschaft
AktG	Aktiengesetz
AO	Abgabenordnung
AV	Anlagevermögen
BdF	Bundesministerium der Finanzen
BiRiLi	Bilanzrichtliniengesetz
Bezko	Bezugskosten
BGA	Betriebs- und Geschäftsausstattung
BGB	Bürgerliches Gesetzbuch
BS	Buchungssatz
EB	Endbestand
EBK	Eröffnungsbilanzkonto
EG	Europäische Gemeinschaft
EK	Eigenkapital
EKW	Einkaufswert
EStG	Einkommensteuergesetz
EUSt	Einfuhrumsatzsteuer
FE	Fertigerzeugnisse
Fifo	First in – first out
FK	Fremdkapital
GKR	Gemeinschaftskontenrahmen der Industrie
GmbH	Gesellschaft mit beschränkter Haftung
GuV	Gewinn- und Verlust(konto)
GuVR	Gewinn- und Verlust-Rechnung
H	Haben
HGB	Handelsgesetzbuch
Hifo	Highest in – first out
HuGA	Haus- und Grundstücksaufwand
HuGE	Haus- und Grundstücksertrag
IKR	Industriekontenrahmen
i.w.S.	im weiteren Sinne
KG	Kommanditgesellschaft
KGaA	Kommanditgesellschaft auf Aktien
Lifo	Last in – first out
MwSt	Mehrwertsteuer
OHG	Offene Handelsgesellschaft
P	Passiva
PBK	Passives Bestandskonto
Rst	Rohstoffe
S	Soll
SBK	Schlußbilanzkonto
Stck	Stück

USt(G)	Umsatzsteuer(gesetz)
UV	Umlaufvermögen
Verb. a.L.u.L.	Verbindlichkeiten aus Lieferungen und Leistungen
VermBG	Vermögensbildungsgesetz
VKW	Verkaufswert
VSt	Vorsteuer
WE	Wareneinkauf
WESK	Wareneinkauf(sammel)konto
WV	Warenverkauf

1. Kapitel

Die Finanzbuchhaltung als Teilbereich des betrieblichen Rechnungswesens

1. Begriff und Inhalt des betrieblichen Rechnungswesens

Aufgabe des Rechnungswesens allgemein ist es, ökonomische Sachverhalte abzubilden, um diese zu dokumentieren, zu planen, zu steuern und/oder zu kontrollieren. Nach dem Objekt des Rechnungswesens unterscheidet man zwischen volkswirtschaftlichem Rechnungswesen, Rechnungswesen des privaten Haushalts und betrieblichem Rechnungswesen. Der **Betrieb** ist hierbei definiert als eine planvoll organisierte Wirtschaftseinheit, in der Produktionsfaktoren (z. B. menschliche Arbeitskraft, Betriebsmittel, Werkstoffe) zur Sachgüter- und Dienstleistungserstellung kombiniert werden. Diese Kombination erfolgt entsprechend dem Formalprinzip der Wirtschaftlichkeit (**ökonomisches Prinzip**), nach dem entweder mit einem gegebenen Einsatz von Produktionsfaktoren der größtmögliche Gütерertrag zu erzielen ist oder nach dem ein vorgegebener Güterertrag mit dem geringstmöglichen Einsatz von Produktionsfaktoren zu erwirtschaften ist. Hauptziel des Betriebes in der Marktwirtschaft (= **Unternehmung**) ist die Erzielung von Gewinn durch Verkauf der produzierten Güter bzw. durch Bereitstellung von Dienstleistungen am Markt. Aufgabe des betrieblichen Rechnungswesens ist es somit, alle in der Unternehmung auftretenden Geld- und Leistungsströme durch ihre mengen- und/oder wertmäßige Erfassung im Hinblick auf die finanzielle(n) Zielgröße(n) transparent zu machen. Die dadurch gewonnenen Informationen können als Planungs-, Steuerungs-, Entscheidungs- und Kontrollgrundlage für verschiedene an der Unternehmung interessierte Personenkreise dienen.

Nach der Stellung der Informationsadressaten des betrieblichen Rechnungswesens unterscheidet man zwischen dem internen und externen Rechnungswesen. Das **interne Rechnungswesen**, das seiner überwiegenden Funktion entsprechend auch als instrumentales Rechnungswesen („Management Accounting") bezeichnet wird, soll dem Personenkreis der innerhalb der Unternehmung infolge gesetzlicher Bestimmungen bzw. faktischer Machtverhältnisse entscheidungs- oder kontrollbefugt ist (z. B. Unternehmensleitung, große Kapitalgeber) die für seine Dispositionen erforderlichen Informationen liefern. Das **externe Rechnungswesen**, das auch dokumentarisches Rechnungswesen („Financial Accounting") genannt wird, informiert dagegen alle außerhalb der Unternehmung stehenden interessierten Personen (z. B. aktuelle und potentielle Kapitalanleger, kleinere Gläubiger, Arbeitnehmer, Fiskus, Gerichte, interessierte Öffentlichkeit).

Zur Befriedigung der Informationsbedürfnisse der das Unternehmensgeschehen unmittelbar beeinflussenden Personen können innerhalb des internen Rechnungswesens unterschiedliche Rechenwerke Anwendung finden, die von ihrem Zweck her unterschiedlich ausgestaltet sein können. Da die Adressaten des internen Rechnungswesens grundsätzlich Zugang zum gesamten Zahlenmaterial der Unternehmung haben, würde bei einer fehlerhaften Ausgestaltung des internen Rechnungswesens lediglich die Gefahr falscher Selbstinformation bestehen. Spätestens aber durch das Eintreten der tatsächlichen Sachverhalte wäre die mit solchen Mängeln behaftete Eigeninformation offensichtlich. Mittelbar ergeben sich daraus allerdings auch Konsequenzen für das externe Rechnungswesen. Trotz der grundsätzlichen Unbestimmtheit und Unabhängigkeit des internen Rechnungswesens haben sich daher in der betriebswirtschaftlichen Praxis und Literatur bestimmte Verfahren als besonders geeignet für die interne Informationsverarbeitung herausgebildet. Diese werden traditionell unterschieden in

- Kosten- und Leistungsrechnung (kurz „Kostenrechnung" oder „Betriebsabrechnung" genannt)
- Statistik (betriebliche Vergleichsrechnung)
- Planungsrechnung.

Hauptaufgaben der **Kostenrechnung** sind die Kontrolle der Wirtschaftlichkeit der Leistungserstellung sowie die Informationsbeschaffung zur Vorbereitung betrieblicher Entscheidungen. Sie bildet die innerhalb der Unternehmung stattfindenden wirtschaftlichen Vorgänge ab. Im Rahmen der Kostenrechnung werden dazu die eingesetzten Produktionsfaktoren als negative Rechengröße (**Kosten**) den mit ihnen produzierten Gütern als positive Rechengröße (**Leistungen**) gegenübergestellt. Durch diese Gegenüberstellung der angefallenen Kosten und Leistungen einer Abrechnungsperiode ermittelt die Kostenrechnung als Zeitraumrechnung – dann auch **Betriebsbuchhaltung** genannt – den durch die spezifisch betriebliche Produktionstätigkeit erwirtschafteten Erfolg (Betriebserfolg). Außerdem können unter Verarbeitung der grundsätzlich gleichen Daten die durch die einzelne Leistungseinheit (Kostenträger) verursachten Kosten bestimmt werden (**Kostenträgerstückrechnung**). Die so ermittelten Stückkosten können dabei als Grundlage für die Berechnung der Preisuntergrenze (**Kalkulation**) dienen, daneben aber auch als entscheidungsrelevante Informationen in andere Rechnungen – z.B. in die Bestimmung eines optimalen Produktionsprogramms – eingehen. Darüberhinaus ist die Kostenträgerstückrechnung auch Basis der Bewertung von Halb- und Fertigfabrikaten sowie selbsterstellter Gegenstände des Anlagevermögens (z.B. selbsterstellte Maschinen) bei der externen Rechnungslegung. Mit Hilfe der in der Zeitraum- und/oder Stückrechnung aufbereiteten Daten kann zugleich die Aufgabe der Kontrolle der Wirtschaftlichkeit der Leistungserstellung realisiert werden.

Aufgabe der **Statistik** im Rahmen des betrieblichen Rechnungswesens ist es, das in einer Unternehmung anfallende umfangreiche Datenmaterial mit Hilfe besonderer Methoden zu speichern, zu verarbeiten und mit dem Ziel aufzubereiten, komprimierte Informationen zur Entscheidungsvorbereitung zur Verfügung zu stellen. Diese Informationen können zum Vergleich inner- und/oder außerbetrieblicher Tatbestände herangezogen werden. So lassen sich z.B. bei einem zwischenbetrieblichen Rentabilitätsvergleich entsprechende Rentabilitätskennziffern, allgemein definiert als Quotient aus erwirtschaftetem Erfolg und eingesetztem Kapital, verschiedener Unternehmen miteinander vergleichen. Beim innerbetrieblichen Zeitvergleich werden bestimmte gleiche Massen (z.B. Kosten) zu unterschiedlichen Zeitpunkten ermittelt und ihre Entwicklung beurteilt. Innerhalb des Rechnungswesens der Unternehmung gewinnt – vor allem einhergehend mit dem wachsenden Einsatz automatischer Datenverarbeitungsanlagen – die Statistik zunehmend an Bedeutung.

Die **Planungsrechnung** – auch Vorschaurechnung genannt – versucht, zukünftiges Geschehen zu antizipieren und zu quantifizieren, um im Hinblick auf die verfolgten Unternehmensziele optimale Entscheidungen zu ermöglichen. Ihre systematische Durchführung ist vor allem bei größeren Unternehmen, die Entscheidungen mit langfristiger Wirkung treffen, zwingend notwendig.

Nach den betrieblichen Funktionen kann man

- Produktionsplanung (incl. Planung der Beschaffung),
- Absatzplanung,
- Investitionsplanung,
- Finanzplanung

unterscheiden. Dabei stehen die einzelnen Planungsbereiche nicht zusammenhanglos nebeneinander, vielmehr besteht eine wechselseitige Abhängigkeit. So versucht z. B. die Investitionsplanung, aufbauend auf den innerhalb der Absatzplanung geschätzten künftigen Absatz von Betriebsleistungen, die zur Erstellung dieser Produkte notwendigen Produktionsanlagen qualitativ und quantitativ festzulegen. Simultan soll die Finanzplanung das optimale Finanzierungsprogramm zur Beschaffung dieser Anlagen ermitteln.

Diese Aufzählung der Verfahren des internen Rechnungswesens ist keineswegs vollständig, vielmehr werden sie je nach Unternehmen und Betriebszweck unterschiedlich weiterentwickelt und finden im Rahmen des „**Controlling**" der Unternehmen eine immer gewichtigere Bedeutung.

Das **externe Rechnungswesen** dient der Befriedigung der Informationsbedürfnisse von außerhalb der Unternehmung stehenden Personen. Diese Personen haben zum Teil andere Informationsbedürfnisse als die „Internen". Soweit aber ein Gleichlauf der Interessen nicht anzunehmen ist, besteht die Gefahr, daß das Management kraft faktischen Handelns lediglich seine eigenen Zielvorstellungen realisiert, während die Zielvorstellungen der nicht unmittelbar am Unternehmensgeschehen Beteiligten vernachlässigt werden. Zum Ausgleich dieses potentiellen Ungleichgewichts der Interessen hat der Gesetzgeber entsprechende Normen erlassen, die bei der externen Rechnungslegung zwingend zu beachten sind.

Zweck der kodifizierten Rechnungslegungsvorschriften ist es, die Unternehmung zunächst zu veranlassen, Rechenschaft über die in der vergangenen Rechnungsperiode angefallenen wirtschaftlich relevanten Vorgänge (= **Geschäftsvorfälle**) abzulegen. Damit soll gleichzeitig ein gewisses Minimum an aussagefähigen Informationen über die wirtschaftliche Lage den außerhalb der Unternehmung stehenden Informationsadressaten zugänglich gemacht werden.

Diese Normen sind in den verschiedenen Ländern, infolge der unterschiedlichen historischen Entwicklung der Handelsusancen, der mit der externen Rechnungslegung verfolgten Zwecke und der betreffenden Gesetzgebung, nicht identisch, sondern weisen z. T. erhebliche Unterschiede auf. Im Rahmen der Europäischen Gemeinschaft wurde jedoch durch die Umsetzung der 4. EG-Richtlinie in das lokale Recht der Mitgliedstaaten eine gewisse Anpassung herbeigeführt. Für die Bundesrepublik Deutschland und West-Berlin wurde die 4. EG-Richtlinie durch das Bilanzrichtliniengesetz (**BiRiLiG**) vom 19. Dezember 1985 in nationales Recht umgesetzt. Das BiRiLiG trat am 1. Januar 1986 in Kraft und war erstmals für die Jahresabschlüsse anzuwenden, die im Kalenderjahr 1987 erstellt wurden.

Das externe Rechnungswesen beinhaltet vor allem die sogenannte **Finanzbuchhaltung** (daneben z. B. eine evtl. zu veröffentlichende Kapitalflußrechnung) sowie die daraus resultierenden Rechenwerke der Bilanz und der Gewinn- und Verlustrechnung (= **Jahresabschluß**) und den **Geschäftsbericht** (Anhang) der Unternehmung.

Im folgenden wollen wir uns unter weitgehender Vernachlässigung der anderen Teilgebiete des betrieblichen Rechnungswesens auf die (deutsche) Finanzbuchhaltung – hier auch kurz **Buchhaltung** oder **Buchführung** genannt – konzentrieren; dabei wird vorwiegend auf die sie charakterisierende Technik der doppelten Buchführung eingegangen, während andere in der Praxis weniger gebräuchliche Buchführungstechniken (einfache Buchführung, kameralistische Buchführung) sowie die materiellen Bilanzierungsprobleme in diesem Zusammenhang weniger Beachtung finden sollen.

2. Die doppelte Buchführung als System der Finanzbuchhaltung

a. Aufgaben der doppelten Buchführung

In Erfüllung des allgemeinen Rechnungslegungszwecks der Finanzbuchhaltung müssen zunächst alle Geschäftsvorfälle vollständig erfaßt, geordnet und dokumentiert werden. Diese Dokumentation der laufenden Geschäftsvorfälle erfolgt zum einen chronologisch im sog. **Grundbuch** (Journal) und zum anderen noch einmal nach systematischen Gesichtspunkten geordnet im sog. **Hauptbuch**. Jeder Geschäftsvorfall ist also mindestens zweimal aufzuzeichnen. Basis der Dokumentation ist der Beleg (**Belegprinzip**); er begründet die Aufzeichnung, dient zur Beweissicherung und ist die Verbindung zwischen dem zugrundeliegenden Geschäftsvorfall und seiner Verarbeitung (**Verbuchung**) im Grund- und Hauptbuch. Es gilt der Grundsatz: keine Buchung ohne Beleg!

Um einen Einblick in die wirtschaftliche Lage einer Unternehmung geben zu können, genügt aber nicht nur eine isolierte lückenlose Aufzeichnung sämtlicher Geschäftsvorfälle, sondern darüberhinaus ist ihre planvolle und systematische Auswertung mit dem Ziel vorzunehmen, einen jederzeitigen Überblick über die **Vermögenslage** und den Stand der Schulden einer Unternehmung gewinnen zu können. Dies wird ermöglicht durch Inventur und Inventar sowie durch den periodischen Abschluß der Buchführung, indem nach bestimmten Kriterien die Auswirkungen von Geschäftsvorfällen zusammengefaßt und gruppiert werden. Dabei darf nach gesetzlichen Vorschriften die **Rechnungsperiode** nicht länger als zwölf Monate, wohl aber kürzer sein.

Häufig stimmt das Geschäftsjahr mit dem Kalenderjahr überein (Geschäftsjahr vom 1.1.–31.12.), man spricht dann vom **Kalendergeschäftsjahr**. Umfaßt das Geschäftsjahr zwar zwölf Monate, ist aber nicht identisch mit dem Kalenderjahr (z.B. Geschäftsjahr vom 1.7.–30.6.), so spricht man von einem „**abweichenden Geschäftsjahr**“. In Ausnahmefällen, z.B. beim Wechsel vom Kalendergeschäftsjahr zum abweichenden Geschäftsjahr bzw. umgekehrt, ergeben sich Geschäftsjahre mit

weniger als zwölf Monaten; man spricht in diesem Fall von einem sog. **Rumpfgeschäftsjahr** (z.B. Geschäftsjahr vom 1.1.–30.6.), das z.B. auch im Fall der Gründung, Fusion, Sanierung, Vergleich oder Konkurs auftreten kann.

Mit der Feststellung des Vermögens und der Schulden – letztere werden auch als **Fremdkapital** bezeichnet – ergibt sich gleichzeitig als Differenz dieser beiden Größen das sog. **Reinvermögen** oder Eigenkapital. Das **Eigenkapital** ist also der Restbetrag, der dem Unternehmen verbleibt, wenn mit Hilfe der aus der Veräußerung aller Vermögensgegenstände gewonnenen finanziellen Mittel die Schulden beglichen werden.

Weiterhin werden im Rahmen der Finanzbuchhaltung Aussagen über den durch die Geschäftsvorfälle einer Periode verursachten positiven oder negativen **Erfolg** gemacht. Dieser ergibt sich als Gewinn oder Verlust, je nachdem, ob das Eigenkapital zum Ende des Geschäftsjahres gegenüber dem Beginn des Jahres zu- oder abgenommen hat (private Transaktionen werden vorerst vernachlässigt). Darüberhinaus wird die Entstehung des Erfolges (= **Ertragslage**) im einzelnen dargestellt.

Voraussetzung für die Darstellung der „richtigen" Vermögens- und Ertragslage ist es, daß Einigkeit darüber besteht, was unter einem **Geschäftsvorfall** zu verstehen ist und in welchem Ausmaß er sich als buchungspflichtiger Vorgang auf die Vermögens- und Ertragslage auswirkt. Unsere bisherige allgemeine Definition des Geschäftsvorfalles als „wirtschaftlich relevanter Tatbestand" bedarf daher noch einer Konkretisierung. Für die jeweilige Unternehmung sind wirtschaftlich relevant alle Vorgänge, die quantifizierbar sowie in Geldgrößen bewertbar sind und darüberhinaus zur Änderung der Höhe und/oder Struktur des Vermögens bzw. des Eigen- und Fremdkapitals einer Unternehmung beitragen. Dabei knüpft die Finanzbuchhaltung grundsätzlich an Zahlungsvorgänge an, sie wird daher auch als „**pagatorische Buchführung**" bzw. „pagatorische Rechnung" (pagare = zahlen) bezeichnet.

Geschäftsvorfälle sind dann vor allem:

- Güterbewegungen zwischen Unternehmung und Umwelt bzw. umgekehrt, soweit sie mit Zahlungsströmen verbunden sind,

  Beispiel: Barverkauf von Fertigerzeugnissen: Die Fertigerzeugnisse verlassen die Unternehmung, Zahlungsmittel fließen zu.
  Die Schenkung, bei der der Güterbewegung ein Zahlungsstrom von 0 gegenübersteht, kann als Entartungsfall betrachtet werden.

- reine Zahlungsvorgänge zwischen der Unternehmung und Umwelt bzw. umgekehrt,

  Beispiel: Die Unternehmung zahlt ihre Schulden zurück.

- innerbetriebliche mengen- oder wertmäßige Strukturveränderungen,

  Beispiel: Der Kassenbestand wird auf das betriebliche Bankkonto eingezahlt; Rohstoffe werden zu Fertigerzeugnissen verarbeitet.

Bei der Verbuchung der Geschäftsvorfälle wird ausschließlich auf die Wertkomponente, ausgedrückt in Geldeinheiten, abgestellt; Mengenangaben finden innerhalb der Finanzbuchhaltung grundsätzlich keine Berücksichtigung. Die Wertkomponente ergibt sich zunächst unmittelbar aus den Zahlungsvorgängen (= **Einnahmen und Ausgaben**). Dabei versteht man unter einem Zahlungsvorgang nicht nur die Barzahlung (= **Aus- und Einzahlung**), also den Ab- oder Zugang von Geldnoten und Münzen, sondern darüberhinaus auch die Kreditzahlungen. Bei den **Kreditzahlungen** handelt es sich um zukünftige Ein- oder Auszahlungen. Sie liegen z.B. vor beim Kauf einer Maschine auf Kredit oder beim Verkauf von Fertigprodukten gegen spätere Zahlung. Da in solchen Fällen meist der spätere Zahlungstermin genau fixiert ist, spricht man auch vom Kauf oder Verkauf „auf Ziel". Beim Kauf auf Ziel entsteht für das Unternehmen eine sog. Schuld, auch **Verbindlichkeit** genannt, beim Verkauf auf Ziel eine sog. **Forderung**.

Zusammenfassend können folgende **Aufgaben der Finanzbuchhaltung** festgehalten werden:

1. Chronologische Aufzeichnung der Geschäftsvorfälle einer Abrechnungsperiode zur Dokumentation der Unternehmenstätigkeit.
2. Systematische Rechenschaftslegung zum Zwecke der Selbst- und Fremdinformation durch
   - periodische Feststellung des Vermögens und der Schulden,
   - periodische Ermittlung des Eigenkapitals,
   - Ermittlung des Periodenerfolges,
   - Darstellung der Ertragslage.

b. Gesetzliche Grundlagen der doppelten Buchhaltung

Die Buchführung als Zahlenspiegel des betrieblichen Geschehens kann nur dann ihrer Aufgabe als Informationsinstrument für einen größeren externen Interessentenkreis gerecht werden, wenn durch sie nachprüfbar und willkürfrei Rechenschaft gelegt wird. Zur Sicherung dieses Anspruchs hat die Gesetzgebung schon relativ früh Rechnungslegungsnormen erlassen. Diese Regelungen, die sich im Laufe der Zeit stetig weiterentwickelt haben, finden sich in verschiedenen Rechtsgebieten, wie insbesondere im Handels- und Steuerrecht. Die diese Rechtsgebiete repräsentierenden Gesetze – wie z.B. das Handelsgesetzbuch (= HGB), die Abgabenordnung (= AO), das Einkommensteuergesetz (= EStG) usw. – legen zunächst die **allgemeine Buchführungspflicht** für grundsätzlich alle Kaufleute fest. (§ 238 HGB) Dabei sind die nach Handelsrecht zu führenden Bücher auch für die Besteuerung maßgeblich (§ 140 AO).

Hinsichtlich der Art der Ausgestaltung der Rechnungslegungsvorschriften hielt der Gesetzgeber es für zweckmäßig, vorwiegend Rahmenrichtlinien zu erlassen. So wird in § 238 Abs. 1 HGB geregelt, daß die Rechnungslegung unter Berücksichtigung der **Grundsätze ordnungsmäßiger Buchführung** zu erfolgen hat. Auch in anderen, die Buchhaltung tangierende Gesetzen – z.B. in § 5 Einkommensteuergesetz (EStG) – wird die Beachtung der Grundsätze ordnungsmäßiger Buchführung gefordert, jedoch wird vom Gesetzgeber selbst grundsätzlich nichts gesagt, was im einzelnen unter diesen Grundsätzen zu verstehen ist.

Man war lange Zeit der Auffassung, daß die bei der Buchführung zu beachtenden Regeln identisch seien mit den Gepflogenheiten ordentlicher und ehrenwerter Kaufleute und als solche durch statistische Erhebung empirisch festzustellen seien. Da allerdings häufig eine einheitliche Übung nicht zu ermitteln war, setzte sich mit der Zeit die Auffassung durch, daß die Grundsätze ordnungsmäßiger Buchführung stattdessen aus den allgemeinen Rechnungslegungszwecken der Dokumentation und der Rechenschaftslegung abzuleiten seien und sich damit inhaltlich nicht nur auf die Buchführung i.e.S., sondern auch auf die Bilanz und die Aufstellung des Inventars (zusammen als Buchführung i.w.S. bezeichnet) beziehen.

Diese Interpretation der Grundsätze ordnungsmäßiger Buchführung hat den Vorteil, daß ihnen sich verändernde Sachverhalte untergeordnet werden können, ohne daß jeweils Gesetzesänderungen notwendig werden. Dafür aber nimmt man in Kauf, daß durch die fehlende Bindung an ganz konkrete Tatbestände Auslegungsschwierigkeiten entstehen. So kann es z.B. zweifelhaft sein, ob die Art und Weise der Verbuchung eines ganz bestimmten Tatbestandes den Grundsätzen ordnungsmäßiger Buchführung entspricht und damit gesetzeskonform ist oder nicht.

Zur Erreichung der mit der Buchführung verfolgten Rechnungslegungszwecke wurden allgemein anerkannte formelle und materielle Grundsätze der Dokumentation und der Rechenschaft entwickelt, die z.T. explizit im HGB geregelt sind. Insbesondere auf folgende Grundsätze, die für alle Kaufleute gelten ist zu verweisen:

- Die Handelsbücher sind in lebender Sprache zu führen (§ 239, Abs. 1 HGB).
- Die Eintragungen in die Handelsbücher haben fortlaufend zu erfolgen (§ 239, Abs. 2 HGB).
- Es gilt das Belegprinzip, d.h.: keine Buchung ohne Beleg.
- Die Belege sind fortlaufend zu numerieren und entsprechend abzulegen.
- Nachträgliche Korrekturen müssen feststellbar sein.
- Die Handelsbücher müssen zeitnah und jederzeit abschlußbereit geführt sein.
- Die Nachprüfbarkeit der verbuchten Daten muß gewährleistet sein. Es gelten die folgenden Aufbewahrungsfristen:
  - Handelsbücher, Inventare und Bilanzen sind 10 Jahre aufzubewahren.
  - Handelsbriefe und Buchungsbelege sind 6 Jahre aufzubewahren.
- Grundsatz der Vollständigkeit: Alle Geschäftsvorfälle sind zu verbuchen, fiktive Geschäftsvorfälle dürfen nicht verbucht werden. Vor der Buchung darf weder verrechnet noch saldiert werden.
- Grundsatz der Richtigkeit: Die Geschäftsvorfälle sind betragsmäßig richtig zu verbuchen und so darzustellen, wie sie angefallen sind.
- Grundsatz der Klarheit: Die Konten sind ausreichend aufzugliedern und richtig zu benennen, die Geschäftsvorfälle sind auf den richtigen Konten zu verbuchen. Die Bilanz muß übersichtlich und klar gegliedert sein.
- Grundsatz der Kontinuität: Für aufeinander folgende Geschäftsjahre wird die Anwendung gleicher Erfassungs- und Bewertungsmethoden verlangt.

Neben den vorgenannten, sich vor allem auf die laufende Dokumentation der Geschäftsvorfälle beziehnenden Grundsätze hat der Gesetzgeber auch Grundsätze, die sich auf den **Jahresabschluß** (Gewinn- und Verlustrechnung und Bilanz) beziehen und für alle Kaufleute gelten, normiert (§§ 246–256 HGB).

Diese im nachfolgenden ausgeführten Grundsätze sind für die Erlernung der reinen Technik der doppelten Buchführung von untergeordneter Bedeutung. Anfängern kann daher empfohlen werden, die folgenden Ausführungen zunächst zu überschlagen und mit dem 2. Kapitel fortzufahren. Erst beim Auftreten materieller Buchungs- und Bilanzierungsfragen mit fortschreitender Erhöhung der Komplexität der Buchungsfälle kann dann auf die Grundsätze zurückgegriffen werden (entsprechende Verweise im Text bieten hierbei Unterstützung).

Die **Bilanzansatzvorschriften** (§§ 246–251 HGB) regeln, was in die Bilanz aufgenommen werden muß bzw. werden darf. Die wesentlichen sind:

- **Vollständigkeitsgebot:** Der Jahresabschluß hat sämtliche Vermögensgegenstände, Schulden, Rechnungsabgrenzungsposten sowie Aufwendungen und Erträge zu enthalten (§ 246, Abs. 1 HGB).
- **Verrechnungsverbot**: Posten der Aktivseite dürfen nicht mit Posten der Passivseite, Aufwendungen nicht mit Erträgen, Grundstücksrechte nicht mit Grundstückslasten verrechnet werden (§ 246, Abs. 2 HGB).
- **Aktivierungsverbote**: Aufwendungen für die Gründung des Unternehmens, für die Beschaffung des Eigenkapitals sowie für nichtentgeltlich erworbene immaterielle Vermögensgegenstände (z. B. originärer Firmenwert, selbsterstellte Software des Anlagevermögens) (§ 248 HGB) dürfen nicht aktiviert werden.
- **Passivierungspflicht** für
  - ungewisse Verbindlichkeiten (§249, Abs. 1, Satz 1) (hierunter fallen auch Pensionsverpflichtungen auf Grund unmittelbarer Zusagen).
  - drohende Verluste aus schwebenden Geschäften (§ 249, Abs. 1, Satz 1).
  - im Geschäftsjahr unterlassene Aufwendungen für Instandhaltung, die im folgenden Geschäftsjahr innerhalb von drei Monaten, oder für Abraumbeseitigung die im folgenden Geschäftsjahr nachgeholt werden (§ 249, Abs. 1, Satz 2, Nr. 1 HGB).
  - Gewährleistungen ohne rechtliche Verpflichtung (§ 249, Abs. 1, Satz 2, Nr. 2 HGB).

  Die ersten beiden genannten Rückstellungen nach §249, Abs. 1, Satz 1 HGB, werden auch als **Schuldrückstellungen**, die letzten beiden genannten nach § 249, Abs. 1, Satz 2 als **Aufwandsrückstellungen** bezeichnet.
- **Passivierungswahlrecht** für
  - Rückstellungen für unterlassene Aufwendungen für Instandhaltung, die innerhalb des folgenden Geschäftsjahres aber außerhalb der 3-Monats-Periode des § 249, Abs. 1, Satz 2, Nr. 1 HGB) vorgenommen werden (§ 249, Abs. 1, Satz 3 HGB).
  - ihrer Eigenart noch genau umschriebener, dem Geschäftsjahr oder einem früheren Geschäftsjahr zuzuordnender Aufwendungen gebildet werden, die am Abschlußstichtag wahrscheinlich oder sicher, aber hinsichtlich ihrer Höhe oder des Zeitpunktes ihres Eintritts unbestimmt sind (§ 249, Abs. 2 HGB).

  Auch bei den vorgenannten Passivierungswahlrechten handelt es sich um Aufwandsrückstellungen.

Zu welchen Werten die in der Bilanz und der Gewinn- und Verlustrechnung anzusetzenden Positionen zu bewerten sind wird für alle Kaufleute in den §§ 252–256 HGB geregelt. Die wesentlichen dieser **Bewertungsvorschriften** sind:

- Allgemeine Bewertungsgrundsätze des § 252 HGB
  - **Grundsatz der Bilanzidentität**: Die Wertansätze der Eröffnungsbilanz des Geschäftsjahres müssen mit denen der Schlußbilanz des vorhergehenden Geschäftsjahres übereinstimmen (§ 252, Abs. 1, Nr. 1 HGB).
  - **Going-Concern-Prinzip**: Bei der Bewertung ist grundsätzlich von der Unternehmensfortführung auszugehen (§ 252, Abs. 1, Nr. 2 HGB).

·· **Grundsatz der Einzelbewertung**: Die Vermögensgegenstände und Schulden sind am Abschlußstichtag einzeln zu bewerten (§ 252, 1, Nr. 3 HGB).

·· **Realisationsprinzip**: Es sind nur im Geschäftsjahr realisierte Aufwendungen (Verluste) und Erträge (Gewinne) auszuweisen ohne Rücksicht auf den Zeitpunkt des Anfalls der entsprechenden Zahlungen (§ 252, Abs. 1, Nr. 4 und 5 HGB).

·· **Imparitätsprinzip** bzw. der **Grundsatz der Verlustantizipation**
Im Geschäftsjahr nicht realisierte aber erkennbare, erwartete Risiken und Verluste sind im Jahresabschluß bereits zu berücksichtigen (Verlustantizipation). Dies gilt auch dann, wenn die Erkenntnisse über die Risiken erst zwischen dem Bilanzstichtag und dem Tag der Bilanzerstellung erlangt werden (§ 252, Abs. 1, Nr. 4 HGB).
Zukünftig erwartete, im Geschäftsjahr nicht realisierte Erträge dürfen im Jahresabschluß jedoch nicht berücksichtigt werden (unterschiedliche = imparitätische Behandlung zukünftiger Aufwendungen und Erträge).

·· **Grundsatz der Bewertungskontinuität (Bewertungsstetigkeit)**: Die auf den vorhergehenden Jahresabschluß angewandten Bewertungsmethoden sollen beibehalten werden (§ 252, Abs. 1, Nr. 6 HGB).

Von den vorgenannten in § 252, 1 HGB kodifizierten Grundsätzen darf nur in begründeten Ausnahmefällen abgewichen werden (§ 252, Abs. 2 HGB).

· Wertansätze der Vermögensgegenstände und Schulden (§ 253 HGB).

·· Vermögensgegenstände sind höchstens mit den Anschaffungs- oder Herstellungskosten vermindert um evtl. notwendige Abschreibungen anzusetzen.

·· Verbindlichkeiten sind zu ihrem Rückzahlungsbetrag, Rentenverpflichtungen, für die eine Gegenleistung nicht mehr zu erwarten ist, sind zu ihrem Barwert anzusetzen.

·· Rückstellungen sind nur in Höhe des Betrages anzusetzen, der nach vernünftiger kaufmännischer Beurteilung notwendig ist.

Hinsichtlich der evtl. notwendigen **Abschreibungen** wird in den Abs. 2–4 des § 253 HGB folgendes geregelt:

– Bei Vermögensgegenständen des Anlagevermögens, deren Nutzung zeitlich begrenzt ist, sind die Anschaffungs- oder Herstellungskosten planmäßig auf die voraussichtliche Nutzungsdauer zu verteilen. Ohne Rücksicht darauf **können** bei allen Vermögensgegenständen außerplanmäßige Abschreibungen vorgenommen werden, um die Vermögensgegenstände mit dem niedrigeren Wert anzusetzen, der ihnen am Abschlußstichtag beizulegen ist. Sie **müssen** vorgenommen werden bei einer voraussichtlich dauernden Wertminderung (§ 253, Abs. 2 HGB).

– Die Vermögensgegenstände des Umlaufvermögens sind auf den niedrigeren Wert abzuschreiben, der sich aus dem Börsen- oder Marktpreis bzw. dem beizulegenden Wert am Abschlußstichtag ergibt (§253, Abs. 3, Satz 1 und 2 HGB).

– Es dürfen Abschreibungen vorgenommen werden, soweit diese nach vernünftiger kaufmännischer Beurteilung notwendig sind, um zu verhindern, daß in der nächsten Zukunft der Wertansatz dieser Vermögensgegenstände auf Grund von Wertschwankungen geändert werden muß (§ 253, Abs. 3, Satz 3 HGB).

– Abschreibungen sind außerdem im Rahmen vernünftiger kaufmännischer Beurteilung zulässig, sog. **Ermessensabschreibung** (§ 253, Abs. 4 HGB).

- Ein niedrigerer Wertansatz nach § 253, Abs. 2 Satz 3, Abs. 3 oder Abs. 4 darf beibehalten werden (**Beibehaltungswahlrecht**) auch wenn die Gründe dafür nicht mehr bestehen (§ 253, Abs. 5 HGB).
- Abschreibungen auf einen steuerrechtlich niedrigeren Wert dürfen vorgenommen werden, sofern steuerrechtlich zulässige Abschreibungen zugrunde gelegt sind (§ 254 HGB).

· Anschaffungs- und Herstellungskosten (§ 255 HGB):

·· **Anschaffungskosten** sind die Aufwendungen die geleistet werden, um einen Vermögensgegenstand zu erwerben und ihn in einen betriebsbereiten Zustand zu versetzen, soweit sie dem Vermögensgegenstand einzeln zugerechnet werden können. Danach dürfen **Anschaffungsgemeinkosten** nicht in die Anschaffungskosten eingerechnet werden, Anschaffungsnebenkosten sowie nachträgliche Anschaffungskosten müssen eingerechnet werden, während Anschaffungspreisminderungen abzusetzen sind (§255, Abs. 1 HGB).

·· **Herstellungskosten** sind die Aufwendungen, die durch den Verbrauch von Gütern und die Inanspruchnahme von Diensten für die Herstellung eines Vermögensgegenstandes entstehen (§255, Abs. 2 Satz 1 HGB).
Zu den Herstellungskosten gehören **zwingend** (§255, Abs. 2 Satz 2 HGB):

Material(einzel)kosten	(muß)
+ Fertigungs(einzel)kosten	(muß)
+ Sonder(einzel)kosten der Fertigung	(muß)
Herstellungskosten I (Herstellungskosten-Untergrenze)	

Bei der Berechnung der Herstellungskosten **dürfen** auch angemessene Teile der notwendigen Materialgemeinkosten, der notwendigen Fertigungsgemeinkosten und des Werteverzehrs des Anlagevermögens, soweit er durch die Fertigung veranlaßt ist, eingerechnet werden (§ 255, 2, Satz 3 HGB)

Material(einzel)kosten	(muß)
+ Materialgemeinkosten	(kann)
+ Fertigungs(einzel)kosten	(muß)
+ Fertigungsgemeinkosten	(kann)
+ Abschreibungen	(kann)
+ Sonder(einzel)kosten der Fertigung	(muß)
Herstellungskosten II	

Die Herstellungskosten II sind die **steuerlich** aktivierungspflichtige Herstellungs-Untergrenze nach § 6 EStG.

Kosten der allg. Verwaltung sowie Aufwendungen für soziale Einrichtungen des Betriebs, für freiwillige soziale Leistungen und für betriebliche Altersversorgung **brauchen nicht** eingerechnet zu werden (§ 255, Abs. 2, Satz 4 HGB)

	Herstellungskosten II	
+	allg. Verwaltungskosten	(kann)
+	Aufwand für soziale Einrichtungen des Betriebs	(kann)
	freiwillige soziale Leistungen	(kann)
+	betriebliche Altersversorgung	(kann)
	Herstellungskosten III (Herstellungskosten-Obergrenze)	

Die Herstellungskosten III sind auch die steuerlich maximalen Herstellungskosten.

Aufwendungen im Sinne der Sätze 3 und 4 (Einbeziehungswahlrecht, Kann-Bestimmungen) dürfen nur insoweit berücksichtigt werden, als sie auf den Zeitraum der Herstellung entfallen (§ 255, Abs. 2, Satz 5 HGB).

Vertriebskosten **dürfen nicht** in die Herstellungskosten einbezogen werden (§ 255, Abs. 2, Satz 6 HGB).

· Bewertungsvereinfachungsverfahren (§ 256 HGB)
Abweichend vom Grundsatz der Einzelbewertung werden aus Vereinfachungsgründen unter bestimmten Voraussetzungen für Vermögensgegenstände des Umlaufvermögens sog. **fiktive Verbrauchsfolgeverfahren** zugelassen. Die Inventurvereinfachungsverfahren der **Festbewertung** und der **Gruppenbewertung** (§ 240, 3 und 4 HGB) sind auch im Rahmen des Jahresabschlusses anwendbar.

Die für alle Kaufleute geltenden vorgenannten Vorschriften des Ersten Abschnitts des Dritten Buches des HGB sind auch auf dem Jahresabschluß der Kapitalgesellschaften (und der Genossenschaften) anzuwenden. Darüberhinaus sind für Kapitalgesellschaften auch die Vorschriften des Ersten Unterabschnitts des Zweiten Abschnitts zu beachten.

Es sind folgende Größenklassen von Kapitalgesellschaften zu unterscheiden (§ 267 HGB):

· kleine, nur offenlegungspflichtige Kapitalgesellschaften

· mittelgroße, offenlegungs- und prüfungspflichtige Kapitalgesellschaften

· große offenlegungs- und prüfungspflichtige Kapitalgesellschaften

Die Zuordnung ist an Hand folgender Merkmale vorzunehmen, von denen jeweils am Abschlußstichtag und am vorhergehenden Abschlußstichtag mindestens zwei erfüllt sein müssen.

	klein	mittelgroß	groß
Bilanzsumme Mio. DM	bis 3,9	bis 15,5	über 15,5
Umsatz Mio. DM	bis 8,0	bis 32,0	über 32,0
durchschnittliche Zahl Arbeitnehmer	bis 50	bis 250	über 250

Kapitalgesellschaften gelten stets als groß, wenn Aktien oder andere von ihr ausgegebene Wertpapiere an einer Börse in einem Mitgliedstaat der EG zum amtlichen Handel oder zum geregelten Markt zugelassen oder in den geregelten Freiverkehr einbezogen sind oder die Zulassung zum amtlichen Handel oder zum geregelten Markt beantragt ist (§267, Abs. 3, Satz 2).

Während für Kaufleute der Jahresabschluß nur aus Bilanz und Gewinn- und Verlustrechnung besteht, ist für Kapitalgesellschaften gleich welcher Größenordnung noch ein Anhang und ein Lagebericht zu erstellen.

Für Kapitalgesellschaften der unterschiedlichen Größenklassen sieht das HGB unterschiedlich strenge Rechnungslegungs-, Offenlegungs- und Prüfungsvorschriften vor. Dabei gelten für die großen Kapitalgesellschaften die strengsten Vorschriften.

Neben diesen grundsätzlich für alle Unternehmen gleichermaßen relevanten Anforderungen an die Ausgestaltung der Buchführung i. w. S. gelten spezielle, teilweise kodifizierte Grundsätze, die einerseits für besondere Rechtsformen (z. B. große Kapitalgesellschaft), andererseits für steuerliche Zwecke (Steuerbilanz) Bedeutung besitzen.

2. Kapitel

Die Bilanz als Ausgangspunkt der doppelten Buchhaltung

1. Inventur und Inventar

Nach § 240 Abs. 1 und 2 HGB ist jeder Kaufmann verpflichtet, zu Beginn seines Handelsgewerbes und zum Ende eines jeden Geschäftsjahres ein mengen- und wertmäßiges **Verzeichnis** seiner sämtlichen Vermögensgegenstände und Schulden, das sog. **Inventar** aufzustellen. Voraussetzung eines solchen Bestandsverzeichnisses ist, daß zunächst die zu einer Unternehmung gehörenden Vermögens- und Schuldenbestände art-, mengen- und/oder wertmäßig für den Stichtag der Inventaraufstellung ermittelt werden. Dies erfolgt durch die **Tätigkeit** der Bestandsaufnahme, die **Inventur**.

Nach der **Art der Bestandsaufnahme** lassen sich grundsätzlich folgende **Inventurverfahren** unterscheiden:

- Bei der **körperlichen Bestandsaufnahme** wird das Vorhandensein der Vermögensgegenstände durch tatsächliche Inaugenscheinnahme festgestellt. Dabei werden gleichartige Gegenstände unter Angabe der Art und der durch Zählen, Messen, Wiegen oder gegebenenfalls Schätzen ermittelten Menge zusammengefaßt.

  Beispiel:

3.000 Stck.	Schrauben Typ XYZ
5.000 l	Schwefelsäure, 98%
20 ztr.	Mehl Typ 504

  Hierbei handelt es sich, da die Vermögensgegenstände vollständig aufgenommen wurden, um eine **Vollinventur**, im Gegensatz zur **Stichprobeninventur**, bei der lediglich eine Teimenge aufgenommen und dann auf die Grundgesamtheit hochgerechnet wird. Die Stichprobeninventur ist zulässig wenn sie anerkannten mathematisch statistischen Verfahren folgt und den Grundsätzen ordnungsmäßiger Buchführung entspricht (§ 241, Abs. 1 HGB).

- Bei der **buchmäßigen Bestandsaufnahme** werden Qualität und Quantität bestimmter Vermögensgegenstände und Schulden einer Unternehmung aufgrund schriftlicher Unterlagen und nicht durch tatsächliche Inaugenscheinnahme festgestellt.

  Man spricht daher auch von **Beleg**- oder **Buchinventur**. So läßt sich das Vorhandensein nichtkörperlicher Gegenstände wie z. B. von Schulden nur durch Prüfung geeigneter schriftlicher Unterlagen (Darlehensvertrag u. ä.) ermitteln. Daneben kann dieses Inventurverfahren aber auch bei körperlichen Gegenständen, die grundsätzlich körperlich aufgenommen werden müssen, zur Anwendung kommen. Stellt man zu einem bestimmten Zeitpunkt durch körperliche Aufnahme den mengenmäßigen Bestand eines Rohstoffs X fest und dokumentiert dann alle Zu- und Abgänge, so läßt sich (unkontrollierbare Abgänge wie Diebstahl, Schwund usw. seien ausgeschlossen) der mengenmäßige Endbestand auf der Grundlage einer Buchinventur durch **Fortschreibung** ermitteln.

Anfangsbestand + Zugang ·/· Abgang = Endbestand

Nach dem **Zeitpunkt bzw. Zeitraum der Bestandsaufnahme** unterscheidet man folgende **Inventursysteme**:

- Bei der **Stichtagsinventur** erfolgt die Bestandsaufnahme am Tag des Geschäftsjahresschlusses oder einem davor oder danach liegenden arbeitsfreien Tag. Dies hat den Vorteil, daß sich während der Aufnahmetätigkeit durch den ruhenden Geschäftsbetrieb keine Veränderungen der Vermögens- und Schuldenbestände mehr ergeben. Allerdings ist die Anwendung der Stichtagsinventur auf solche (meist kleine) Betriebe beschränkt, in denen es technisch überhaupt möglich ist, alle Bestände an einem oder an zwei Tagen aufzuzeichnen. Dabei ist eine kapazitätsmäßige Überbelastung des Aufnahmepersonals mit der Folge erheblicher Aufnahmefehler (Doppelaufnahme, Nichterfassen, Verzählen, Verwiegen usw.) zu vermeiden, da sonst die Ordnungsmäßigkeit der Inventur infrage gestellt sein könnte.

  Das Erkennen der Grenzen dieses historisch ältesten und auch heute insbesondere in Einzelhandelsunternehmen noch sehr beliebten Systems der Stichtagsinventur führte in der Praxis zur zeitlichen Ausweitung der Inventurtätigkeiten.

- Bei der **ausgeweiteten Stichtagsinventur** erfolgt die Bestandsaufnahme innerhalb weniger (ca. zehn) Tage vor oder nach dem Geschäftsjahresschluß. Dabei kann die Unternehmung in mehrere Inventurbezirke aufgeteilt werden, in denen dann zu unterschiedlichen Zeitpunkten innerhalb der ca. Zwanzigtagesfrist die Bestände durch körperliche oder Buchinventur aufgenommen werden. Da es Ziel des Inventars ist, die aktuellen Bestände am Inventarstichtag auszuweisen, müssen Bestandsveränderungen zwischen Aufnahmetag und Inventarstichtag durch **mengen- und wertmäßige Fortschreibung bzw. Rückrechnung** in den Büchern berücksichtigt werden. Diese Kombination der körperlichen/buchmäßigen Bestandsaufnahme und der buchmäßigen Bestandsfortschreibung (-rückrechnung) bietet die Möglichkeit, die durch die Inventur verursachte arbeitsmäßige Belastung über einen Zeitraum von ca. zwanzig Tagen zu verteilen.

- Bei der **permanenten Inventur**, die sich nur graduell von der ausgeweiteten Stichtagsinventur unterscheidet, erfolgt – evtl. differenziert nach verschiedenen Inventurbezirken – die Bestandsaufnahme (Vollaufnahme) der Vermögensgegenstände und Schulden zu einem beliebigen Zeitpunkt im Laufe des Geschäftsjahres. Die sich zwischen Aufnahmetag und Inventurstichtag ergebenden Bestandsveränderungen werden durch **mengenmäßige Fortschreibung** berücksichtigt. Die Aufstellung des Bestandsverzeichnisses zum Inventarstichtag erfolgt dann wiederum auf der Grundlage der zeitlich davon abweichenden Inventur und der in den Büchern verzeichneten Bestandsveränderungen. Dabei werden an die Bücher (Lagerbücher mit Ein- und Ausgangsbelegen usw.) besondere Anforderungen gestellt, die insgesamt eine ordnungsmäßige Bestandsaufstellung zum Inventarstichtag sichern sollen.

  Die permanente Inventur, die insbesondere bei größeren Unternehmungen Anwendung findet, erlaubt eine Verteilung der Inventurarbeiten über das ganze Jahr. Die notwendigerweise einmal im Geschäftsjahr vorzunehmende tatsächliche Bestandsaufnahme hat den Vorteil, daß sie zu Zeiten geringer Lagerbestände erfolgen kann, speziell geschultes Personal eingesetzt werden kann usw.; allerdings ergeben sich auch zusätzliche Aufwendungen und Fehlerquellen durch die erforderliche Fortschreibung.

- Die **vor- oder nachverlegte Stichtagsinventur** bietet eine weitere Möglichkeit zur Verteilung der mit der Bestandsaufnahme verbundenen arbeitsmäßigen Belastungen. Die Bestandsaufnahme erfolgt hier, eventuell differenziert nach verschiedenen Inventurbezirken, innerhalb der letzten drei Monate vor oder der ersten beiden Monate nach dem Geschäftsjahresschluß. Aufgrund dieser Aufnahme zu einem vom Inventurstichtag verschiedenen Zeitpunkt innerhalb der Fünfmonatsfrist wird ein besonderes mengen- und wertmäßiges Verzeichnis der festgestellten Vermögensgegenstände und Schulden, ein **besonderes Inventar** aufgestellt. Ist die Bestandsaufnahme in verschiedene Inventurbezirke aufgeteilt, so sind mehrere besondere Inventare erforderlich. Ausgehend von diesem besonderen Inventar bzw. diesen besonderen Inventaren erfolgt lediglich eine wertmäßige Fortschreibung bzw. Rückrechnung zum Inventurstichtag, dem Geschäftsjahresschluß.

  Die vor- bzw. nachverlegte Stichtagsinventur unterscheidet sich von der permanenten Inventur zum einen durch die Aufstellung eines besonderen Inventars, in dem die Vermögensgegenstände und Schulden auch bewertet sind, und zum anderen durch die Art der Fortschreibung. Erfolgt diese bei der permanenten Inventur prinzipiell mengenmäßig, so wird bei der vor- bzw. nachverlegten Inventur nur wertmäßig fortgeschrieben.

  Die Anwendung dieses Inventursystems wird gegenüber der permanenten Inventur begünstigt durch allgemein geringere Formanforderungen, z.B. an die Lagerbuchführung.

Neben der stichprobenmäßigen Bestandsaufnahme läßt das HGB weitere Inventurvereinfachungen zu:

- Das **Festwertverfahren** (§ 240, Abs. 3 HGB) zielt auf eine Reduzierung der Aufnahmetätigkeiten als auch Vereinfachung der Bewertung ab. Für Vermögensgegenstände des Sachanlagevermögens (nicht immaterielles- und Finanzanlagevermögen) sowie Roh-, Hilfs- und Betriebsstoffe dürfen Festmengen zu Festpreisen angesetzt werden. Das Festwertverfahren geht von der Fiktion aus, daß sich bei den zusammengefaßten Vermögensgegenständen Zugänge einerseits und Abgänge sowie planmäßige Abschreibungen andererseits im Zeitablauf etwa entsprechen. Der Festwert wird in die Bilanz eingestellt und kann über mehrere Geschäftsjahre unverändert beibehalten werden. Folgende Bedingungen sind an die Zulässigkeit des Festwertverfahrens geknüpft
  - der Abgang der Vermögensgegenstände muß regelmäßig ersetzt werden.
  - der Gesamtwert der zu Festwerten zusammengefaßten Vermögensgegenstände muß für das Unternehmen von nachrangiger Bedeutung sein.
  - der Bestand darf in seiner Größe, seinem Wert und seiner Zusammensetzung nach nur geringen Veränderungen unterliegen.
  - in der Regel ist alle drei Jahre eine körperliche Bestandsaufnahme durchzuführen.
- Die **Gruppenbewertung** (§ 240, Abs. 4 HGB) zielt vor allem auf die Vereinfachung der Bewertung ab. Eine Bewertung mit dem gewogenen Durchschnittswert ist bei folgenden Vermögensgegenständen zulässig:
  - gleichartige Vermögensgegenstände des Vorratsvermögens
  - andere gleichartige oder annähernd gleichwertige bewegliche Vermögensgegenstände.

  Das Inventar als art-, mengen- und wertmäßiges Verzeichnis aller Vermögensgegenstände und Schulden einer Unternehmung wird aus Gründen der Übersichtlichkeit meist in drei Teile (sog. Staffelform) gegliedert:

Der *erste Teil* des Inventars enthält die Aufzeichnung der **Vermögensgegenstände**. Diese werden wiederum in zwei Gruppen gegliedert: in das Anlagevermögen und das Umlaufvermögen. Eine Zuordnung zum **Anlagevermögen** erfolgt für solche Gegenstände, die zum Geschäftsjahresschluß dazu bestimmt sind, der Unternehmung langfristig zu dienen. Vermögensgegenstände, die dem Geschäftsbetrieb nicht dauerhaft dienen sollen, sondern dazu bestimmt sind, verarbeitet und/oder weiterveräußert zu werden, sind dem **Umlaufvermögen** zuzuordnen. Dabei kann ein und derselbe Gegenstand in unterschiedlichen Unternehmungen in Abhängigkeit von der abweichenden Zielsetzung einmal dem Anlagevermögen und einmal dem Umlaufvermögen zugeschlagen werden. In einer Maschinenfabrik z.B. stellen fertiggestellte Maschinen Vermögensgegenstände dar, die dazu bestimmt sind, weiterveräußert zu werden; entsprechend sind sie im Inventar der maschinenproduzierenden Unternehmung im Umlaufvermögen aufzuführen, wenn sie zum Inventurstichtag noch nicht veräußert sind. Nach der Veräußerung dient genau dieselbe Maschine z.B. in einem anderen Unternehmen auf Dauer der Aufrechterhaltung der Produktion; entsprechend erfolgt hier eine Zuordnung zum Anlagevermögen. Erfolgt die Differenzierung nach der Zweckbestimmung, also ex ante, so kann sich diese durch die tatsächlichen Verhältnisse ex post als verkehrt erweisen. Sind z.B. bestimmte Gegenstände des Umlaufvermögens wie Fertigfabrikate für die Veräußerung vorgesehen, so können sie sich bei Unverkäuflichkeit ex post als langfristige Anlage erweisen, während ein Gegenstand des Anlagevermögens, z.B. ein Gebäude, der Unternehmung ex ante langfristig dienen sollte, aber aus irgendwelchen Gründen dann doch bald veräußert wird und sich ex post als kurzfristige Anlage erweist.

Innerhalb des ersten Teils des Inventars wird zuerst das Anlagevermögen und dann das Umlaufvermögen aufgeführt. Diese Art der Gliederung ist grundsätzlich begründet in dem unterschiedlichen Grad der Liquidisierbarkeit der Vermögensgegenstände dieser Gruppen im Rahmen eines normalen Geschäftsablaufes. Als **Liquidisierbarkeit (Liquidität)** versteht man dabei die Eigenschaft eines Vermögensgegenstandes, sich in möglichst kurzer Zeit ohne Verlust in Geld umsetzen (monetarisieren) zu lassen. Auch innerhalb der Gruppen Anlagevermögen und Umlaufvermögen erfolgt eine Anordnung der einzelnen Positionen nach der Liquidität. Danach müßte die Auflistung im ersten Teil des Inventars beginnen mit den am wenigsten liquiden Gegenständen des Anlagevermögens, fortschreiten mit zunehmender Liquidität über das Umlaufvermögen bis zu den unmittelbar liquiden Mitteln selbst, den Geldbeständen. Im Laufe der Zeit haben sich jedoch konventionsbedingte Gliederungen herausgebildet, die zwar tendenziell, aber nicht in jedem Fall dem Kriterium der zunehmenden Liquidität gerecht werden. So wird z.B. üblicherweise der Kassenbestand vor den Bankbeständen ausgewiesen.

Der *zweite Teil* des Inventars enthält die Aufzeichnung der zum Inventarstichtag bestehenden **Schulden** des Unternehmens, untergliedert nach der Fälligkeit bzw. Dringlichkeit der Zahlungen. Man untergliedert grob in langfristiges Fremdkapital und kurzfristiges Fremdkapital, wobei auch innerhalb dieser Gruppen beginnend mit den langfristig zur Verfügung stehenden Fremdmitteln nach zunehmender Dringlichkeit der Rückzahlung untergliedert wird.

Der *dritte Teil* des Inventars beinhaltet die **Ermittlung des Reinvermögens**. Es ist dies die Differenz der Summe der Vermögenswerte und der Summe der Schulden. Das Reinvermögen stellt die eigenen Mittel des oder der Unternehmenseigentümer dar und wird deshalb auch als **Eigenkapital** bezeichnet. Inhaltlich ist es der Betrag, der dem Unternehmen verbleiben würde, wenn alle Vermögensgegenstände zu den Inventarwerten liquidiert und damit die Schulden beglichen würden.

	Vermögenswerte
·/·	Schulden
	Reinvermögen

Aufgrund der Inventare zweier aufeinanderfolgender Stichtage t_0 und t_1 läßt sich **der durch die Unternehmenstätigkeit erwirtschaftete Erfolg (Gewinn oder Verlust) der Geschäftsperiode** ermitteln, indem man die Eigenkapitalien in Inventar t_0 und t_1 vergleicht. Wurden während der Geschäftsperiode keine Kapitaleinlagen und/oder Kapitalentnahmen durch die Gesellschafter getätigt, so stellt eine Eigenkapitalmehrung einen Gewinn, eine Eigenkapitalminderung einen Verlust dar. In der steuerlichen Terminologie spricht man statt von Eigenkapitalvergleich vom **Betriebsvermögenvergleich**.

$$EK_{t_1} - EK_{t_0} = \text{Gewinn für } EK_{t_1} > EK_{t_0}$$
$$EK_{t_1} - EK_{t_0} = \text{Verlust für } EK_{t_1} < EK_{t_0}$$

Anmerkung:
Hierbei sind keine externen Eigenkapitalveränderungen durch Privateinlagen bzw. -entnahmen berücksichtigt.

Wurden während der Geschäftsperiode Eigenkapitalveränderungen durch Privateinlagen bzw. -entnahmen der Unternehmer vorgenommen, so sind diese, will man den durch die Unternehmenstätigkeit erwirtschafteten **Erfolg** ermitteln, zu eliminieren.

Zahlt der Unternehmer im Laufe des Geschäftsjahres aus seinem Privatvermögen X DM in die Kasse der Unternehmung ein, so wird am Ende der Geschäftsperiode ceteris paribus ein um X DM höheres EK_{t_1} ausgewiesen und damit eine um X DM höhere Eigenkapitaldifferenz der Periode. Zur Ermittlung des betrieblich bedingten Periodenerfolgs muß diese Privateinlage von X DM eliminiert werden, indem man sie von der Eigenkapitaldifferenz wieder in Abzug bringt. Der umgekehrte Fall gilt, wenn der Unternehmer während der Geschäftsperiode Entnahmen z.B. aus der Kasse der Unternehmung tätigt. Der am Ende der Periode ausgewiesene Erfolg ist dann ceteris paribus um X DM geringer als ohne Entnahmen. Will man den unternehmensbedingten Gewinn ermitteln, so muß man diese Entnahmen in Höhe von X DM eliminieren, indem man sie zu der durch Eigenkapitalvergleich ermittelten Differenz addiert.

Allgemein ermittelt sich der betriebliche Erfolg also wie folgt:

$$EK_{t_1} - EK_{t_0} + \text{Privatentnahmen} - \text{Privateinlagen}$$
$$= \text{betrieblicher Erfolg} \begin{cases} + = \text{Gewinn} \\ - = \text{Verlust} \end{cases}$$

Beispiel eines Inventars:

Inventar
der Reifengroßhandlung Klaus Hermann, Mannheim, für den 31.12.19..

A) **Vermögensteile**		
I. **Anlagevermögen**		
1 Stück autom. Wagenheber, Marke Autolift		1.250,— DM
1 Stück Radauswuchtanlage		2.480,— DM
1 Stück Druckluftgerät		650,— DM
1 Stück Schreibtisch		250,— DM
1 Stück Schreibtischstuhl		100,— DM
1 Stück Registrierkasse		80,— DM
Werkzeuge nach Verzeichnis a)		350,— DM
Büromaterialien nach Verzeichnis c)		90,— DM
II. **Umlaufvermögen**		
20 Stück Reifen Marke A, Größe X		1.600,— DM
20 Stück Reifen Marke A, Größe Y		1.400,— DM
20 Stück Reifen Marke B, Größe X		1.200,— DM
20 Stück Reifen Marke B, Größe Y		1.000,— DM
30 kg Auswuchtgewichte		80,— DM
Kleinteile nach Verzeichnis b)		120,— DM
Kundenforderung an Herrn Meyer, Adresse	220,—	
Kundenforderung an Herrn Müller, Adresse	480,—	700,— DM
Kassenbestand		230,— DM
Bankguthaben		480,— DM
Summe der Vermögensteile		12.060,— DM
B) **Schulden**		
I. **Langfristige Schulden**		
Langfristiges Darlehen der Deutschen Bank, Mannheim		4.000,— DM
II. **Kurzfristige Schulden**		
Verbindlichkeit gegenüber Niederlassung der Reifenfirma A in Mannheim		1.500,— DM
Verbindlichkeit gegenüber Niederlassung der Reifenfirma B in Mannheim		3.000,— DM
Verbindlichkeit gegenüber der Deutschen Bank, Mannheim		1.300,— DM
Summe der Schulden		9.800,— DM
C) **Ermittlung des Reinvermögens**		
Summe der Vermögensteile		12.060,— DM
./. Summe der Schulden		9.800,— DM
= Reinvermögen (Eigenkapital)		2.260,— DM

Beispiel:
Herr Y eröffnet ein Maklerbüro und erstellt zu Beginn des Gewerbebetriebes am 1.1. ein Eröffnungsinventar, in dem folgende Vermögensgegenstände und Schulden verzeichnet sind:

1 Schreibtisch	800,— DM
1 Stuhl	110,— DM
1 Schreibmaschine	520,— DM
1 Besuchertisch	250,— DM
2 Ledersessel à 380,— DM	760,— DM
1 Registrierkasse	80,— DM
Verbindlichkeiten gegen Stadtsparkasse Speyer	2.000,— DM

Es ermittelt sich danach ein Reinvermögen von 520,— DM. Während des Kalendergeschäftsjahres entnimmt Herr Y an jedem 15. eines Monats 1.000,— DM der Kasse. Am 1.8. bricht der Besuchertisch zusammen und ist nicht mehr verwertbar. Da gerade kein Geld in der Kasse ist, kauft Herr Y aus seinem Privatvermögen einen neuen Tisch für 610,— DM und bringt ihn in das Büro ein. Da Herr Y sich mit dem Gedanken trägt, seine Maklertätigkeit wieder aufzugeben, hat er gegen Jahresende alle Einrichtungsgegenstände verkauft und auch seine Schulden beglichen. Bei der Stichtagsinventur am 31.12. ermittelt sich daher lediglich ein Barbestand von 3.200,— DM. Der durch die Maklertätigkeit des Herrn Y verursachte Gewinn errechnet sich nach der vorgenannten Formel wie folgt:

EK_{t_0} = 520,— DM
EK_{t_1} = 3.200,— DM

Entnahme: 12.000,— DM
Einlage: 610,— DM

3.200,— DM ·/· 520,— DM + 12.000,— DM ·/· 610,— DM = 14.070,— DM

2. Die Ableitung der Bilanz aus dem Inventar

Nach § 242, Abs. 1 HGB ist jeder Kaufmann dazu verpflichtet, neben der Anfertigung eines Inventars auch einen „das Verhältnis von Vermögen und Schulden darstellenden Abschluß“ zu erstellen. Dieser Abschluß, der als **Bilanz** (ital. bilancia = eine im Gleichgewicht befindliche Waage) bezeichnet wird, ist, da er die tatsächlich vorhandenen Vermögensgegenstände und Schulden zum Inhalt hat, unbedingt auf das Inventar zurückzuführen. Es gilt der Grundsatz: **Keine Bilanz ohne Inventar!** Eine Bilanz ohne Inventar genügt nicht den Grundsätzen ordnungsgemäßer Buchführung.

Haben demnach Inventar und Bilanz grundsätzlich gleichen materiellen Inhalt, so können die durch den darstellenden Charakter der Bilanz induzierten Unterschiede nur formeller Art sein.

- In der Bilanz werden die vielen verschiedenen Einzelpositionen des Inventars aus Gründen der Übersichtlichkeit zu größeren Gruppen zusammengefaßt, wobei genaue Spezifizierungen wegfallen. Gleichzeitig wird damit dem Bilanzleser ein zu detaillierter Einblick in die Geschäftstätigkeit und in die Geschäftsgeheimnisse, wie z.B. die Kunden- und Lieferantennamen, verwehrt.

- In der Bilanz erfolgt, auch bedingt durch die Zusammenfassung ungleichartiger Gegenstände zu Gruppen, keine Mengenangabe mehr; es werden nur noch Bestandswerte verzeichnet.
- In der Bilanz werden die Vermögenswerte den Schulden gegenübergestellt, während im Inventar Vermögen und Schulden in Staffelform untereinander angeordnet sind. Diese Gegenüberstellung erfolgt in Form einer zweiseitigen Rechnung, dem sog. **Konto**.
- In der Bilanz wird die Differenz zwischen Vermögen und Schulden – das Reinvermögen oder Eigenkapital – auf der kleineren Seite des Kontos eingestellt. Damit ergibt sich notwendigerweise, daß beide Kontoseiten wertmäßig gleichgroß sind.

Vermögen – Schulden = Eigenkapital (Definitionsgleichung)
Für Vermögen > Schulden
Vermögen = Eigenkapital + Schulden
Für Vermögen < Schulden
Vermögen + neg. Eigenkapital = Schulden

Danach hat für den Regelfall Vermögen > Schulden die Bilanz folgende abstrakte Form:

Aktiva Bilanz zum 31.12. .. Passiva

Vermögen	Eigenkapital
	Fremdkapital (Schulden)

Die linke Seite der Bilanz ist mit **Aktiva** überschrieben. Hier werden die konkreten Vermögensgegenstände verzeichnet oder – wie man auch sagen könnte – die Gegenstände, die aktiv in der Unternehmung arbeiten. Die rechte Seite der Bilanz ist mit **Passiva** überschrieben. Hier werden das Fremdkapital und im Normalfall (Vermögen > Fremdkapital) das Eigenkapital verzeichnet.

Die Passivseite spiegelt die abstrakten Eigentumsverhältnisse an den konkreten Vermögensgegenständen der Aktivseite wider. Sie informiert über die Herkunft der finanziellen Mittel, mit denen die Vermögensgegenstände beschafft wurden. Die **Aktivseite** gibt also Auskunft über die **Mittelverwendung**, die **Passivseite** über die **Mittelherkunft**. Beide Seiten der Bilanz beinhalten also wertmäßig immer das gleiche; es gilt notwendigerweise stets:

Aktiva = Passiva
oder
Vermögen = Kapital
oder
Vermögen = Eigenkapital + Fremdkapital

Diese Beziehungen – häufig auch als **Bilanzgleichungen** bezeichnet – können ex definitione niemals durchbrochen werden. Dagegen beruht die Anordnung von

Vermögen auf der linken und Kapital auf der rechten Bilanzseite wie z. B. in Deutschland auf Konventionen; in Großbritannien z. B. wird das Vermögen rechts und das Kapital links ausgewiesen.

Innerhalb der einzelnen Bilanzseiten erfolgt eine dem Inventar analoge, wenn auch nicht so detaillierte Gliederung der verschiedenen Positionen.

So besteht das **Anlagevermögen** aus den folgenden drei Gruppen:

- Das immaterielle Anlagevermögen (insbesondere Rechte wie z. B. Patente, Konzessionen, Lizenzen; der Geschäfts- oder Firmenwert und geleistete Anzahlungen).
- Das materielle Anlagevermögen (unbebaute und bebaute Grundstücke, Maschinen und sonstige technische Anlagen, Betriebs- und Geschäftsausstattung).
- das Finanzanlagevermögen (Beteiligungen, Wertpapiere, langfristige Darlehens- und Hypothekenforderungen).

Das **Umlaufvermögen** kann untergliedert werden in:

- Vorräte (Roh-, Hilfs- und Betriebsstoffe, halbfertige und fertige Erzeugnisse),
- Forderungen, und sonstige Vermögensgegenstände,
- Wertpapiere (soweit sie nur kurzfristig gehalten werden sollen),
- Zahlungsmittel (Bank, Kasse, Postscheck).

Die Passivseite wird neben der Unterteilung in Eigen- und Fremdkapital – wie im Inventar – noch nach der Fristigkeit untergliedert. Außerdem gibt es auf beiden Seiten der Bilanz Korrekturpositionen, die wegen ihres Spezialcharakters erst später eingeführt werden sollen. In Zweifelsfällen über Art und Tiefe der Bilanzgliederung gibt die für große und mittelgroße Kapitalgesellschaften relevante Mindestgliederung des § 266 HGB auch für andere Gesellschaften gute Anhaltspunkte. Für kleinere Gesellschaften bestehen Erleichterungen im Bilanzausweis. (Vgl S. 22)

Für den Fall, daß das Vermögen geringer als die Schulden ist, ist die Differenzgröße, das (negative) Eigenkapital, auf der Vermögensseite einzustellen, um die Bilanz zum Ausgleich zu bringen. Für diesen Sonderfall erhält die Bilanz folgendes Bild:

Aktiva Bilanz Passiva

Aktiva	Passiva
Anlagevermögen	Fremdkapital
Umlaufvermögen	
negatives Eigenkapital	

Man spricht hier von einer **Überschuldung**. Die durch die Veräußerung der Vermögensgegenstände zu Bilanzwerten gewonnenen finanziellen Mittel reichen zur Rückzahlung der Schulden nicht aus. Zu ihrer vollen Deckung ist noch zusätzliches Kapital des Unternehmers notwendig. Der Tatbestand der Überschuldung ist ein Beispiel für eine sog. **Unterbilanz** und bei Kapitalgesellschaften (z. B. Aktiengesellschaft) Konkursgrund; Personengesellschaften können dagegen wegen der persönlichen Haftung der Gesellschafter diesen Fall ohne rechtliche Konsequenzen überstehen.

Da der für den Anfänger häufig nur schwer zu verstehende Sachverhalt der immer gewahrten Gleichheit von Vermögen und Kapital grundlegend für das Verständnis der doppelten Buchführung ist, soll er anhand eines einfachen Beispiels nochmals nachgewiesen werden. Das Beispiel zeigt außerdem die Möglichkeit, die Verbuchung der Geschäftsvorfälle allein mit dem Instrument der Bilanz abzuwickeln. Dazu muß nach jedem Geschäftsvorfall Inventur gemacht sowie ein neues Inventar und eine neue Bilanz erstellt werden.

Als **Beispiel** gelte der folgende Sachverhalt:

1. Der bisherige Angestellte Schulze will sich selbständig machen. Er übernimmt die Vermittlung für den Verkauf von Waren. Da ihm das erforderliche Geld für die Geschäftsgründung fehlt, erhält er von der Bank einen Kredit in Höhe von 2.000,— DM, die seinem Konto zur direkten Verfügung gutgeschrieben werden. Er kann daher nach der Erstellung eines Inventars die folgende Eröffnungsbilanz aufmachen:

Aktiva	Bilanz t_0		Passiva
Bank	2.000,—	Fremdkapital	2.000,—
	2.000,—		2.000,—

Auf der Aktivseite stehen also die konkret verfügbaren 2.000,— DM, auf der Passivseite die Schuld gegenüber dem Bankinstitut in gleicher Höhe.

Anmerkung:
Im folgenden wird Aktiva mit A und Passiva mit P abgekürzt.

2. Zur Abwicklung der Geschäfte wandelt Schulze sein Wohnzimmer geringfügig in ein Büro um und stellt dabei fest, daß er unbedingt eine Schreibmaschine benötigt; diese kauft er gegen Bankscheck für 600,— DM.

Schulze stellt bei der Inventur fest, daß der Bankscheck den Stand des Bankkontos verringert hat und dafür die Schreibmaschine als Gegenstand der Betriebs- und Geschäftsausstattung hinzugekommen ist.

A	Bilanz t_1		P
Betriebs- u. Geschäftsausstattung	600,	Fremdkapital	2.000,—
Bank	1.400,—		
	2.000,—		2.000,—

3. Ein von Schulze bei der Aufräumung seines Schreibtisches gefundenes Sparbuch mit einem Guthaben von 1.000,— DM wird auf das betriebliche Bankkonto überwiesen.

A	Bilanz t_2		P
Betriebs- u. Geschäftsausstattung	600 ,—	Eigenkapital	1.000,—
Bank	2.400,—	Fremdkapital	2.000,—
	3.000,—		3.000,—

Die Überweisung erhöht den Bankbestand und damit die Aktivseite um 1.000,— DM. Da Aktiv- und Passivseite im Wert gleich sein müssen und das Sparbuch dem Geschäftsinhaber Schulze selber gehörte, stellt die verbleibende Restgröße auf der Passivseite Eigenkapital dar.

4. Schulze benötigt für seine Schreibmaschine noch einen Schreibmaschinentisch, den er gegen Bankscheck für 200,— DM kauft.

A	Bilanz t_3		P
Betriebs- und Geschäfts-ausstattung	800,—	Eigenkapital	1.000,—
Bank	2.200,—	Fremdkapital	2.000,—
	3.000,—		3.000,—

Auch durch diesen Kauf bleiben die Summen der Aktiv- und Passivseite gleich. Während aber bei den bisherigen Bilanzen noch eine konkrete Beziehung zwischen den Einzelpositionen der Aktiv- und Passivseite bestand, läßt sich jetzt eine derartige Beziehung nicht mehr herstellen; es kann nämlich jetzt aufgrund der Bilanz nicht mehr festgestellt werden, ob der Schreibmaschinentisch mit Eigen- oder Fremdkapital angeschafft wurde. Direkte Zuordnungen der Aktivseite zur Passivseite bzw. umgekehrt sind also nicht mehr möglich, man kann jedoch sagen, daß sich das Vermögen im Verhältnis 2 : 1 auf Kreditgeber und Geschäftsinhaber aufteilt.

5. Die erste Verkaufsprovision über 300,— DM geht auf dem Bankkonto ein.

A	Bilanz t_4		P
Betriebs- u. Geschäfts-ausstattung	800,—	Eigenkapital	1.300,—
Bank	2.500,—	Fremdkapital	2.000,—
	3.300,—		3.300,—

Als Schulze Inventur macht, stellt er fest, daß sich die Aktivsumme um 300,— DM erhöht hat. Da dieser Betrag von Schulze erwirtschaftet worden ist und sich an dem Stand seiner Schulden nichts ändert, steht er dem Geschäft weiterhin als zusätzliches Kapital zur Verfügung und erhöht damit das Eigenkapital. Auf diese Weise ist auch im vorliegenden Fall die Wertgleichheit von Vermögen und Kapital gewährleistet.

Die zu einem bestimmten Zeitpunkt vorhandenen und in der Bilanz ausgewiesenen Vermögens- und Kapitalteile werden – wie in dem vorangegangenen Beispiel gezeigt – durch jeden Geschäftsvorfall verändert. Dabei führt jeder Geschäftsvorfall zu einer der vier im folgenden genannten **Veränderungen des Bilanzbildes**:

Beispiel:
Ausgangspunkt bildet die folgende Bilanz:

A Bilanz t_0 P

BGA	30.000,—	Eigenkapital	150.000,—
Waren	180.000,—	Verb. a. L. u. L.	90.000,—
Forderungen	10.000,—	Bankverb.	20.000,—
Kasse	40.000,—		
	260.000,—		260.000,—

1. Kauf von Waren für 20.000,— DM gegen Barzahlung.

A Bilanz t_1 P

BGA	30.000,—	Eigenkapital	150.000,—
Waren	200.000,—	Verb. a. Lu. L.	90.000,—
Forderungen	10.000,—	Bankverb.	20.000,—
Kasse	20.000,—		
	260.000,—		260.000,—

Der Kassenbestand nimmt also um 20.000,— DM ab, dafür erhöht sich der Warenbestand um den gleichen Betrag. Die Bilanzsumme bleibt damit gleich, nur die Struktur der Aktivseite verändert sich. Eine derartige Veränderung des Bilanzbildes wird **Aktivtausch** genannt.

2. Banküberweisung an Lieferanten über 25.000,— DM nach zusätzlich eingeräumtem Überziehungskredit.

A Bilanz t_2 P

BGA	30.000,—	Eigenkapital	150.000,—
Waren	200.000,—	Verb. a. L. u. L.	65.000,—
Forderungen	10.000,—	Bankverb.	45.000,—
Kasse	20.000,—		
	260.000,—		260.000,—

Die Bankverbindlichkeiten nehmen um 25.000,— DM zu; um den gleichen Betrag vermindern sich die Verbindlichkeiten aus Lieferungen und Leistungen. Die Bilanzsumme bleibt also wieder gleich, nur die Struktur der Passivseite verändert sich. Die bilanzielle Auswirkung dieses Geschäftsvorfalles wird als **Passivtausch** bezeichnet.

3. Zielkauf von Waren für 30.000,— DM.

A Bilanz t_3 P

BGA	30.000,—	Eigenkapital	150.000,—
Waren	230.000,—	Verb. a. L. u. L.	95.000,—
Forderungen	10.000,—	Bankverb.	45.000,—
Kasse	20.000,—		
	290.000,—		290.000,—

Der Warenbestand erhöht sich um 30.000,— DM, gleichzeitig erhöhen sich aber auch die Verbindlichkeiten aus Lieferungen und Leistungen um 30.000,— DM. Da sich dadurch auch die Bilanzsumme verlängert, wird dieser Fall als **Bilanzverlängerung** oder **Aktiv-Passiv-Mehrung** bezeichnet.

4. Mit dem verbleibenden Kassenbestand sollen die Bankverbindlichkeiten gemindert werden.

A	Bilanz t_4		P
BGA	30.000,—	Eigenkapital	150.000,—
Waren	230.000,—	Verb. a. L.u.L.	95.000,—
Forderungen	10.000,—	Bankverb.	25.000,—
	270.000,—		270.000,—

Der Kassenbestand ist Null, die Bankverbindlichkeiten sinken um 20.000,— DM. Die Bilanzsumme nimmt also auf beiden Seiten um 20.000,— DM ab. Dieser Fall wird auch **Bilanzverkürzung** oder **Aktiv-Passiv-Minderung** bezeichnet.

Faßt man die bisher gewonnenen Erkenntnisse zusammen, so läßt sich feststellen:

- Jeder Geschäftsvorfall ändert mindestens zwei Bilanzpositionen.
- Die Veränderung der Bilanzpositionen erfolgt derart, daß die Bilanzgleichung Vermögen = Kapital stets erhalten bleibt, auch wenn die Bilanz ihre Struktur und/oder ihr Gesamtvolumen ändert.
- Jeder Geschäftsvorfall führt entweder zu einem Aktiv- bzw. Passivtausch (Strukturveränderung innerhalb der Aktiva bzw. Passiva bei unveränderter Bilanzsumme) oder zu einer Bilanzverlängerung (Aktiv-Passiv-Mehrung) bzw. Bilanzverkürzung (Aktiv-Passiv-Minderung).

(→ Übungsaufgabe 1)

3. Die Auflösung der Bilanz in Bestandskonten

Zur Darstellung der Lage des Vermögens und der Schulden sowie ihrer Veränderung während einer Geschäftsperiode lassen sich grundsätzlich drei Möglichkeiten unterscheiden:

Am Ende eines jeden Geschäftsjahres wird auf der Grundlage eines Inventars eine Bilanz aufgestellt, die die stichtagsbezogene Vermögens- und Schuldenlage der Unternehmung dokumentiert. Während der Geschäftsperiode werden keine Aufzeichnungen gemacht. Der **Erfolg der Periode** läßt sich dann durch den beschriebenen **Eigenkapitalvergleich** ermitteln. Vorteil dieses Verfahrens ist der relativ geringe Arbeitsaufwand, da Aufzeichnungen während der Periode nicht erfolgen und eine Inventur ohnehin durchzuführen ist.

Erheblicher Nachteil ist jedoch, daß der durch Eigenkapitalvergleich ermittelte Gesamtperiodenerfolg keine Rückschlüsse auf das Zustandekommen und die Veränderung des Erfolges während der Periode zuläßt. Man erhält bei fehlender Aufzeichnung der laufenden Unternehmenstätigkeit keinerlei Informationen über die Entwicklung der Vermögens- und Ertragslage während des Geschäftsjahres; der Unternehmensleitung fehlen somit wesentliche Entscheidungsgrundlagen, um evtl. korrigierend in den Unternehmensprozeß eingreifen zu können. Erst am Periodenende wird das Ergebnis der betrieblichen Tätigkeit als globale Größe (Gewinn oder Verlust) ausgewiesen. (Vgl. das Beispiel zur Erfolgsermittlung durch Eigenkapitalvergleich). Detaillierte Aussagen über die Quellen des Erfolges lassen sich dabei nicht machen.

Weiterhin bedenklich bei diesem Verfahren ist, daß die Inventur alleinige Grundlage der Bilanz ist, Fehler bei der Bestandsaufnahme aber nicht auszuschließen sind. Fehlen Aufzeichnungen über die Veränderung der Bestände während der Periode, so ist eine Gegenkontrolle der Inventurwerte durch die Buchwerte mit Aufklärung evtl. gefundener Differenzen nicht möglich. Inventurfehler bleiben unentdeckt und gehen in die Bilanz ein.

- Eine Beseitigung dieser Mängel läßt sich erreichen, indem man, wie bereits im vorangegangenen Abschnitt gezeigt, **nach jedem Geschäftsvorfall eine neue Bilanz** aufstellt. Die einzelnen Bilanzen würden dann jeweils den aktuellen Stand der Vermögens- und Ertragslage dokumentieren. Eine Ermittlung der Erfolgsursachen ist dann durch Vergleich der verschiedenen Bilanzen zwar grundsätzlich möglich, jedoch sehr zeit- und arbeitsaufwendig; dies macht das Verfahren für die Praxis undurchführbar. So müßten z.B. nach jedem Geschäftsvorfall, der in der Regel nur eine Veränderung weniger Bilanzpositionen zur Folge hat, auch alle unberührt gebliebenen Positionen aufgeführt werden.
- Eine Lösung, die den zuvor geäußerten Bedenken gerecht werden soll, ist die Aufspaltung der Bilanz in einzelne Rechnungsstellen, den sog. **Konten** (ital. conto = Rechnung). Sämtliche während eines Geschäftsjahres anfallenden Geschäftsvorfälle werden auf diesen Konten dokumentiert (= verbucht). Am Ende der Geschäftsperiode werden die Konten, unter Berücksichtigung und eventueller Korrektur durch die Inventurergebnisse, wieder zu einer Bilanz zusammengefaßt, so daß die Bilanz den Anfang und das Ende eines Rechnungskreises darstellt. Dieses global skizzierte Verfahren soll nachfolgend detailliert dargestellt werden

Unter dem **Konto** versteht man eine zweiseitig geführte Rechnung, die die Tatbestände „Datum“ sowie „Art und Wert“ eines Geschäftsvorfalles angibt. Rein formal unterscheidet man das Reihenkonto und das T-Konto.

Beispiel eines Reihenkontos:

Kassenkonto

Datum	Text	Einzahlung	Auszahlung
2.1.	Einzahlung von Kunde A	1.000,—	
3.1.	Einzahlung von Kunde B	3.000,—	
5.1.	Kauf von Büromaterial		300,—
8.1.	Einzahlung von Kunde C	200,—	
9.1.	Übertrag auf Bank		3.900,—

Beispiel eines T-Kontos:

Soll **Kassenkonto** Haben

Datum	Text	Betrag	Datum	Text	Betrag
2.1.	Einz. v. Kunde A	1.000,—	5.1.	Kauf v. Büromat.	300,—
3.1.	Einz. v. Kunde B	3.000,—	9.1.	Übertr. a. Bank	3.900,—
8.1.	Einz. v. Kunde C	200,—			

Die linke Seite des T-Kontos ist mit **Soll** überschrieben, die rechte Seite mit **Haben**. Bei diesen Bezeichnungen handelt es sich um Konventionen, die auf die Konten der Schuldverhältnisse zurückzuführen sind.[1]) Bei allen übrigen Konten haben die Begriffe von Soll und Haben keine Beziehung zum Konteninhalt. Statt von der Soll-Seite spricht man häufig auch von der „**Debet**"-Seite, statt von der Haben-Seite auch von der „**Credit**"-Seite. Die Buchung auf der Soll-Seite wird auch als „**Belastung**" bezeichnet, die Buchung auf der Haben-Seite als „**Gutschrift**" oder „**Erkennen**".

All diese Bezeichnungen haben zwar keine materielle Bedeutung, sie weisen jedoch auf den formalen Unterschied zur Bilanz hin, die als Zeitpunktrechnung ebenfalls in T-Kontenform aufgestellt ist, aber mit „**Aktiva**" und „**Passiva**" überschrieben ist.

Die Bilanz verzeichnet in den verschiedenen Einzelpositionen die Bestände der Vermögensgegenstände und Schulden; entsprechend leitet man aus ihr einzelne sog. **Bestandskonten** ab. Dazu löst man die Aktivseite der Bilanz in einzelne sog. **Aktivkonten** auf, ebenso die Passivseite in einzelne **Passivkonten**. Jeder Bilanzposition entspricht ein eigenes Konto mit entsprechender Bezeichnung. Die Anfangsbestände werden aus der Bilanz entnommen und erscheinen – wie in der Bilanz – bei Aktivkonten auf der linken, der Soll-Seite, und bei Passivkonten auf der rechten, der Haben-Seite. Da jeder **Zugang** eine Mehrung des Anfangsbestandes darstellt, nehmen **Aktivkonten links** zu und **Passivkonten rechts** zu. Bestandsminderungen werden auf der den Anfangsbeständen und Bestandsmehrungen jeweils entgegengesetzten Kontoseite gebucht. Zieht man die Differenz, im folgenden „**Saldo**" (ital. = Überschuß) genannt, zwischen den Beträgen der beiden Kontenseiten und stellt diesen Saldo auf der kleineren Seite ein, so bewirkt dies den rechnerischen Ausgleich der beiden Kontenseiten, also die Soll- und Habengleichheit eines jeden Kontos. Grundsätzlich gilt daher für Aktiv- und Passivkonten das folgende Schema:

S Aktivkonto H

S	H
Anfangsbestand	Abgänge
Zugänge	Saldo

S Passivkonto H

S	H
Abgänge	Anfangsbestand
Saldo	Zugänge

[1]) Im folgenden soll immer die Form des T-Kontos Anwendung finden.

Für den Fall, daß

Anfangsbestand + Zugang > Abgang

gilt der folgende Zusammenhang:

Anfangsbestand + Zugang = Abgang + Saldo

An der Stellung des Saldos im Konto kann abgelesen werden, ob es sich um ein Aktiv- oder Passivkonto handelt und ob sich die Gruppenzugehörigkeit eines Kontos geändert hat. Aktivkonten haben den Saldo auf der rechten Seite; er gleicht die kleinere Haben-Seite gegenüber der größeren Soll-Seite aus und erhält den Namen „**Soll-Saldo**" nach der größeren Soll-Seite. Ein Soll-Saldo steht also – was einen Anfänger zunächst verwirren wird – auf der kleineren Haben-Seite. Demgegenüber identifiziert ein „**Haben-Saldo**" ein Bestandskonto als Passivkonto; ein Haben-Saldo gleicht also die kleinere Soll-Seite gegenüber der größeren Haben-Seite aus und steht auf der kleineren Soll-Seite. Die Bezeichnungen „Soll-Saldo" und „Haben-Saldo" beziehen sich also nicht auf die Seite, auf der der Saldo zu stehen kommt, sondern auf die größere Kontoseite, die für seine Stellung im Konto bestimmend ist.

Die ermittelten Salden stellen die buchmäßigen Endbestände dar, bei denen im folgenden zunächst unterstellt wird, daß sie mit den durch Inventur ermittelten tatsächlichen Endbeständen übereinstimmen. Die Soll-Salden der aktiven Bestandskonten weisen den Bestand von Vermögensgegenständen aus und sind in der Bilanz – betragsmäßig gleich groß – in die Aktiv-Seite einzustellen. Da die Haben-Salden der passiven Bestandskonten den Bestand an Schulden ausweisen, sind diese in gleicher Höhe auf die Passiv-Seite der Bilanz zu übertragen. Allgemein gilt, daß die Salden der Bestandskonten gegenüber ihrer Stellung im Konto auf der anderen Seite in der Bilanz gegengebucht werden. (Ein Soll-Saldo wird also auf die linke Bilanzseite übertragen.)

Sind alle Salden der Bestandskonten in die Bilanz eingestellt, so gibt diese die zu einem bestimmten Stichtag vorhandenen Bestände wider, ist also als ein übersichtlicher, das Verhältnis von Vermögen und Schulden zum Bilanzstichtag darstellender Abschluß anzusehen.

Die Eigenschaft der Bestandskonten, zur Gruppe der Aktiv- oder Passivkonten zu gehören, ist in der Regel fix; manche Konten können ihre Gruppenzugehörigkeit allerdings wechseln. Die Änderung der Gruppenzugehörigkeit durch Geschäftsvorfälle sei am Beispiel des Bankkontos demonstriert:

Beispiel:

In der Bilanz wird ein Bankguthaben von 1.000,— DM ausgewiesen. Das Bankkonto gehört damit zur Gruppe der aktiven Bestandskonten und hat seinen Anfangsbestand – wie in der Bilanz – links, also auf der Soll-Seite:

S	Bank		H
AB	1.000,—		

(a) Der Kunde A zahlt nun 1.000,— DM auf das Bankkonto ein. Dieser Zugang erhöht den Anfangsbestand, er wird also auf der Soll-Seite gebucht:

S	Bank		H
AB	1.000,—		
(a)	1.000,—		

(b) Zur Begleichung einer Rechnung werden dem Lieferanten 500,— DM überwiesen. Diese Minderung des Bankbestandes wird auf der Haben-Seite gebucht:

S	Bank		H
AB	1.000,—	(b)	500,—
(a)	1.000,—		

(c) Eine Lieferantenrechnung über 2.000,— DM wird per Scheck beglichen. Auch dieser Betrag ist auf der Haben-Seite zu verbuchen:

S	Bank		H
AB	1.000,—	(b)	500,—
(a)	1.000,—	(c)	2.000,—
Saldo	500,—		
	2.500,—		2.500,—

Ermittelt man nun den Endbestand, so erkennt man, daß durch das Überziehen des Bankkontos sich ein Haben-Saldo ergibt, das Konto also seine Gruppenzugehörigkeit gewechselt hat. Dieser Haben-Saldo von 500,— DM würde nunmehr in der Bilanz unter „Verbindlichkeiten gegenüber Kreditinstituten" auszuweisen sein.

Allgemein kann gesagt werden, daß ein Bestandskonto seine Zugehörigkeit zur Gruppe der Aktiv- oder Passivkonten dann wechselt, wenn gilt:

Anfangsbestand + Bestandsmehrung < Bestandsminderung.

Für die Kontengleichung gilt dann:

Anfangsbestand + Zugang + Saldo = Abgang.

4. Die Verbuchung erfolgsneutraler Geschäftsvorfälle

Die Verbuchung der laufenden Geschäftsvorfälle auf Konten soll anhand des nachfolgenden **Beispiels** demonstriert werden. Dabei sollen in diesem Abschnitt zunächst nur solche Geschäftsvorfälle unterstellt werden, die **ohne Einfluß auf den Erfolg** (Gewinn oder Verlust) einer Unternehmung sind.

Beispiel:
Ausgangssituation sei folgende Bilanz:

Aktiva	Bilanz zum 1.1.19.. der Fa. X		Passiva
Maschinen	46.000,—	Eigenkapital	78.000,—
Rohstoffe	19.000,—	Darlehensschuld	14.000,—
Forderungen	15.000,—	Verb. a. L.u.L.	16.000,—
Kasse	5.000,—		
Bank	23.000,—		
	108.000,—		108.000,—

Ausgehend von dieser Bilanz eröffnen wir für jede einzelne Position ein eigenes

Konto, in das der jeweilige Bestandswert als sog. Anfangsbestand (AB) auf der gleichen Kontoseite wie in der Bilanz vorgetragen wird.

Aktivkonten

S	Maschinen		H
AB	46.000,—		

S	Rohstoffe		H
AB	19.000,—		
(1)	1.400,—		
(4)	1.800,—		

S	Forderungen		H
AB	15.000,—	(3)	1.700,—

S	Kasse		H
AB	5.000,—	(1)	1.400,—
		(2)	900,—

S	Bank		H
AB	23.000,—	(2)	1.100,—
(3)	1.700,—		

Passivkonten

S	Eigenkapital		H
		AB	78.000,—

S	Darlehensschuld		H
		AB	14.000,—

S	Verb. a. L. u. L.		H
(2)	2.000,—	AB	16.000,—
		(4)	1.800,—

Nachfolgende Geschäftsvorfälle sind nun auf diesen Konten zu verbuchen:

1. Bareinkauf von Rohstoffen für 1.400,— DM.
Der Bestand an Rohstoffen vermehrt sich; also ist im Aktivkonto Rohstoffe auf der Sollseite eine Buchung von 1.400,— DM vorzunehmen. Gleichzeitig vermindert sich der Kassenbestand um 1.400,— DM. Im Kassenkonto ist deshalb der gleiche Betrag im Haben zu buchen.

2. Wir begleichen eine Rechnung unseres Rohstofflieferanten von 2.000,— DM durch Banküberweisung von 1.100,— DM und Barzahlung von 900,— DM.
Die entsprechenden Rohstoffe sind uns schon früher geliefert, aber noch nicht bezahlt worden. Daher bestand unsererseits gegenüber dem Lieferanten eine Verbindlichkeit von 2.000,— DM.
Indem wir die Rechnung begleichen, nehmen unsere gesamten Verbindlichkeiten aus Lieferungen und Leistungen um 2.000,— DM ab. Da es sich beim Konto Verbindlichkeiten a. L.u.L. um ein Passivkonto handelt, ist die Minderung von 2.000,— DM im Soll zu buchen.
Gleichzeitig nimmt unser Bankguthaben um 1.100,— DM ab. Das Bankkonto ist ein Aktivkonto, also gehört diese Minderung auf die Habenseite. 900,— DM bezahlen wir bar. Unser Kassenbestand nimmt also um 900,— DM ab. Da das Kassenkonto ein aktives Bestandskonto ist, ist die Minderung im Haben zu buchen.

3. Ein Kunde begleicht seine Schuld durch Banküberweisung von 1.700,— DM. Wir besitzen gegenüber dem Kunden eine Forderung. Begleicht er seine Schuld, so nimmt unsere Forderung ab. Forderungen stellen einen Aktivbestand dar, Minderungen sind entsprechend im Haben zu buchen. Gleichzeitig nimmt unser Bankgut-

haben um 1.700,— DM zu. Das Bankkonto ist hier ein aktives Bestandskonto, Bestandsmehrungen sind also im Soll zu buchen.

4. Einkauf von Rohstoffen auf Ziel für 1.800,— DM.
Der Bestandswert an Rohstoffen vermehrt sich um 1.800,— DM. In dieser Höhe ist im Rohstoffkonto eine Sollbuchung vorzunehmen. Gleichzeitig nehmen unsere Schulden zu. Das Konto Verbindlichkeiten a. L. u. L. ist ein passives Bestandskonto, die Mehrung um 1.800,— DM wird hier also im Soll gebucht.

Aus der Verbuchung dieser Geschäftsvorfälle können folgende allgemeinen Erkenntnisse gezogen werden:

- Jeder Geschäftsvorfall verändert (mindestens) zwei Konten, und zwar jeweils (mindestens) ein Konto im Soll und (mindestens) ein Konto im Haben. Jeder Geschäftsvorfall wird also doppelt verbucht.
- Die wertmäßige Summe der Sollbuchung(en) entspricht der Summe der Habenbuchung(en). Zu jeder Sollbuchung gehören also wertmäßig äquivalente Gegenbuchungen im Haben.

Um bei jedem einzelnen Geschäftsvorfall die Buchungsanweisungen nicht durch lange verbale Umschreibungen angeben zu müssen, hat man eine Sprachkonvention getroffen, den sog. **Buchungssatz**. Da jeder Geschäftsvorfall sowohl (mindestens) eine Soll- als auch (mindestens) eine Habenbuchung auslöst, hat man sich auf folgendes geeinigt: zuerst ist das Konto zu nennen, bei dem im Soll gebucht wird, anschließend wird das Konto genannt, bei dem im Haben die Buchung vorzunehmen ist. Wird jeweils mehr als ein Konto angesprochen, so werden zuerst die Konten der Sollbuchungen, dann die Konten der Habenbuchungen angeführt. Verbunden werden die Sollkonten mit den Habenkonten durch das Wörtchen „an“. Es gilt also allgemein:

Sollkonto (-konten) an Habenkonto (-konten)

Erfolgt nur jeweils eine Soll- und eine Habenbuchung – man spricht dann von einem **einfachen Buchungssatz** – so genügt die einmalige Nennung des zu verbuchenden Betrages.
Durch die sog. **zusammengesetzten Buchungssätze** werden mehr als zwei Konten angesprochen. Hier muß bei jedem einzelnen Konto der zu verbuchende Betrag genannt werden.

Für die vorgenannten vier Geschäftsvorfälle ergeben sich also folgende Buchungssätze:

(1) Rohstoffe an Kasse 1.400,— DM
(2) Verbindlichkeiten a. L. u. L. 2.000,— DM an Bank 1.100,— DM
an Kasse 900,— DM
(3) Bank an Forderungen 1.700,— DM
(4) Rohstoffe an Verbindlichkeiten a. L. u. L. 1.800,— DM.

(→ Übungsaufgabe 2 und 3)

5. Abschluß und Eröffnung der Bestandskonten

Nach der Verbuchung der laufenden Geschäftsvorfälle während des Geschäftsjahres sind am Periodenende die einzelnen Konten abzuschließen, indem der buchmäßige Endbestand durch Saldieren ermittelt wird.

Da Aktivkonten beim Kontenabschluß eine wertmäßig größere Sollseite als Habenseite besitzen, addiert man zuerst die Sollseite auf und bildet dann die Differenz zur Habenseite. Den so ermittelten Saldo, der den buchmäßigen Endbestand darstellt (der hier mit dem durch Inventur festgestellten Bestand übereinstimmt), stellt man auf der kleineren Habenseite ein und bringt so das Konto zum Ausgleich. Bei den Passivkonten verfährt man umgekehrt.

Auf den Konten des vorangegangenen Beispiels ermitteln sich danach folgende Endbestände:

Aktivkonten

S Maschinen **H**

AB	46.000,—	EB	46.000,—

S Rohstoffe H

AB	19.000,—	EB	22.200,—
(1)	1.400,—		
(4)	1.800,—		
	22.200,—		22.200,—

S Forderungen H

AB	15.000,—	(3)	1.700,—
		EB	13.300,—
	15.000,—		15.000,—

S Kasse H

AB	5.000,—	(1)	1.400,—
		(2)	900,—
		EB	2.700,—
	5.000,—		5.000,—

S Bank H

AB	23.000,—	(2)	1.100,—
(3)	1.700,—	EB	23.600,—
	24.700,—		24.700,—

Passivkonten

S Eigenkapital **H**

EB	78.000,—	AB	78.000,—

S Darlehensschuld H

EB	14.000,—	AB	14.000,—

S Verb. a. L. u. L. H

(2)	2.000,—	AB	16.000,—
EB	15.800,—	(4)	1.800,—
	17.800,—		17.800,—

Bei der Verbuchung der laufenden Geschäftsvorfälle gehörte zu jeder Sollbuchung eine Habenbuchung (bzw. zu einer oder mehreren Sollbuchungen eine oder mehrere wertmäßig insgesamt gleich große Habenbuchungen). Um dieses Prinzip der doppelten Verbuchung auch für die Schlußbestände durchzuhalten, wird das sog. **Schlußbilanzkonto** eingeführt, in dem die Kontensalden ihre Gegenbuchung erfahren. Dieses Schlußbilanzkonto ist ebenfalls mit Soll und Haben überschrieben und hat für das oben aufgeführte Beispiel folgendes Aussehen:

S	Schlußbilanzkonto (SBK)		H
Maschinen	46.000,—	Eigenkapital	78.000,—
Rohstoffe	22.200,—	Darlehensschuld	14.000,—
Forderungen	13.300,—	Verb. a. L. u. L.	15.800,—
Kasse	2.700,—		
Bank	23.600,—		
	107.800,—		107.800,—

Die dazugehörigen Abschlußbuchungen lauten:

Schlußbilanzkonto an Maschinen	46.000,— DM	Für den Abschluß der Aktivkonten gilt allgemein: **Schlußbilanzkonto an Aktivkonto**
Schlußbilanzkonto an Rohstoffe	22.200,— DM	
Schlußbilanzkonto an Forderungen	13.300,— DM	
Schlußbilanzkonto an Kasse	2.700,— DM	
Schlußbilanzkonto an Bank	23.600,— DM	
Eigenkapital an SBK	78.000,— DM	Für den Abschluß der Passivkonten gilt allgemein: **Passivkonto an Schlußbilanzkonto**
Darlehensschuld an SBK	14.000,— DM	
Verb. a. L.u.L. an SBK	15.800,— DM	

Auf der Grundlage des **Schlußbilanzkontos** wird die **Schlußbilanz** erstellt. Beide entsprechen sich materiell und weisen nur **formale Unterschiede** auf:

- Das Schlußbilanzkonto ist mit Soll und Haben, die Schlußbilanz mit Aktiva und Passiva überschrieben.
- Das Schlußbilanzkonto nimmt die Gegenbuchungen der Kontensalden auf und ist damit in das System der doppelten Buchhaltung integriert. Die **Schlußbilanz** steht als **externes Informationsinstrument** und Bestandteil des Jahresabschlusses (§ 242, Abs. 1 HGB) außerhalb des Systems der doppelten Buchhaltung. Sie geht zurück auf das Schlußbilanzkonto und verzeichnet die Bestände auf den gleichen Kontenseiten.
- Die Gliederungsvorschriften des § 266 HGB gelten für die Bilanz, nicht jedoch für das zum System der Doppik gehörende Schlußbilanzkonto.
  In unserem einfachen Beispiel ist die Gliederung und Detaillierung im Schlußbilanzkonto und in der Schlußbilanz identisch. In der Praxis führt der Abschluß der Konten jedoch zu einem sehr detaillierten Schlußbilanzkonto, das häufig über die geforderte Gliederungstiefe für die Bilanz hinausgeht. Es können dann mehrere Positionen des Schlußbilanzkontos mittels **Kontenbrücken**[1]) zu einer Position der Schlußbilanz zusammengefaßt werden.

Aus dem vorgenannten Schlußbilanzkonto des Beispiels ergibt sich folgende Schlußbilanz:

[1]) Kontenbrücken dienen zur Zusammenfassung der Salden verschiedener einzelner Konten; sie stellen also Sammelkonten dar.

Aktiva	Schlußbilanz zum 31.12.19..		Passiva
Maschinen	46.000,—	Eigenkapital	78.000,—
Rohstoffe	22.200,—	Darlehensschuld	14.000,—
Forderungen	13.300,—	Verb. a. L. u. L.	15.800,—
Kasse	2.700,—		
Bank	23.600,—		
	107.800,—		107.800,—

Identisch mit der Schlußbilanz ist die Eröffnungsbilanz der folgenden Periode (**Bilanzidentität**), da zwischen beiden Perioden theoretisch kein Zeitraum liegt. (Vgl. S. 19)

Schlußbilanz t_0 = Eröffnungsbilanz t_1

Das oben entwickelte Beispiel zeichnet sich nun bis zum Schlußbilanzkonto durch eine doppelte Verbuchung jedes Betrages aus, allerdings noch mit einer Ausnahme: Es fehlen entsprechende Gegenbuchungen zu den Anfangsbeständen. Diese sind bei der Eröffnung der Konten aus der Bilanz auf der gleichen Seite „vorgetragen" worden. Da es Merkmal des Systems der doppelten Buchhaltung oder „Doppik" ist, daß **zu jeder Buchung eine Gegenbuchung** gehört, wird ein zusätzliches Konto eingeführt, das die ausschließliche Aufgabe hat, die Gegenbuchungen zu den Anfangsbeständen aufzunehmen und damit das System der „Doppik" lückenlos zu vervollständigen. Dieses Konto wird als **Eröffnungsbilanzkonto** bezeichnet und ist mit Soll und Haben überschrieben. Die aktiven Bestandskonten verzeichnen ihre Anfangsbestände im Soll, die Gegenbuchung ist systemgemäß im Eröffnungsbilanzkonto im Haben vorzunehmen. Da die passiven Bestandskonten ihre Anfangsbestände im Haben verzeichnen, steht die Gegenbuchung im Eröffnungsbilanzkonto im Soll. Das Eröffnungsbilanzkonto zu dem oben entwickelten Beispiel hat danach folgendes Aussehen:

S	Eröffnungsbilanzkonto (EBK)		H
Eigenkapital	78.000,—	Maschinen	46.000,—
Darlehensschuld	14.000,—	Rohstoffe	19.000,—
Verb. a. L. u. L.	16.000,—	Forderungen	15.000,—
		Kasse	5.000,—
		Bank	23.000,—
	108.000,—		108.000,—

Die dazugehörigen Buchungssätze lauten:		
Eröffnungsbilanzkonto an Eigenkapital	78.000,— DM	Allgemein gilt: **Eröffnungsbilanzkonto an Passivkonten**
Eröffnungsbilanzkonto an Darlehensschuld	14.000,— DM	
Eröffnungsbilanzkonto an Verb. a. L.u.L.	16.000,— DM	

Maschinen	an Eröffnungsbilanzkonto	46.000,— DM	Allgemein gilt: **Aktivkonten an Eröffnungsbilanzkonto**
Rohstoffe	an Eröffnungsbilanzkonto	19.000,— DM	
Forderungen	an Eröffnungsbilanzkonto	15.000,— DM	
Kasse	an Eröffnungsbilanzkonto	5.000,— DM	
Bank	an Eröffnungsbilanzkonto	23.000,— DM	

Das Eröffnungsbilanzkonto als rein formales Hilfskonto zur Realisierung einer durchgehend doppelten Verbuchung ist die spiegelbildliche Darstellung der Eröffnungsbilanz (vgl. S. 34). Zwischen beiden bestehen lediglich **formale Unterschiede**:

- Die Eröffnungsbilanz ist mit Aktiva und Passiva, das Eröffnungsbilanzkonto mit Soll und Haben überschrieben.
- Die Eröffnungsbilanz ist identisch mit der Schlußbilanz der Vorperiode (Bilanzidentität) oder geht bei Gründung auf das Eröffnungsinventar zurück. Das Eröffnungsbilanzkonto entsteht aus rein formalen Gründen und ist ohne materiellen Inhalt.
- Eröffnungsbilanz und Eröffnungsbilanzkonto entsprechen sich spiegelbildlich.

Eine Möglichkeit zur lückenlosen Durchführung der doppelten Verbuchung ohne Zwischenschaltung des Eröffnungsbilanzkontos ergibt sich durch Zusammenfassung der Eröffnungsbuchungen.

Maschinen	an	[Eröffnungsbilanzkonto]	46.000,— DM
Rohstoffe	an	[Eröffnungsbilanzkonto]	19.000,— DM
Forderungen	an	[Eröffnungsbilanzkonto]	15.000,— DM
Bank	an	[Eröffnungsbilanzkonto]	23.000,— DM
Kasse	an	[Eröffnungsbilanzkonto]	5.000,— DM
			108.000,— DM

[Eröffnungsbilanzkonto]	an Eigenkapital	78.000,— DM
[Eröffnungsbilanzkonto]	an Darlehensschuld	14.000,— DM
[Eröffnungsbilanzkonto]	an Verb. a. L. u. L.	16.000,— DM
		108.000,— DM

Da im Eröffnungsbilanzkonto in Soll und Haben gleich gebucht wird, können durch Auslassen der eingeklammerten Teile die Außenglieder unter Wahrung der Regeln der Doppik miteinander verbunden werden. Es ergibt sich dann folgender zusammengesetzter Buchungssatz:

Maschinen	46.000,— DM		
Rohstoffe	19.000,— DM		
Forderungen	15.000,— DM		
Bank	23.000,— DM		
Kasse	5.000,— DM	an Eigenkapital	78.000,— DM
		an Darlehensschuld	19.000,— DM
		an Verb. a. L. u. L.	16.000,— DM
	108.000,— DM		108.000,— DM

oder zusammengefaßt:

alle Aktivkonten an alle Passivkonten 108.000,– DM.

Die Anfangsbestände der Aktivkonten erfahren danach in den Anfangsbeständen der Passivkonten ihre Gegenbuchung und bedürfen eines besonderen Eröffnungsbilanzkontos daher nicht mehr.

Durch die Einführung des Eröffnungsbilanzkontos bzw. der eben genannten verkürzten Buchung und des Schlußbilanzkontos ergibt sich eine lückenlose doppelte Verbuchung vom Eröffnungsbilanzkonto ausgehend über die laufenden Geschäftsvorfälle und dem Abschluß der Konten bis zum Schlußbilanzkonto.

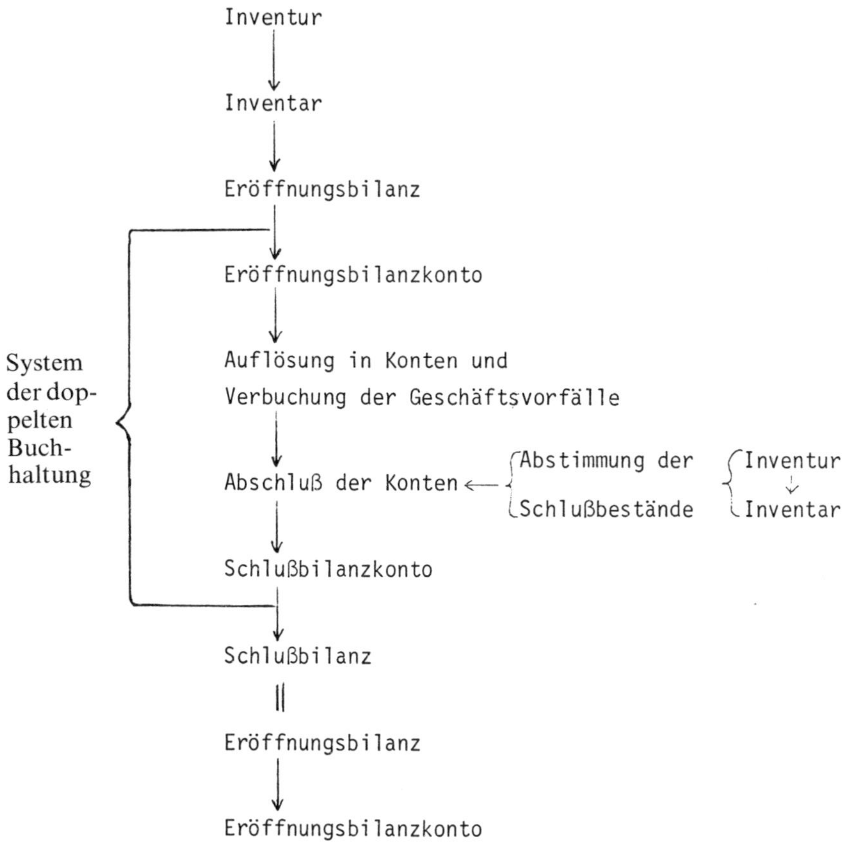

Abb. 1: System der Rechnungslegung

6. Die Auflösung des Eigenkapitalkontos in Privat- und Erfolgskonto

Die im vorangegangenen Abschnitt verbuchten und als erfolgsneutral bezeichneten Geschäftsvorfälle führten lediglich zu Bestandsveränderungen auf den Aktivkonten und/oder den Konten der Schuldverhältnisse; das Eigenkapital blieb dabei unberührt. Gegenstand dieses Kapitals sind nun die möglichen Veränderungen des passiven Bestandskontos „Eigenkapital".

Bereits bei der Erfolgsermittlung durch Reinvermögensvergleich (Eigenkapitalvergleich) wurde darauf hingewiesen, daß Bestandsveränderungen des Eigenkapitals gegenüber der Vorperiode grundsätzlich ihre Ursache in der eigentlichen Unternehmenstätigkeit haben können oder auf private Transaktionen des Unternehmers zurückzuführen sein können. Will man die unternehmensbedingten Eigenkapitalmehrungen oder -minderungen („Gewinn" oder „Verlust") einer Periode ermitteln, so setzt dies die Eliminierung der durch private Transaktionen verursachten Eigenkapitalveränderungen voraus. Zu diesem Zweck wird ein besonderes Konto, das sog. **Privatkonto** eingeführt. Es gleicht in seinem formalen Aufbau dem Eigenkapitalkonto, d.h. Mehrungen des Eigenkapitals durch Privateinlagen stehen im Haben, Minderungen im Soll. Am Ende der Abrechnungsperiode werden Privateinlagen und Privatentnahmen gegeneinander aufgerechnet; der sich ergebende Saldo, der als einzelne Größe über die privat veranlaßte Eigenkapitalveränderung der Periode informiert, wird im Eigenkapitalkonto gegengebucht. Ein Habensaldo im Privatkonto aufgrund größerer privater Einlagen als Entnahmen erscheint danach systemgerecht im Haben des Eigenkapitalkontos, während umgekehrt ein Sollsaldo im Privatkonto als Kapitalminderung im Eigenkapitalkonto gebucht wird.

Fall A:
Privateinlagen der Periode > Privatentnahmen der Periode.

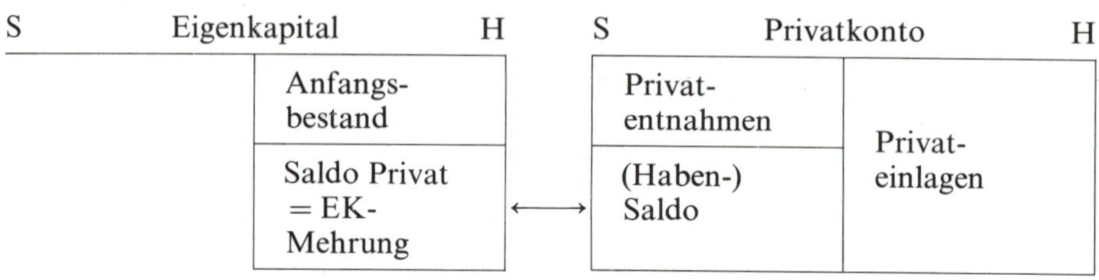

Fall B:
Privateinlagen der Periode < Privatentnahmen der Periode.

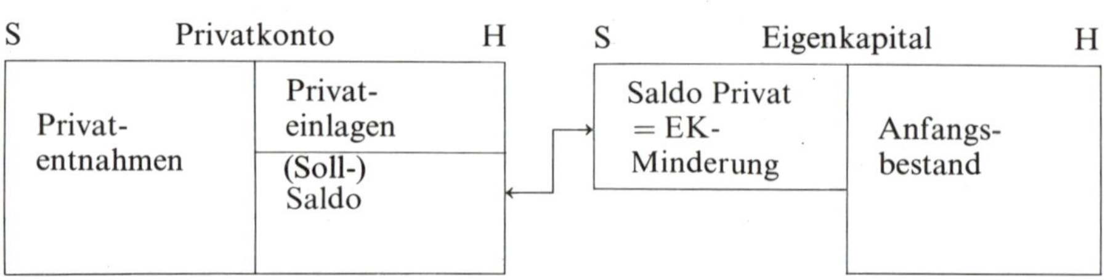

Allgemein gilt: Wird ein Konto, auf dem inhaltlich verschiedene Sachverhalte verbucht werden (wie z. B. das private und unternehmensbedingte Eigenkapitalveränderungen verzeichnende Eigenkapitalkonto), aus Gründen der Klarheit so aufgespalten, daß für unterschiedliche Tatbestände jeweils ein eigenes Konto verwendet wird, so müssen die einzelnen Konten in ihrem formalen Aufbau dem ihnen übergeordneten **Hauptkonto** entsprechen. Die vom Hauptkonto abgespaltenen Konten, die man auch als **Unterkonten** bezeichnet, geben ihre Salden an das Hauptkonto ab; man sagt auch: **Unterkonten schließen über das Hauptkonto ab.**

Das Privatkonto ist demnach ein Unterkonto des Eigenkapitalkontos. Die auf dem Privatkonto zu verbuchenden privat veranlaßten Eigenkapitalveränderungen sind insbesondere Bareinlagen und Barentnahmen des Unternehmensinhabers, die Abwicklung seiner privaten Zahlungsverpflichtungen über das Bankkonto der Unternehmung, die Entnahme von Gegenständen aus der Unternehmung für den privaten Konsum sowie umgekehrt die Einbringung materieller Güter in die Unternehmung. Diese zwischen privater und betrieblicher Sphäre sich abspielenden Vorgänge müssen, da sie den Stand des Vermögens und der Schulden verändern, in der Buchhaltung erfaßt werden. Sie sind aber trotz ihrer direkten Wirkung auf das Eigenkapital ohne Einfluß auf den durch die spezifische Unternehmenstätigkeit erwirtschafteten Unternehmenserfolg und demnach ebenfalls als **erfolgsneutral** zu bezeichnen. Selbstverständlich ist es auch möglich für Kapitaleinlagen und Privatentnahmen gesonderte Unterkonten des Eigenkapitalkontos einzurichten:

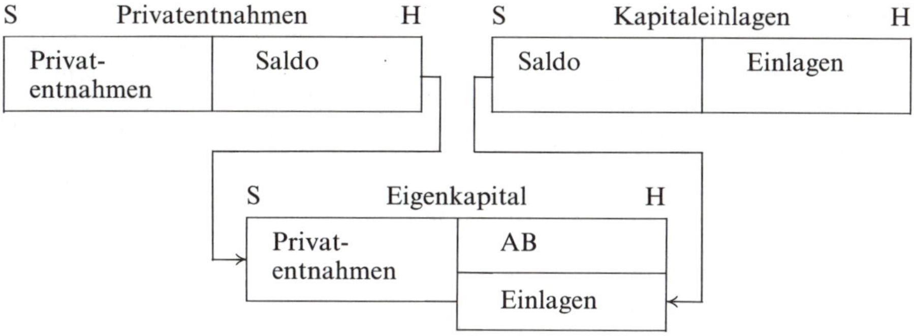

Demgegenüber werden Geschäftsvorfälle dann als **erfolgswirksam** bezeichnet, wenn durch sie nicht eine private, sondern eine unternehmensbedingte Eigenkapitalveränderung veranlaßt wird.

a) Wenn z.B. eine Handelsunternehmung eine Ware für 100,— DM gegen Barzahlung kauft und sie gegen Barzahlung für 200,— DM weiterveräußert, wird durch diese für eine Handelsunternehmung typische Tätigkeit ein Stückgewinn von 100,— DM erwirtschaftet. Dabei setzt sich die Gesamtaktivität sowohl rechtlich als auch wirtschaftlich aus den beiden Teilaktivitäten Einkauf und Verkauf zusammen. Diesen beiden Geschäftsvorfällen entsprechend werden auch zwei Buchungen veranlaßt. Beim Einkauf der Ware für 100,— DM wird das Kassenkonto um diesen Betrag gemindert, während das Warenkonto um 100,— DM zunimmt. Die Buchung

BS: Waren an Kasse 100,— DM

kennzeichnet also einen erfolgsneutralen, d.h. das Eigenkapitalkonto nicht berührenden Geschäftsvorfall (Aktivtausch). Beim Verkauf der Ware für 200,— DM nimmt das Warenkonto um 100,— DM ab, denn zu diesem (Einkaufs-) Wert sind die Waren verzeichnet, gleichzeitig nimmt das Kassenkonto aber um 200,— DM zu. Einer aktiven Bestandsminderung (Habenbuchung) von 100,— DM steht also zunächst eine aktive Bestandsmehrung (Sollbuchung) von 200,— DM gegenüber. Da andere Aktivkonten oder Schuldenkonten durch diesen Warenverkauf nicht tangiert werden, aber ein Gewinn von 100,— DM erwirtschaftet wird, der inhaltlich einer Eigenkapitalmehrung entspricht, ist für den Gewinn eine Habenbuchung im Konto Eigenkapital vorzunehmen. Der ganze Buchungssatz lautet dann:

BS: Kasse 200,— DM an Waren 100,— DM
an Eigenkapital 100,— DM

Geschäftsvorfälle wie z. B. der Warenverkauf sind nicht privat bedingt und führen dennoch zu einer Eigenkapitalveränderung; sie werden deshalb als erfolgswirksam bezeichnet.

a 1) Soweit die Veräußerung der Ware an einen Kunden erfolgt, demgegenüber die Handelsunternehmung Schulden hat, vermindert sich dadurch der Schuldenbestand um 200,— DM. Die Buchung des erfolgswirksamen Geschäftsvorfalles lautet dann:

BS: Schulden 200,— DM an Waren 100,— DM
an Eigenkapital 100,— DM

b) Verkauft die gleiche Handelsunternehmung die für 100,– DM angekauften Waren nur zu 50,– DM bar, so ist damit ein Verlust von 50,– DM verbunden. Buchtechnisch führt der Verkauf der Waren zu einer Bestandsminderung (Habenbuchung) im Konto Waren von 100,– DM, da zu diesem (Einkaufs-)Wert der Warenbestand bei der Beschaffung verbucht wurde, während gleichzeitig der Bestand des Kassenkontos sich nur um 50,— DM erhöht (Sollbuchung). Da durch diesen Geschäftsvorfall keine anderen aktiven Bestandskonten berührt werden und sich auch keine Veränderung der Schulden ergibt, bleibt für die fehlende Sollbuchung lediglich das Eigenkapitalkonto. Dies entspricht auch dem inhaltlichen Tatbestand, daß mit dem Geschäftsvorfall ein Verlust von 50,— DM verbunden ist, der eine Eigenkapitalminderung zur Folge hat. Der zu dem insgesamt (negativ) erfolgswirksamen Geschäftsvorfall gehörende Buchungssatz lautet also:

BS: Kasse 50,— DM
Eigenkapital 50,— DM an Waren 100,— DM

b 1) Soweit die Veräußerung der Ware an einen Kunden erfolgt, demgegenüber die Handelsunternehmung Schulden hat, vermindert sich dadurch der Schuldenbestand um 50,— DM. Die dazugehörige Buchung lautet:

BS: Schulden 50,— DM
Eigenkapital 50,— DM an Waren 100,— DM

c) Erhält ein Wohnungsmakler von seinem Mandanten das Honorar in Höhe von 500,— DM für die Vermittlung einer Wohnung überwiesen, so erhöht sich der Bestand des Bankkontos um diese 500,— DM, ohne daß sich der Bestand eines anderen Aktivkontos oder Schuldenkontos verändert hat. Entsprechend wird durch den Geschäftsvorfall eine Sollbuchung im Konto Bank über diesen Betrag verursacht, während für die Haben-Gegenbuchung nur das Eigenkapitalkonto verbleibt; dies entspricht auch dem Tatbestand, daß die 500,— DM als erfolgswirksamer Geschäftsvorfall zu betrachten sind, die das Eigenkapital der Unternehmung erhöhen. Der dazugehörige Buchungssatz lautet also:

BS: Bank an Eigenkapital 500,— DM

d) Fällt in einer Unternehmung eine Maschine, die zum Wert von 10.000,— DM zu Buche steht und nicht versichert worden ist, durch Explosion aus, so ist auf dem Aktivkonto „Maschinen“ eine entsprechende Ausbuchung vorzunehmen, ohne daß ein anderes aktives Bestandskonto oder Schuldenkonto berührt wird. Für die notwendige Gegenbuchung im Soll bleibt demnach nur das Eigenkapitalkonto. Dies entspricht auch inhaltlich der Tatsache, daß durch diesen Geschäftsvorfall ein Verlust von 10.000,— DM verursacht wird, der als Eigenkapitalminderung zu buchen ist. Der dazugehörige Buchungssatz lautet:

BS: Eigenkapitalkonto an Maschinen 10.000,— DM

Sämtliche betrachteten Geschäftsvorfälle sind mit einer Eigenkapitalveränderung verbunden, die nicht privat bedingt, sondern durch die spezifische Unternehmenstätigkeit begründet ist. Die Summe aller erfolgswirksamer Geschäftsvorfälle bestimmt den Unternehmenserfolg der Periode, der als Eigenkapitalmehrung (Gewinn) oder -minderung (Verlust) ausgewiesen wird. Dieser Gedanke gilt allerdings nicht nur für den Periodenerfolg, sondern selbstverständlich auch für den einzelnen Geschäftsvorfall. War z.B. der Geschäftsvorfall (d) der einzige Geschäftsvorfall der Periode, dann wird am Periodenende auf Grundlage der Inventur ein um 10.000,— DM geringeres Vermögen ermittelt. Da der Schuldenbestand durch die Maschinenexplosion nicht tangiert wird, ermittelt sich als Differenz von Vermögen und Schulden ein um 10.000,— DM geringeres Eigenkapital, also ein Verlust von 10.000,— DM; der Geschäftsvorfall war (negativ) erfolgswirksam.

Typisch für alle erfolgswirksamen Geschäftsvorfälle ist, daß durch sie sich nicht ausgleichende Bestandsveränderungen in den Aktivkonten und Konten der Schuldverhältnisse ausgelöst werden, ein Ausgleich im Sinne der Doppik also nur durch Veränderung des Eigenkapitals erreicht werden kann. So lassen sich die folgenden Fällen unterscheiden:

- Einer Vermögensminderung steht eine nicht gleich große Vermögensmehrung gegenüber (Fall (a), (b), (d)).
- Einer Vermögensminderung steht eine nicht gleich große Schuldenminderung gegenüber (Fall (a 1), (b 1)).
- Einer Vermögensmehrung steht eine nicht gleich große Vermögensminderung gegenüber (Fall (c)).
- Einer Vermögensmehrung steht eine nicht gleich große Schuldenmehrung gegenüber.

Bei der Verbuchung der erfolgswirksamen Geschäftsvorfälle a)–c) wurde für jeden einzelnen Geschäftsvorfall isoliert der Gewinn oder Verlust ermittelt und sofort auf dem Konto Eigenkapital gebucht. Diese Art der Verbuchung hat insbesondere zwei Nachteile:

- Das Eigenkapitalkonto wird bei der Vielzahl der in einer Geschäftsperiode vorkommenden erfolgswirksamen Geschäftsvorfälle sehr unübersichtlich, was die Kontrolle über das Zustandekommen des Periodenerfolges erschwert.
- Der Einzelerfolg (= Elementargewinn oder -verlust) einer unternehmerischen Tätigkeit ist die Differenz der durch sie verursachten Bestandsveränderungen des Vermögens oder der Schulden. So wurde beim Verkauf der Waren beim Geschäftsvorfall a) der Gewinn als Differenz von Bestandsmehrung im Kassenkonto und der Bestandsminderung im Warenkonto ermittelt und der Gewinn des Maklers als Bestandsmehrung im Konto Bank, dem keine andere aktive Bestands- bzw. Schuldenveränderung gegenübersteht.

Eine sachgerechte Ermittlung des Einzelerfolges einer unternehmerischen Tätigkeit setzt aber voraus, daß alle durch die Aktivität verursachten Bestandsveränderungen als positive bzw. negative Erfolgskomponenten Berücksichtigung finden. Ist dies im Fall der Maschinenexplosion noch relativ einfach möglich, so stellt der Fall des Warenverkaufs eine starke Vereinfachung dar. Die Ware muß möglicherweise umgepackt, verladen, versendet werden usw., wodurch auf anderen Konten Bestandsveränderungen (z.B. im Aktivkonto „Verpackungsmaterial" oder im Kassenkonto durch Lohnzahlungen oder Bezahlung des Spediteurs) verursacht werden. Alle diese Bestandsveränderungen müßten der durch Verkauf verursachten Kassenbestandsveränderung gegenübergestellt werden, um einen sachgerechten Erfolg der Einzelaktivität zu ermitteln. Dies ist in der Regel mit erheblichen **Zurechnungsschwierigkeiten** verbunden; so können z.B. manche negativen Erfolgskomponenten nicht einer einzelnen positiven Erfolgskomponente zugeordnet werden (Beispiel: Lohnzahlungen an Arbeitnehmer, Mietzahlungen usw. lassen sich bei einer Mehrproduktunternehmung nicht ohne weiteres den einzelnen Produktarten zuordnen).

Um insbesondere die letztgenannten Probleme zu lösen, ermittelt man nicht den Erfolg jeder einzelnen Unternehmensaktivität isoliert und bucht ihn gegen auf dem Eigenkapitalkonto, sondern stellt global alle in einer Geschäftsperiode angefallenen positiven und negativen Erfolgseinflußgrößen gegenüber und ermittelt durch Saldieren den Periodenerfolg als eine einzelne Globalgröße. Zu diesem Zweck wird aus dem Eigenkapitalkonto das Unterkonto „**Erfolgskonto**" abgespalten, in dem die erfolgswirksamen Geschäftsvorfälle ihre Verbuchung finden. Auf der Sollseite werden die negativen Erfolgseinflußgrößen, die man als **Aufwendungen** bezeichnet, verbucht, während die Habenseite die positiven Erfolgseinflußgrößen, die sog. **Erträge**, aufnimmt. Für das Beispiel a) des Warenverkaufs gilt also, daß die Gegenbuchung zu der Bestandsmehrung im Kassenkonto von 200,— DM in dieser Höhe als positive Erfolgseinflußgröße (Ertrag) im Haben des Erfolgskontos erfolgt. Auf der Sollseite ist die negative Erfolgseinflußgröße (Aufwand) des Warenabgangs gegenüberzustellen. Die Aufwandsseite nimmt also die Gegenbuchung zu der Bestandsminderung im Warenkonto auf. Die Buchungssätze beim Warenverkauf würden also lauten:

BS:	Kasse	an Erfolgskonto	200,— DM
	Erfolgskonto	an Waren	100,— DM

S	Erfolgskonto		H
Waren	100,—	Kasse	200,—

Als Differenz zwischen Aufwand und Ertrag ermittelt sich dann der Erfolg. Ein **Habensaldo** (Aufwand < Ertrag) stellt dabei einen **Gewinn** dar, der dann am Periodenende als **Kapitalmehrung** im Haben des Eigenkapitalkontos gegenzubuchen ist. Ein **Sollsaldo** (Aufwand > Ertrag) entspricht einem **Verlust**, der das Eigenkapital mindert und danach im Soll des Eigenkapitalkontos gegenzubuchen ist. Aufwendungen und Erträge unterscheiden sich also von Gewinn bzw. Verlust; denn letztere stellen nur eine Saldo- bzw. Restgröße dar, während erstere die Bruttoerfolgskomponenten bezeichnen.

Allgemein kann gesagt werden, daß die Habenseite des Erfolgskontos (Ertrag) die gesamten Gegenbuchungen von Aktivmehrungen bzw. Schuldenminderungen erfolgswirksamer Geschäftsvorfälle aufnimmt, während auf der Sollseite des Erfolgskontos (Aufwand) die gesamten Gegenbuchungen von Aktivminderungen bzw. Schuldenmehrungen erfolgswirksamer Geschäftsvorfälle vorzunehmen ist. Jede Aufwands- und Ertragsbuchung findet also eine entsprechende, das System der Doppik wahrende Gegenbuchung in den aktiven Bestandskonten oder den Konten der Schuldverhältnisse.

Aufwendungen werden üblicherweise auch als Werteverzehr einer Abrechnungsperiode und **Erträge** als Wertezuwachs einer Abrechnungsperiode bezeichnet. In diesem Sinne stellt die Explosion der Maschine in Fall d) einen Werteverzehr dar, während die Provisionszahlung in Fall c) als Wertezuwachs zu verstehen ist. Bei den Fällen a) und b) der Warenveräußerung sind die beim Verkauf zufließenden Geldmittel (abgehende Schulden) als Wertezuwachs zu bezeichnen, während der Abgang der Waren Werteverzehr darstellt.

Typische Aufwendungen sind:

- Verbrauch von Roh-, Hilfs- und Betriebsstoffen
- Löhne und Gehälter
- soziale Abgaben
- Zinsbelastungen
- Mietzahlungen
- Ausgaben für Werbung usw.
- Ausgabe für Verwaltung u.ä.

Typische Erträge sind:

- Umsatzerlöse
- Zinseinnahmen
- Provisionseinnahmen usw.

Zur Ermittlung eines aussagefähigen Periodenerfolges werden im Erfolgskonto den Erträgen der Periode alle die Aufwendungen gegenübergestellt, die durch ihre Erwirtschaftung verursacht werden (**Prinzip der verursachungsgerechten Erfolgsermittlung**). Daneben finden auch noch andere Aufwendungen Berücksichtigung, auf die aber erst in späteren Abschnitten eingegangen werden soll.

Da die erfolgswirksamen Geschäftsvorfälle der Periode auf dem Erfolgskonto und die Privataktivitäten auf dem Privatkonto verbucht werden, bleibt das Eigenkapitalkonto während der Geschäftsperiode unverändert mit dem Anfangsbestand stehen. Lediglich beim **Abschluß der Unterkonten** am Periodenende nimmt das Eigenkapitalkonto die Gegenbuchungen der Salden des Erfolgs- und Privatkontos auf und gibt damit in übersichtlicher Form komprimierte Auskunft über die gesamte Eigenkapitalveränderung.

Für den Fall, daß Aufwand < Ertrag und Privateinlagen < Privatentnahmen sind, gestaltet sich der Abschluß der Unterkonten „Erfolgskonto" und „Privatkonto" folgendermaßen:

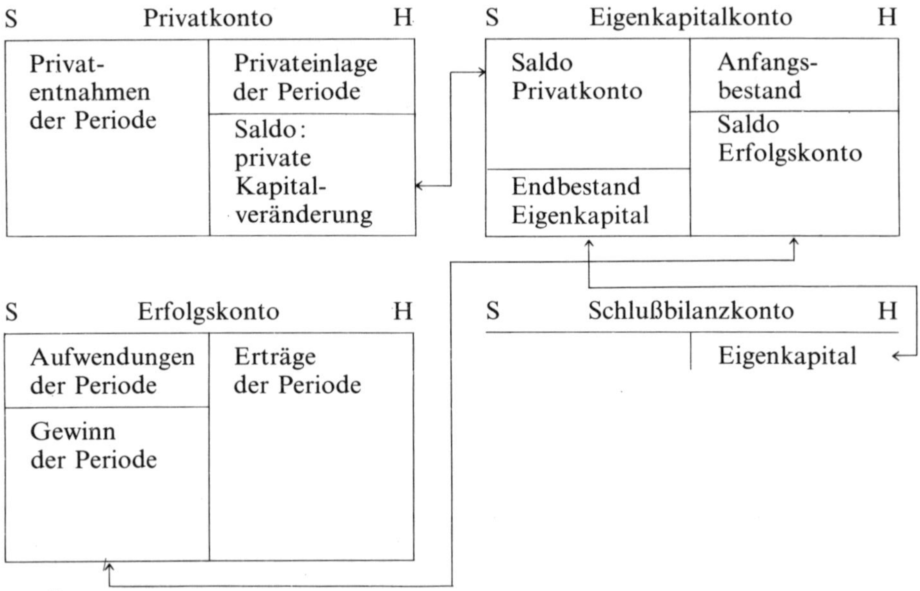

(→ Übungsaufgabe 4)

7. Die Verbuchung erfolgswirksamer Geschäftsvorfälle auf getrennten Aufwands- und Ertragskonten

Das Erfolgskonto konnte bisher als ein Unterkonto des Eigenkapitalkontos klassifiziert werden, das sämtliche erfolgswirksamen Geschäftsvorfälle einer Periode sammelt. In chronologischer Reihenfolge werden dabei die Aufwendungen im Soll und die Erträge im Haben verzeichnet. Die Folge dieser Verfahrensweise ist, daß inhaltlich gleiche Aufwands- bzw. Ertragsarten bedingt durch ihren unterschiedlichen zeitlichen Anfall nur nach chronologischen, nicht jedoch nach sachlichen Gesichtspunkten zusammengefaßt werden. Bei der Vielzahl der verschiedenen Aufwands- und Ertragsarten sowie der großen Zahl der erfolgswirksamen Geschäftsvorfälle wird dadurch das Erfolgskonto sehr schnell unübersichtlich. Ein Einblick in die Quellen des Erfolges ist nur noch dann möglich, wenn in einer (umständlichen) Nebenrechnung gleiche Aufwands- bzw. Ertragsarten sachlich zusammengefaßt und nach bestimmten Kriterien gegenübergestellt werden.

Um diese zusätzliche Nebenrechnung zu vermeiden und den Einblick in die Ertragslage zu verbessern, spaltet man das Erfolgskonto weiter in einzelne Unterkonten auf: jede einzelne Aufwands- und Ertragsart erhält ihr eigenes (Aufwands- bzw. Ertrags-) Konto, auf dem jeweils nur gleiche Sachverhalte verbucht werden.

Dabei ist grundsätzlich das **Bruttoprinzip** (Prinzip der getrennten Kontenführung) zu beachten, nach dem Aufwendungen und Erträge auf getrennten Konten auszuweisen sind, also Saldierungen auch zwischen gleichartigen Aufwendungen und Erträgen (z.B. Mietaufwand und Mietertrag, Zinsaufwand und Zinsertrag) verboten sind. (Vgl. S.19, **Verrechnungsverbot**) Entsprechend ihrer Eigenschaft als Unterkonten des Erfolgs- und damit des Eigenkapitalkontos verzeichnen die einzel-

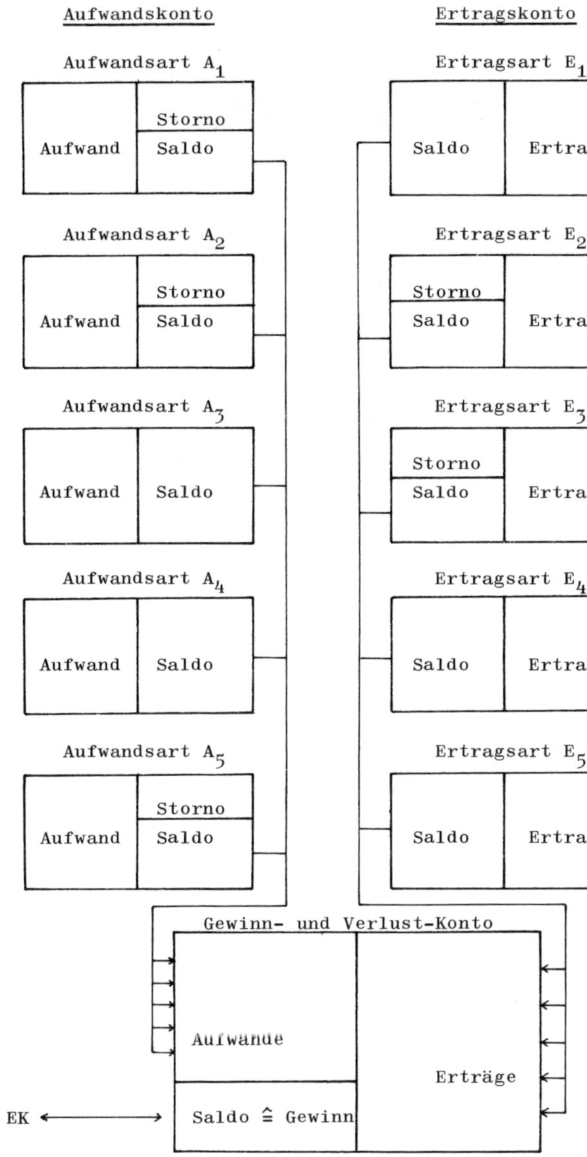

Abb. 2: Die Verbuchung erfolgswirksamer Geschäftsvorfälle auf getrennten Aufwands- und Ertragskonten

nen, nach Arten differenzierten **Aufwandskonten** die Aufwendungen im Soll, während auf den **Ertragskonten** die Erträge im Haben verbucht werden. Buchungen auf der Gegenseite, also der Habenseite eines Aufwandskontos bzw. der Sollseite eines Ertragskontos, sind nur zu Korrekturzwecken gestattet; derartige Korrekturen bezeichnet man auch als **Stornierungen** oder **Stornobuchungen** (ital. stornore = umbu-

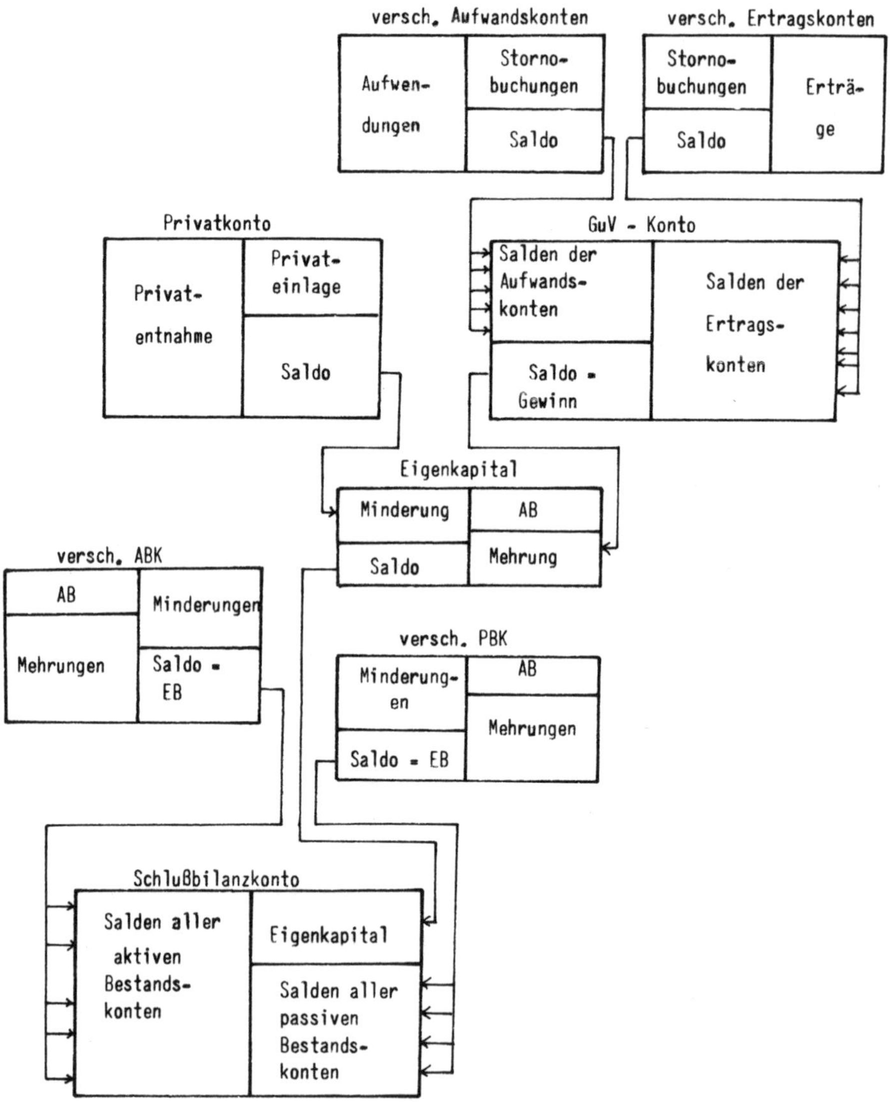

Für Aufwand < Ertrag
Privatentnahme > Privateinlage

Abb. 3: System der doppelten Buchhaltung

chen). Am Periodenende erfolgt im Rahmen der sog. **vorbereitenden Abschlußbuchungen** der Abschluß der einzelnen Aufwands- und Ertragskonten. Dabei schließen die Aufwandskonten grundsätzlich mit einem Soll-Saldo ab, der in einem Betrag über sämtliche während einer Periode angefallenen Aufwendungen einer bestimmten Art informiert, während die einzelnen Ertragskonten grundsätzlich einen Haben-Saldo ausweisen, der in gleicher Weise über die einzelnen Ertragsarten informiert. Die Gegenbuchung der Salden erfolgt auf einem Aufwands- und Ertragssammelkonto, das das bisherige Erfolgskonto ersetzt und nun als **Gewinn- und Verlustkonto** (GuV-Konto) bezeichnet wird.

Allgemein gilt also:

GuV-Konto an Aufwandskonten
Ertragskonten an GuV-Konto

In diesem GuV-Konto kommen also auf der Sollseite die Salden der nach Arten differenzierten einzelnen Aufwandskonten und auf der Habenseite die Salden der einzelnen Ertragskonten zu stehen. Sind die Erträge einer Periode größer als die Aufwendungen, so ermittelt sich im GuV-Konto ein Habensaldo, der den Periodengewinn darstellt und als Eigenkapitalmehrung im Haben des Eigenkapitalkontos gegenzubuchen ist. Sind dagegen die Aufwendungen der Periode größer als die Erträge, so weist das GuV-Konto als Soll-Saldo einen Verlust aus, der als Eigenkapitalminderung systemgerecht im Soll des Eigenkapitalkontos gegengebucht wird.

Macht man sich klar, daß die einzelnen Erfolgskonten Unterkonten des Eigenkapitalkontos sind und daß zu jeder Aufwands- und Ertragsbuchung in gleicher Höhe in den aktiven Bestandskonten und/oder den Konten der Schuldverhältnisse eine Gegenbuchung vorzunehmen ist, erkennt man, daß auch bei der Verbuchung der erfolgswirksamen Geschäftsvorfälle die Bilanzgleichung

$$\text{Vermögen} = \text{Kapital}$$

erhalten bleibt. Dabei stellt jede Aufwandsbuchung eine **Aktiv-Passiv-Minderung** oder einen **Passivtausch** dar, während eine Ertragsbuchung eine **Aktiv-Passiv-Mehrung** oder ebenfalls einen **Passivtausch** zur Folge hat.

Durch die Aufspaltung des Erfolgskontos in einzelne Aufwands- und Ertragskonten kann das „System der doppelten Buchführung" nun folgendermaßen dargestellt werden (Abb. 3):

In dieses vollständige System der doppelten Buchführung lassen sich alle Spezialfälle der Verbuchung lückenlos einfügen, indem die einzelnen Kontenarten unter Beibehaltung ihres grundsätzlichen Charakters lediglich eine zweckadäquate Modifikation erfahren. Dies sei demonstriert an nachfolgendem Beispiel, das insbesondere nochmals die Bedeutung des GuV-Kontos zur Ermittlung der Quellen des Erfolges unterstreicht sowie die Abschlußtechnik verdeutlicht.

Beispiel:
Herr Stromer ist Immobilienmakler und vermittelt gegen Provision Wohnungen. Einen Büroraum hat er in der Innenstadt angemietet. Außerdem vermietet er selbst ein eigenes Haus.

In der Bilanz zu Beginn des Geschäftsjahres wird sein eigenes Haus, das er vermietet, unter „bebaute Grundstücke" ausgewiesen, während die Betriebs- und Geschäftsausstattung (BGA) die Einrichtung seines Stadtbüros darstellt.

A	Eröffnungsbilanz		P
Bebaute Grundstücke	200.000,—	EK	180.000,—
BGA	30.000,—	FK	56.000,—
Bank	5.000,—		
Kasse	1.000,—		
	236.000,—		236.000,—

Für die Verbuchung der laufenden Geschäftsvorfälle eröffnet Herr Stromer folgende Aufwands- und Ertragskonten sowie ein Privatkonto:

Haus- und Grundstücksaufwand (HuGA)
Hier sollen die Aufwendungen im Zusammenhang mit seinem eigenen Haus verbucht werden.

Haus- und Grundstücksertrag (HuGE)
Hier sollen die Erträge, die aus der Vermietung seines eigenen Hauses fließen, verbucht werden.

Mietaufwand
Hier soll die Miete für das Maklerbüro in der Stadt verbucht werden.

Provisionsertrag
Hier sollen die Erträge aus der Maklertätigkeit verbucht werden.

Diese Konten sowie das Privatkonto weisen zu Beginn der Periode im Gegensatz zu den Bestandskonten keine Anfangsbestände aus.

In der Geschäftsperiode ereignen sich folgende buchungspflichtigen Geschäftsvorfälle:

1. Herr Stromer zahlt seine Büromiete in Höhe von 500,— DM per Banküberweisung.
   BS: Mietaufwand an Bank 500,— DM
2. Herr Stromer vermittelt eine Wohnung und nimmt 600,— DM Provision bar ein.
   BS: Kasse an Provisionsertrag 600,— DM
3. Herr Stromer läßt den Hausflur seines eigenen Hauses für 3.000,— DM renovieren. Den Betrag überweist er per Bank.
   BS: HuGA an Bank 3.000,— DM
4. Aus der Vermietung seines eigenen Hauses nimmt Herr Stromer 1.200,— DM per Bank ein.
   BS: Bank an HuGE 1.200,— DM
5. Herr Stromer vermittelt einen Wohnblock; die Provision in Höhe von 3.500,— DM geht per Bank ein.
   BS: Bank an Provisionsertrag 3.500,— DM
6. Herr Stromer läßt sein eigenes Haus für 4.000,— DM verputzen. Den Betrag überweist er per Bank.
   BS: HuGA an Bank 4.000,— DM
7. Mieteinnahmen aus der Vermietung des Hauses gehen bei Herrn Stromer in Höhe von 600,— DM bar ein.
   BS: Kasse an HuGE 600,— DM

8. Herr Stromer nimmt die Provision für die Vermittlung eines Appartements in Höhe von 1.000,— DM bar ein.

   BS: Kasse an Provisionsertrag 1.000,— DM

9. Herr Stromer zahlt die Miete in Höhe von 500,— DM für sein Stadtbüro bar.

   BS: Mietaufwand an Kasse 500,— DM

10. Herr Stromer nimmt nochmals 2.000,— DM Provision bar ein.

    BS: Kasse an Provisionsertrag 2.000,— DM

11. Herr Stromer entnimmt für private Zwecke 4.000,— DM der Kasse.

    BS: Privatkonto an Kasse 4.000,— DM

Für die Erstellung des Schlußbilanzkontos sind am Periodenende im Rahmen der vorbereitenden Abschlußbuchungen zunächst die Unterkonten über die Hauptkonten abzuschließen. Der allgemeine Abschlußgang kann dem Schema auf S. 56 entnommen werden, wobei sukzessive von oben nach unten vorgegangen wird. Für unser Beispiel ergeben sich folgende Abschlußbuchungen:

BS: GuV-Konto	an HuGA	7.000,— DM
BS: GuV-Konto	an Mietaufwand	1.000,— DM
BS: HuGE	an GuV-Konto	1.800,— DM
BS: Provisionsertrag	an GuV-Konto	7.100,— DM
BS: GuV-Konto	an EK	900,— DM
BS: EK	an Privatkonto	4.000,— DM
BS: SBK	an beb. Grundstücke	200.000,— DM
BS: SBK	an BGA	30.000,— DM
BS: SBK	an Kasse	700,— DM
BS: SBK	an Bank	2.200,— DM
BS: EK	an SBK	176.900,— DM
BS: FK	an SBK	56.000,— DM

S beb. Grundstücke H

AB	200.000,—	SBK	200.000,—

S BGA H

AB	30.000,—	SBK	30.000,—

S Kasse H

AB	1.000,—	(9)	500,—
(2)	600,—	(11)	4.000,—
(7)	600,—	SBK	700,—
(8)	1.000,—		
(10)	2.000,—		
	5.200,—		5.200,—

S Bank H

AB	5.000,—	(1)	500,—
(4)	1.200,—	(3)	3.000,—
(5)	3.500,—	(6)	4.000,—
		SBK	2.200,—
	9.700,—		9.700,—

S FK H

SBK	56.000,—	AB	56.000,—

S EK H

Privat	4.000,—	AB	180.000,—
SBK	176.900,—	GuV	900,—
	180.900,—		180.900,—

S HuGA H

(3)	3.000,—	GuV	7.000,—
(6)	4.000,—		
	7.000,—		7.000,—

S Mietaufwand H

(1)	500,—	GuV	1.000,—
(9)	500,—		
	1.000,—		1.000,—

S HuGE H

GuV	1.800,—	(4)	1.200,—
		(7)	600,—
	1.800,—		1.800,—

S Provisionsertrag H

GuV	7.100,—	(2)	600,—
		(5)	3.500,—
		(8)	1.000,—
		(10)	2.000,—
	7.100,—		7.100,—

S Privatkonto H

(11)	4.000,—	EK	4.000,—

S GuV H

HuGA	7.000,—	HuGE	1.800,—
Mietaufw.	1.000,—	Prov.er.	7.100,—
EK	900,—		
	8.900,—		8.900,—

S SBK H

beb. Grundst.	200.000,—	EK	176.900,—
BGA	30.000,—	FK	56.000,—
Kasse	700,—		
Bank	2.200,—		
	232.900,—		232.900,—

Interpretation des Ergebnisses:

Das Eigenkapital hat sich gegenüber der Ausgangssituation um 3.100,— DM vermindert. Dies ergibt sich aus der Saldierung der Privataktivitäten (Privatentnahme in Höhe von 4.000,— DM) mit dem Ergebnis der Unternehmensaktivitäten (Gewinn 900,— DM).

Der Gewinn von 900,— DM ermittelt sich per Saldo als Globalgröße der insgesamt erfolgswirksamen Aktivitäten der Unternehmung. Diese setzen sich in unserem Beispiel aus zwei spezifischen Unternehmenstätigkeiten zusammen: der Vermietung des Hauses und der Maklertätigkeit. Die Gewinnbeiträge dieser einzelnen Erfolgsquellen, die als Entscheidungsgrundlagen relevant sein können, läßt sich durch Interpretation der Globalgröße Gewinn auf der Grundlage der laufenden Dokumentationen und insbesondere der GuV-Rechnung ermitteln. Einem Ertrag (Provisionsertrag) aus der Maklertätigkeit von 7.100,— DM stehen Aufwendungen für die Erzielung dieses Ertrages in Höhe von 1.000,— DM (Mietaufwand für Maklerbüro) gegenüber, so daß sich aus der Makleraktivität in der betrachteten Periode ein Gewinnbeitrag von 6.100,— DM ermittelt. Demgegenüber ergibt sich aus der Vermietung des eigenen Hauses ein Periodenertrag von 1.800,— DM, wobei zugehörige Periodenaufwendungen in Höhe von 7.000,— DM verursacht wurden. Per Saldo resultiert aus der Vermietertätigkeit ein negativer Gewinnbeitrag von 5.200,— DM, der den positiven Erfolg der Maklertätigkeit kürzt, so daß sich insgesamt nur ein Gewinn von 900,— DM ergibt.

Auf der Grundlage dieser Daten könnte man leicht zu dem Schluß kommen, sich auf die profitablere Maklertätigkeit zu beschränken. Eine solche Entscheidung allein unter Zugrundelegung der Informationen einer einzigen Periode kann sich jedoch, bezieht man auch die vergangenen und zukünftigen Perioden ins Kalkül ein, als falsch erweisen.

So sind die Haus- und Grundstücksaufwendungen dieser Periode, bedingt durch die periodisch anfallenden Reparaturaufwendungen, vielleicht außerordentlich hoch, während die Mieteinnahmen möglicherweise wegen vorübergehend leerstehender Wohnungen geringer als üblich sind. Ähnliche Überlegungen können für die Provisionserträge und die Mietaufwendungen angestellt werden. Unter Einbeziehung der systematischen Buchhaltungsdokumentationen vergangener Perioden lassen sich hier entscheidungsrelevante Daten ermitteln. Darüberhinaus müssen mögliche zukünftige Entwicklungen, z. B. der Mietaufwendungen, der Haus- und Grundstücksaufwendungen und -erträge sowie der Provisionserträge, bei möglichen Entscheidungen Berücksichtigung finden.

Das Gewinn- und Verlust**konto** ist, wie in den Beispielen illustriert, in das System der Doppik integriert und weist eine Detaillierung in Abhängigkeit der Differenzierung in unterschiedliche Aufwands- und Ertragskonten auf. Der Jahresabschluß der Kaufleute besteht neben der Bilanz auch aus einer GuV-**Rechnung** als grundsätzlich externem Informationsinstrument. GuV-Konto und GuV-Rechnung entsprechen sich materiell und weisen ggf. folgende (formale) Unterschiede auf:

- Das GuV-Konto ist in das System der Doppik integriert und nimmt als Sammelkonto die Salden der Aufwands- und Ertragskonten auf, (sowie ggf. die Erfolgssalden der gemischten Konten).
- Die GuV-Rechnung ist als Bestandteil des Jahresabschlusses (§ 242, Abs. 2 HGB) ein extern orientiertes Informationsinstrument außerhalb der Doppik.
- Für das GuV-Konto besteht keine gesetzliche Gliederungsvorschrift. Eine Gliederung der GuV-Rechnung ist jedoch in § 275, HGB normiert. Diese besitzt zwar nicht den Charakter von Mindestanforderungen für alle Rechtsformen, kann aber als gute Orientierungshilfe angenommen werden.
  Sofern mehrere Einzelpositionen des GuV-Kontos zu einer Position der GuV-Rechnung zusammengezogen werden (können), erfolgt dies durch Zwischenschalten von Kontenbrücken.
- Inhaltlich kann die GuV-Rechnung nach dem Gesamtkostenverfahren oder dem Umsatzkostenverfahren aufgestellt werden (vgl. Kap. 4, Typische Buchungsfälle im Industriebetrieb).
- Das GuV-Konto wird bei Unternehmen mit variablem Eigenkapital (Einzelunternehmen, Personengesellschaften) über das Eigenkapitalkonto abgeschlossen. Für Kapitalgesellschaften ist der Jahreserfolg als Jahresüberschuß oder Jahresfehlbetrag in der Bilanz entsprechend den Ergebnisverwendungsbeschlüssen der Organe auszuweisen.

(→ Übungsaufgabe 5)

3. Kapitel

Typische Buchungsfälle in Handelsunternehmen

1. Die Verbuchung des Warenverkehrs

Gegenstand von **Handelsunternehmen** ist der Austausch von Gütern zwischen verschiedenen Wirtschaftssubjekten. Handelsunternehmen stellen damit eine Verbindung zwischen Produzenten und Konsumenten (bei Konsumgütern) bzw. zwischen Produzenten verschiedener Fertigungsstufen (Produktionsgüter) dar, wobei die Handelswaren selbst typischerweise keine oder keine nennenswerte Be- oder Verarbeitung erfahren. Mit dieser Tätigkeit erfüllen Handelsunternehmen vor allem folgende Funktionen:

- Distributionsfunktion: Herstellung eines zeitlichen und örtlichen Ausgleichs zwischen Warenangebot und Warennachfrage,
- Sortimentsfunktion: Zusammenstellung des Sortiments und Lagerhaltung,
- Informations- und Beratungsfunktion: Markterkundung, Markterschließung (Werbung) und sonstige Aufgaben der Absatzpolitik.

Ziel der Handelsunternehmen in einer Marktwirtschaft ist die Erwirtschaftung von Gewinn. Die Weiterveräußerung der Handelswaren erfolgt daher regelmäßig zu höheren Preisen als deren Beschaffung. Die Differenz bezeichnet man allgemein als **Warenrohgewinn** oder **Handelsspanne**. Zur Ermittlung des Gewinns sind davon noch die Aufwendungen abzuziehen, die durch die Erfüllung der spezifischen Aufgaben induziert werden für Lager, Personal, Verwaltung u.ä.

Die durch die Unternehmen bezogenen Handelswaren werden auf einem aktiven Bestandskonto „Waren“ oder „Wareneinkauf“ (WE), das in der Bilanz dem Umlaufvermögen zugeordnet ist, verbucht. Beim Handel mit mehreren Waren werden meist mehrere, nach einzelnen Warenarten oder Warengruppen differenzierte Warenkonten geführt. Die Tiefe der Untergliederung ist dabei regelmäßig abhängig von dem Informationsbedürfnis der Unternehmung und der relativen Bedeutung der Warenart(en). Für die Verbuchung des Warenverkaufs gibt es verschiedene Möglichkeiten, wobei die wesentlichen im folgenden gezeigt und deren Vor- und Nachteile skizziert werden sollen. Um die Ergebnisse vergleichen zu können, wird für die Beispiele immer von nachfolgender Bilanz ausgegangen:

A	Eröffnungsbilanz		P
Kasse	500,—	EK	500,—

a. Das gemischte oder einheitliche Warenkonto

Bei dieser Variante werden Warenein- und Warenverkäufe auf einem einzigen Warenkonto verbucht. Dies hat zur Konsequenz, daß je nach Konstellation zwischen

Wareneinkaufswerten und Warenverkaufswerten das Warenkonto eine unterschiedliche inhaltliche Bedeutung besitzt.

· **Verkaufswert (VKW) > Einkaufswert (EKW); keine Endbestände.**

Beispiel:

1. Wareneinkauf bar 10 Stck à 10,— DM
   BS: Waren an Kasse 100,— DM
2. Warenverkauf bar 10 Stck à 15,— DM
   BS: Kasse an Waren 150,— DM

S	Waren		H
(1)	100,—	(2)	150,—
GuV Warenrohgewinn	50,—		
	150,—		150,—

S	Kasse		H
AB	500,—	(1)	100,—
(2)	150,—	SBK	550,—
	650,—		650,—

S	EK		H
SBK	550,—	AB	500,—
		GuV	50,—
	550,—		550,—

S	GuV		H
EK	50,—	Waren	50,—

S	SBK		H
Kasse	550,—	EK	550,—

Auf dem Warenkonto ermittelt sich durch die Gegenüberstellung des Wareneinkaufswertes und des Warenverkaufswertes ein Warenrohgewinn, der über das GuV-Konto das Eigenkapital erhöht (von anderen Aufwendungen wird abgesehen). Das Warenkonto ist, da es seinen Saldo an die Ertragsseite des GuV-Kontos abgibt, ein reines Ertragskonto.

· **Verkaufswert (VKW) < Einkaufswert (EKW); keine Endbestände.**

Beispiel:

1. Wareneinkauf bar 10 Stck à 10,— DM
   BS: Waren an Kasse 100,— DM
2. Warenverkauf bar 10 Stck à 7,50 DM
   BS: Kasse an Waren 75,— DM

S	Waren		H
(1)	100,—	(2)	75,—
		Warenrohverlust GuV	25,—
	100,—		100,—

S	Kasse		H
AB	500,—	(1)	100,—
(2)	75,—	SBK	475,—
	575,—		575,—

S	EK		H
GuV	25,—	EB	500,—
SBK	475,—		
	500,—		500,—

S	GuV		H
Waren	25,—	EK	25,—

S	SBK		H
Kasse	475,—	EK	475,—

Auf dem Warenkonto ermittelt sich ein Warenrohverlust von 25 DM, der im GuV-Konto auf der Sollseite gegengebucht wird. Das Warenkonto ist bei dieser Konstellation also ein reines Aufwandskonto.

· **Verkaufswert (VKW) > Einkaufswert (EKW); Endbestände.**

Beispiel:

1. Wareneinkauf bar, 10 Stck à 10,— DM
   BS: Waren an Kasse 100,— DM
2. Warenverkauf bar, 5 Stck à 15,— DM
   BS: Kasse an Waren 75,— DM

Inventurendbestand: 5 Stck
BS: SBK an Waren 50,— DM (5 Stck à 10,— DM)

S	Waren		H
(1)	100,—	(2)	75,—
GuV	25,—	SBK	50,—
	125,—		125,—

S	Kasse		H
AB	500,—	(1)	100,—
(2)	75,—	SBK	475,—
	575,—		575,—

S	EK		H
SBK	525,—	AB	500,—
		GuV	25,—
	525,—		525,—

S	GuV		H
EK	25,—	Waren	25,—

S	SBK		H
Waren	50,—	EK	525,—
Kasse	475,—		
	525,—		525,—

Im vorgenannten Beispiel kann das Warenkonto erst abgeschlossen werden, nachdem der Endbestand per Inventur festgestellt und mit Einkaufswerten bewertet wurde. Der Warenendbestand von 50 DM muß im Schlußbilanzkonto im Soll erscheinen und ist im Warenkonto im Haben gegenzubuchen. Danach ermittelt sich ein Warenrohgewinn von 25 DM, der über das GuV-Konto das Eigenkapital erhöht. Das Warenkonto ist bei dieser Konstellation inhaltlich gemischt: zum einen ist es ein Bestandskonto (der Endbestand geht letztendlich in die Bilanz ein), zum anderen ein Ertragskonto (der Warenrohgewinn wird auf der Sollseite des GuV-Kontos gegengebucht).

Allgemein kann das gemischte Warenkonto, unterstellt man auch noch zu Einkaufswerten bewertete Anfangsbestände, für den Regelfall (EKW < VKW) folgendermaßen skizziert werden:

S gemischtes Warenkonto H

Anfangsbestand zu Einkaufswerten	Abgang zu Verkaufswerten
Zugang zu Einkaufswerten	
Warenrohgewinn	Endbestand lt. Inventur, bewertet zu Einkaufswerten

Geschichtlich ist das gemischte Warenkonto die älteste Form des Warenkontos und wurde vorwiegend zur postenmäßigen- oder Chargen-Abrechnung verwandt. Wegen seiner nicht eindeutigen Zuordnung zur Gruppe der Bestands- oder Erfolgskonten sowie der Verbuchung unterschiedlicher Werte auf unterschiedlichen Seiten ist es aber sehr unübersichtlich und nur bedingt anwendbar.

Die vorgenannten Mängel werden durch eine differenzierte Kontenführung für Warenein- und Warenverkäufe beseitigt.

b. Nettomethode mit Inventur

Die Anfangsbestände und Wareneinkäufe während der Periode werden zu EKW bewertet und im Wareneinkaufskonto (Warenbestandskonto) verbucht. Die Warenverkäufe werden während der Periode zu VKW bewertet und in einem gesonderten Warenverkaufskonto (Warenerfolgskonto) verbucht. Die Gegenbuchungen hierzu erscheinen im Zahlungsmittel- oder Forderungskonto. Der Abschluß der Konten und die Ermittlung des Warenrohgewinns ist bei der Nettomethode mit Inventur erst möglich, nachdem per Inventur der Warenendbestand ermittelt wurde. Dieser zu EKW bewertete Endbestand erscheint im Soll des Schlußbilanzkontos und wird auf dem Wareneinkaufs- bzw. Warenbestandskonto im Haben gegengebucht. Nunmehr stehen sich im Wareneinkaufskonto im Soll Anfangsbestand und Zugänge und im Haben der Endbestand, jeweils bewertet zu EKW gegenüber. Per Saldo ermittelt sich dann der EKW der verkauften Waren (= Wareneinsatz), der im Warenverkaufskonto gegengebucht wird (BS: **Warenverkauf an Wareneinkauf**). Dies hat zur Konsequenz, daß im Warenverkaufskonto die Warenverkäufe im Soll bewertet zu EKW und im Haben bewertet zu VKW gegenüberstehen. Der Saldo ist der Warenrohgewinn bzw. Warenrohverlust, der über das GuV-Konto in der bekannten Weise umzubuchen ist.

Beispiel:

1. Wareneinkauf bar, 10 Stck à 10,— DM
   BS: Wareneinkauf an Kasse 100,— DM
2. Warenverkauf bar, 5 Stck à 15,— DM
   BS: Kasse an Warenverkauf 75,— DM

Endbestand lt. Inventur: 5 Stck à 10 DM

BS: SBK an Wareneinkauf 50,— DM

Nun erst kann der Warenrohgewinn ermittelt werden, indem man den EKW der verkauften Erzeugnisse durch Saldieren bestimmt und an Warenverkauf umbucht.

BS: Warenverkauf an Wareneinkauf 50,— DM

Der weitere Abschluß erfolgt in bekannter Weise.

S	Wareneinkauf		H
(1)	100,—	SBK	50,—
		WV	50,—
	100,—		100,—

S	Kasse		H
AB	500,—	(1)	100,—
(2)	75,—	SBK	475,—
	575,—		575,—

S	EK		H
SBK	525,—	AB	500,—
		GuV	25,—
	525,—		525,—

S	Warenverkauf		H
WE	50,—	(2)	75,—
GuV	25,—		
	75,—		75,—

S	GuV		H
EK	25,—	WV	25,—

S	SBK		H
Waren	50,—	EK	525,—
Kasse	475,—		
	525,—		525,—

Allgemein kann der Abschluß der Warenkonten wie folgt skizziert werden:

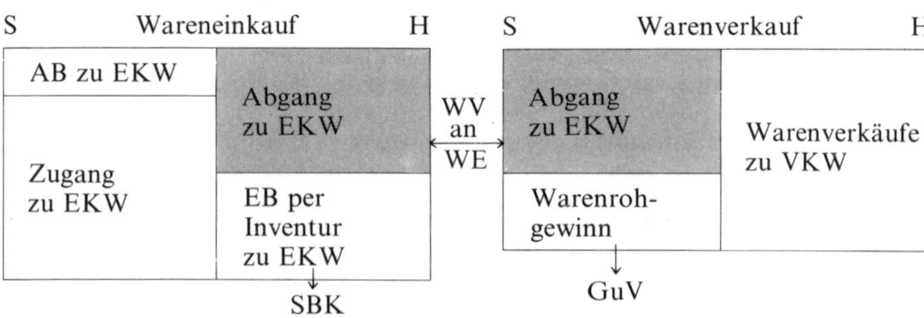

Der per Inventur festgestellte Endbestand ist zunächst nur eine Mengengröße, die bewertet werden muß, bevor sie im Wareneinkaufskonto im Haben als wertmäßige Größe eingesetzt werden kann. Erfolgte die Bewertung des Anfangsbestandes und der Warenzugänge zu gleichen Einkaufswerten, so kann (von Ausnahmen hier abgesehen) der mengenmäßige Endbestand ebenfalls mit diesen Einkaufswerten bewertet werden. Problematischer ist die Bewertung des Endbestandes, wenn während der Periode Waren zu unterschiedlichen Einkaufswerten beschafft wurden. Kann dann nicht mehr im einzelnen nachgewiesen werden, zu welchen Einkaufswerten die am Ende der Periode noch auf Lager befindlichen Waren zugegangen sind (indem die Waren z. B. nach unterschiedlichen EKW gelagert werden, was aber relativ aufwendig ist, dies würde dem **Identitätsprinzip** entsprechen), so ist nur noch eine globale Bewertung möglich. Neben einer Vielzahl handelsrechtlich diskutierter Bewertungsmethoden (Fifo, Lifo, Hifo usw.) erfreut sich hier insbesondere die auch steuerlich zulässige Perioden-Durchschnittsmethode einer breiten Anwendung.

· **Periodendurchschnittsverfahren**
Voraussetzung für diese Methode ist eine Dokumentation der Wareneinkaufsmengen zu den jeweiligen Preisen. Aus den mit den Mengen gewichteten Einkaufswerten ermittelt man einen durchschnittlichen Einkaufswert. Mit diesem Durchschnittswert bewertet man dann den durch Inventur festgestellten mengenmäßigen Endbestand und damit automatisch durch Saldieren den Warenabgang der Periode. Dieser ist zur Ermittlung des Warenrohgewinns den Warenverkaufswerten gegenüberzustellen.

Beispiel:

1.1.	Anfangsbestand	150 kg à 40,— DM	6.000,— DM
19.1.	Zugang	250 kg à 42,— DM	10.500,— DM
5.7.	Zugang	200 kg à 38,— DM	7.600,— DM
12.9.	Zugang	150 kg à 43,— DM	6.450,— DM
		750 kg	30.550,— DM

Durchschnittlicher Einkaufswert $\frac{30.550}{750} = 40{,}73$ DM

Beträgt der per Inventur festgestellte Warenendbestand 200 kg, so ist dieser mit 8.146,67 DM (200 · 40,73) zu bewerten. Notwendigerweise beträgt der Wareneinkaufswert der verkauften (abgegangenen) Waren 22.403,33 DM (550 · 40,73).

Buchungstechnisch werden die Wareneinkäufe zu den jeweiligen Zeitpunkten als Zugang im Wareneinkaufskonto verbucht (Gegenbuchung: Bank, Verbindlichkeiten o. ä.). Werden Waren verkauft, so erfolgt lediglich die Verbuchung der Warenverkaufswerte im Warenverkaufskonto (Gegenbuchung: Bank, Forderungen o. ä.). Am Periodenende wird der mit dem durchschnittlichen Einkaufswert bewertete Endbestand im Wareneinkaufskonto (Haben) mit Gegenbuchung im Schlußbilanzkonto (Soll) verbucht. Durch Saldieren ermittelt sich dann der Wareneinkaufswert der abgegangenen Waren, der im Warenverkaufskonto gegengebucht wird.

S Wareneinkauf H

AB	6.000,—	WV	22.403,—
19.1. Zugang	10.500,—	SBK	8.147,—
5.7. Zugang	7.600,—		
12.9. Zugang	6.450,—		
	30.550,—		30.550,—

S Warenverkauf H

WE	22.403,—	Warenverkaufswerte
Warenrohgewinn		

Die **Nettomethode mit Inventur** ist häufig in der Praxis insbesondere kleinerer Unternehmen zu finden. Als **Nachteil** ist vor allem anzusehen:

- Der Abschluß der Warenkonten ist erst nach der Endbestandsfeststellung per Inventur möglich.
- Der per Saldo ermittelte Wareneinkaufswert der verkauften Waren beinhaltet auch unregelmäßige Abgänge wie Diebstahl und Schwund. Wurden z. B. Waren entwendet, so vermindert sich ceteris paribus der per Inventur festgestellte und bewertete Endbestand. In gleichem Ausmaß erhöht sich der Wareneinkaufswert der „abgegangenen" Waren, so daß sich der Warenrohgewinn vermindert, ohne daß im einzelnen die Ursache erkennbar wird.
- Im GuV-Konto erscheint zur externen Information lediglich der Warenrohgewinn. Über das Zustandekommen des Warenrohgewinns erhält man aus der GuV-Rechnung keinen Aufschluß.

Sind die Warenverkaufswerte innerhalb einer Abrechnungsperiode kleiner als die Wareneinkaufswerte, so ermittelt sich ein Warenrohverlust, der über das GuV-Konto das Eigenkapital mindert.

c. Bruttomethode mit Inventur

Diese Vorgehensweise hat zum Ziel, die Entstehung des Warenrohgewinns im GuV-Konto transparent zu machen. Sie unterscheidet sich daher nur formal von der Nettomethode, indem der EKW der verkauften Erzeugnisse aus dem Wareneinkaufskonto und der VKW der verkauften Erzeugnisse aus dem Warenverkaufskonto in das GuV-Konto umgebucht werden, womit das Zustandekommen des Warenrohgewinns für den externen Bilanz- und GuV-Konto-Leser ersichtlich wird.

Beispiel:

1. Wareneinkauf bar, 10 Stck à 10,— DM
   BS: Wareneinkauf an Kasse 100,— DM
2. Warenverkauf bar, 5 Stck à 15,— DM
   BS: Kasse an Warenverkauf 75,— DM

Endbestand per Inventur: 5 Stck à 10 DM,
BS: SBK an Wareneinkauf 50,— DM

Abschluß:

a) BS: GuV-Konto an Wareneinkauf 50,— DM
b) BS: Warenverkauf an GuV-Konto 75,— DM
c) BS: GuV-Konto an EK 25,— DM (Gewinn)

usw.

S	Wareneinkauf		H
(1)	100,—	SBK	50,—
		GuV	50,—
	100,—		100,—

S	Kasse		H
AB	500,—	(1)	100,—
(2)	75,—	SBK	475,—
	575,—		575,—

S	EK		H
SBK	525,—	AB	500,—
		GuV	25,—
	525,—		525,—

S	Warenverkauf		H
GuV	75,—	(2)	75,—

S	GuV		H
WE	50,—	WV	75,—
EK	25,—		
	75,—		75,—

S	SBK		H
WE	50,—	EK	525,—
Kasse	475,—		
	525,—		525,—

Allgemein stellt sich der Abschluß der Warenkonten wie folgt dar:

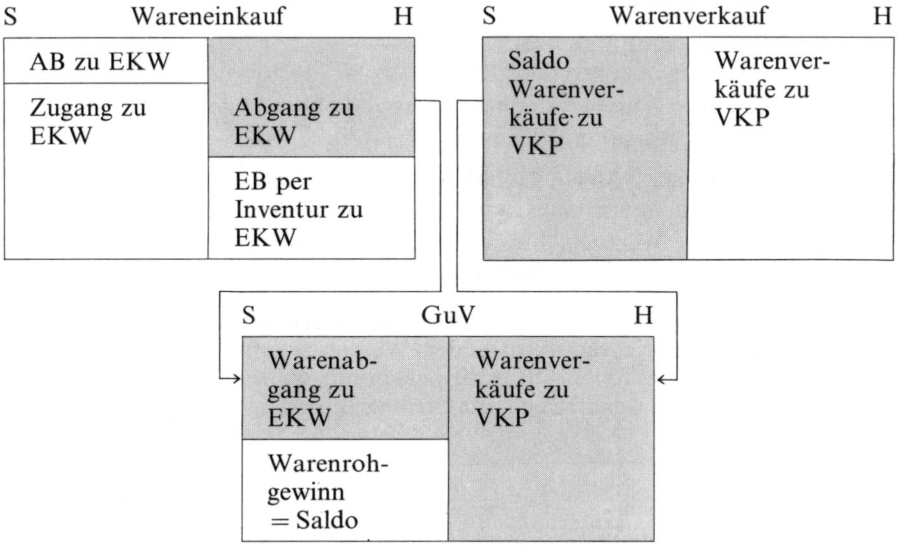

Bei wechselnden Einkaufspreisen können selbstverständlich auch die bei der Nettomethode mit Inventur genannten globalen Bewertungsmethoden zur Anwendung kommen. Es verbleibt allerdings der Nachteil, daß ein Abschluß der Konten erst nach vorausgegangener körperlicher Bestandsaufnahme möglich ist. Da Inventuren aber regelmäßig das normale Betriebsgeschehen stören und Kosten verursachen, werden die Warenkonten meist nur einmal im Jahr abgeschlossen. Demgegenüber steht die Anforderung der Praxis größerer Unternehmen, Halbjahres-, Vierteljahres- und Monatsabschlüsse zu erstellen.

d. Nettomethode ohne Inventur

Ziel der Nettomethode ohne Inventur ist es, einen Abschluß der Warenkonten ohne vorausgegangene Bestandsaufnahme zu ermöglichen. Soll der Warenendbestand buchmäßig ermittelt werden, so sind zu jedem Verkaufsakt nicht nur die Warenverkaufswerte zu verbuchen, sondern daneben ist auch das Wareneinkaufs- bzw. -bestandskonto um den Wareneinkaufswert der verkauften Waren zu korrigieren. Die Gegenbuchung erfolgt im Warenverkaufskonto, so daß bei jedem einzelnen Warenverkaufsakt der Beitrag zum Warenrohgewinn zu ersehen ist. Per Saldo kann zu jedem beliebigen Zeitpunkt der Periode der aktuelle Warenendbestand durch Saldieren des Wareneinkaufskontos ermittelt werden.

Beispiel:

1. Wareneinkauf bar, 10 Stck à 10 DM
   BS: Wareneinkauf an Kasse 100,— DM
2. Warenverkauf bar, 2 Stck à 15 DM
   a) BS: Kasse an Warenverkauf 30,— DM
   Verbuchung der Wareneinkaufswerte der verkauften Waren
   b) BS: Warenverkauf an Wareneinkauf 20,— DM
3. Warenverkauf bar, 3 Stck à 20 DM
   a) BS: Kasse an Warenverkauf 60,— DM
   Verbuchung der Wareneinkaufswerte der verkauften Waren
   b) BS: Warenverkauf an Wareneinkauf 30,— DM
4. Warenverkauf bar, 2 Stck à 25 DM
   a) BS: Kasse an Warenverkauf 50,— DM
   Verbuchung der Wareneinkaufswerte der verkauften Waren
   b) BS: Warenverkauf an Wareneinkauf 20,— DM

Der Warenrohgewinn läßt sich in bekannter Weise auf dem Warenverkaufskonto ermitteln. Ohne Inventur ist auf dem Wareneinkaufskonto durch Saldieren der Endbestand zu ermitteln. Dieser ist jedoch nur dann mit dem tatsächlichen Endbestand identisch, wenn keine unregelmäßigen Abgänge (Diebstahl, Schwund u. ä.) vorkommen.

S	Wareneinkauf		H
(1)	100,—	(2b)	20,—
		(3b)	30,—
		(4b)	20,—
		SBK	30,—
	100,—		100,—

S	Kasse		H
AB	500,—	(1)	100,—
(2a)	30,—	SBK	540,—
(3a)	60,—		
(4a)	50,—		
	640,—		640,—

S	EK		H
SBK	570,—	AB	500,—
		GuV	70,—
	570,—		570,—

S	Warenverkauf		H
(2b)	20,—	(2a)	30,—
(3b)	30,—	(3a)	60,—
(4b)	20,—	(4a)	50,—
GuV	70,—		
	140,—		140,—

S	GuV		H
EK	70,—	WV	70,—

S	SBK		H
Waren	30,—	EK	570,—
Kasse	540,—		
	570,—		570,—

Allgemein kann der Abschluß der Warenkonten bei der Nettomethode ohne Inventur wie folgt skizziert werden:

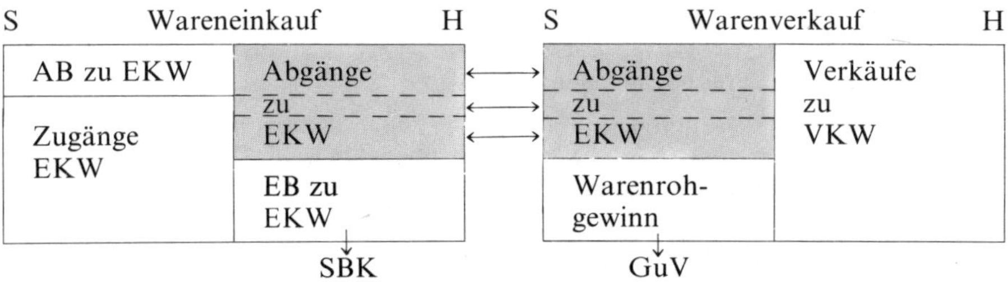

Wie das Beispiel zeigt, ist die Verbuchung schwankender Verkaufspreise unproblematisch. Schwieriger ist die zu jedem Verkaufsakt gehörende Korrektur des Warenbestandskontos. Hierzu muß der Wareneinkaufswert der jeweils verkauften Einheiten bekannt sein. Regelmäßig fehlt aber wegen zu hoher Aufwendungen oder gar technischer Unmöglichkeit (Vermischung bei Flüssigkeiten) eine gesonderte Kennzeichnung der eingekauften Waren mit den jeweiligen Einkaufspreisen, so daß auch hier globale Bewertungsmethoden abweichend von dem Identitätsprinzip zur Anwendung kommen können. In diesem Zusammenhang werden in der Literatur eine Vielzahl verschiedener Verfahren diskutiert. An dieser Stelle soll sich jedoch mit der Darstellung der in der Praxis meist angewendeten – weil sowohl steuerlich als auch handelsrechtlich anerkannten – Methode der gleitenden Durchschnitte begnügt werden.

- **Gleitendes Durchschnittsverfahren**
  Das Verfahren setzt eine chronologische Dokumentation der Einkäufe mit den jeweiligen Einkaufswerten und der Abgänge voraus. Aus dem Anfangsbestand und einem historisch zunächst folgenden Wareneinkauf wird ein durchschnittlicher Wareneinkaufswert ermittelt. Mit diesem Durchschnittswert wird ein chronologisch folgender Warenabgang bewertet. Erfolgt ein weiterer Zukauf von Waren, so ist ein neuer Durchschnittswert zu ermitteln, mit dem dann der historisch nachfolgende Abgang bewertet wird u.s.w.

  Beispiel:
  (Erweiterung des Beispiels des Perioden-Durchschnittsverfahrens)

1.1.	Anfangsbestand	150 kg á 40,— DM	6.000,—
19.1.	Zugang	250 kg á 42,— DM	10.500,—
19.1.	Bestand	400 kg á 41,25 DM	16.500,—
1.2.	Abgang	100 kg á 41,25 DM	4.125,—
1.2.	Bestand	300 kg á 41,25 DM	12.375,—
5.7.	Zugang	200 kg á 38,— DM	7.600,—

5.7. Bestand	500 kg á 39,95 DM	19.975,—
25.7. Abgang	400 kg á 39,95 DM	15.980,—
25.7. Bestand	100 kg á 39,95 DM	3.995,—
12.9. Zugang	150 kg á 43,— DM	6.450,—
12.9. Bestand	250 kg á 41,78 DM	10.445,—
22.11. Abgang	50 kg á 41,78 DM	2.089,—
22.11. Bestand ≙ Endbestand	200 kg á 41,78 DM	8.356,—

Die hervorgehobenen Bestände ergeben sich jeweils aufgrund neuer Durchschnittswerte nach vorangegangenen Zukäufen.

Der Endbestand ist eine buchmäßige Größe, die nur dann mit dem tatsächlichen Endbestand übereinstimmt, wenn auch tatsächlich alle Zu- und Abgänge Berücksichtigung gefunden haben.

Buchtechnisch erfolgt die Verbuchung der Einkäufe in bekannter Weise. Beim Verkauf wird der Verkaufspreis im Warenverkaufskonto verbucht (Gegenbuchung: Bank, Forderungen o.ä.); gleichzeitig ist zu jedem einzelnen Verkaufsakt das Warenbestandskonto um den abgegangenen Bestand, bewertet zu dem jeweils geltenden Durchschnittswert, zu korrigieren. Per Saldo ergibt sich dann auf dem Warenbestandskonto der buchmäßige Endbestand.

S		WE	H
AB	6.000,—	1.2. Abgang	4.125,—
19.1. Zugang	10.500,—	25.7. Abgang	15.980,—
5.7. Zugang	7.600,—	22.11. Abgang	2.089,—
12.9. Zugang	6.450,—	SBK	8.356,—
	30.550,—		30.550,—

S		WV	H
1.2.	4.125,—	1.2. Waren-	
25.7.	15.980,—	25.7. verkaufs-	
22.11.	2.089,—		
Warenrohgewinn		22.11. werte	

Die Nettomethode ohne Inventur wird häufig von größeren Unternehmen mit einem ausgebauten Rechnungswesen praktiziert, bei denen auch die Voraussetzungen der permanenten Inventur erfüllt sind. Sie erlaubt eine für Kontrolle und Disposition sehr wesentliche kurzfristige Erfolgsrechnung. Als **Nachteil** ist anzusehen:

- Der buchmäßig ermittelte Endbestand ist lediglich eine Sollgröße. Aufgrund unregelmäßiger Abgänge (Diebstahl, Schwund u.ä.) bzw. nicht dokumentierte Zu- und/oder Abgänge kann sie von der Istgröße abweichen. (Solche Abweichungen sind durch die bei der permanenten Inventur jährlich einmal durchzuführenden körperlichen Bestandsaufnahmen aufzudecken und zu korrigieren).

- Im GuV-Konto erscheint zur externen Information lediglich der Warenrohgewinn. Über das Zustandekommen des Warenrohgewinns erhält man aus der GuV-Rechnung keinen Aufschluß.

Der letztgenannte Mangel wird durch die Bruttomethode ohne Inventur beseitigt.

e. Bruttomethode ohne Inventur

Diese Methode hat zum Ziel, der Entstehung des Warenrohgewinns im GuV-Konto transparent zu machen. Sie unterscheidet sich dabei nur formal von der Nettomethode ohne Inventur. Die Wareneinkaufswerte der verkauften Erzeugnisse werden nicht im Warenverkaufskonto gegengebucht (Habenbuchung im WE-Konto), sondern in einem gesonderten „Wareneinsatz"- oder „Wareneinsatzsammelkonto". Dieses akkumuliert die Wareneinsätze zu Einkaufswerten während der Periode und schließt dann über das GuV-Konto ab; auch das Warenverkaufskonto wird über das GuV-Konto abgeschlossen, so daß der externe Bilanzleser über das Zustandekommen des Warenrohgewinns informiert wird.

Beispiel:

1. Wareneinkauf bar, 10 Stck à 10 DM
   BS: Wareneinkauf an Kasse — 10,— DM
2. Warenverkauf bar, 2 Stck à 15 DM,
   a) BS: Kasse an Warenverkauf — 30,— DM
   Verbuchung der Wareneinkaufswerte der verkauften Waren
   b) BS: Wareneinsatz(sammel)konto an Wareneinkauf — 20,— DM
3. Warenverkauf bar, 3 Stck à 20 DM
   a) BS: Kasse an Warenverkauf — 60,— DM
   Verbuchung der Wareneinkaufswerte der verkauften Waren
   b) BS: Wareneinsatz(sammel)konto an Wareneinkauf — 30,— DM
4. Warenverkauf bar, 2 Stck à 25 DM
   a) BS: Kasse an Warenverkauf — 50,— DM
   Verbuchung der Wareneinkaufswerte der verkauften Waren
   b) BS: Wareneinsatz(sammel)konto an Wareneinkauf — 20,— DM

Zum Periodenende kann auf dem Wareneinkaufskonto der Warenendbestand per Saldo ermittelt werden. Der Saldo des Wareneinsatzkontos zeigt den gesamten Warenabgang der Periode, bewertet zu Einkaufswerten, und ist auf dem GuV-Konto gegenzubuchen. Ebenso ist der Saldo des Warenverkaufskontos, der bekanntlich den Warenverkaufswert der verkauften Waren beinhaltet, auf das GuV-Konto umzubuchen. Im GuV-Konto ist damit die Entstehung des Warenrohgewinns offengelegt.

S	Wareneinkauf		H
(1)	100,—	(2b)	20,—
		(3b)	30,—
		(4b)	20,—
		SBK	30,—
	100,—		100,—

S	Kasse		H
AB	500,—	(1)	100,—
(2a)	30,—	SBK	540,—
(3a)	60,—		
(4a)	50,—		
	640,—		640,—

S	EK		H
SBK	570,—	AB	500,—
		GuV	70,—
	570,—		570,—

S	Wareneinsatz-(sammel)konto		H
(2b)	20,—	GuV	70,—
(3b)	30,—		
(4b)	20,—		
	70,—		70,—

S	Warenverkauf		H
GuV	140,—	(2a)	30,—
		(3a)	60,—
		(4a)	50,—
	140,—		140,—

S	GuV		H
WESK	70,—	WV	140,—
EK	70,—		
	140,—		140,—

S	SBK		H
Waren	30,—	EK	570,—
Kasse	540,—		
	570,—		570,—

Bei schwankenden Einkaufspreisen läßt sich neben anderen Verfahren wieder die Methode gleitender Durchschnitte anwenden (vgl. S. 63–64). Allgemein stellt sich die Bruttomethode ohne Inventur folgendermaßen dar:

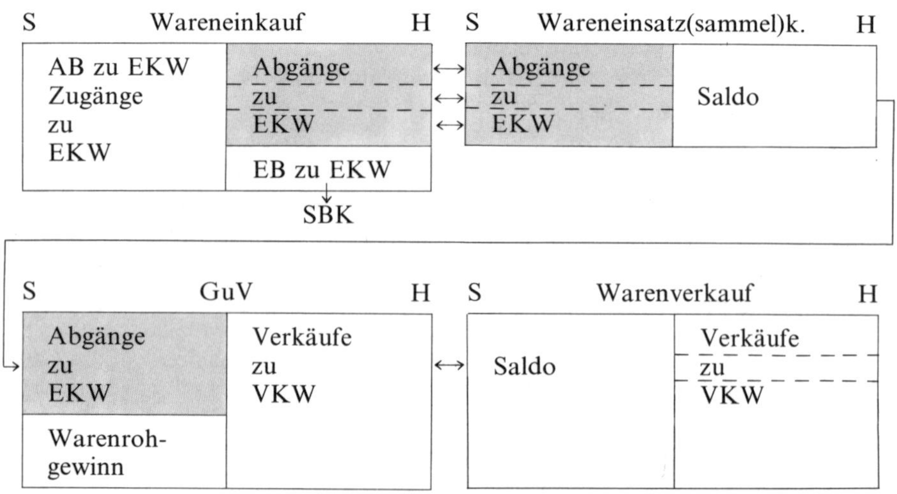

Vorteil der hier dargestellten **Bruttomethode ohne Inventur** ist, daß die Entstehung des Warenrohgewinns in der GuV-Rechnung, damit allerdings auch für die Konkurrenz, ersichtlich wird. Wenn eine Unternehmung nur mit einer Ware handelt, ist der Warenrohgewinn mit der Handelsspanne dieser Ware identisch. Regelmäßig werden aber verschiedene Waren gehandelt, für die u. U. verschiedene Warenkonten geführt werden. Während das GuV-Konto durch den Abschluß der einzelnen Warenkonten sehr detailliert Aufschluß über die Entstehung des Rohgewinns gewährt, können für die GuV-Rechnung (als Bestandteil des Jahresabschlusses und externem Informationsinstrument) die entsprechenden Positionen mehrerer Warenarten mittels Kontenbrücken zusammengefaßt werden. Der so offen ermittelte Warenrohgewinn stellt dann lediglich eine Durchschnittsgröße dar, die keinen Rückschluß auf die Handelsspannen einzelner Waren zuläßt.

Zusammenfassung:
Grundsätzlich ist es in das Belieben der jeweiligen Unternehmung gestellt, welche der hier dargestellten Warenverbuchungsmethoden sie anwenden will. Sie wird dabei die unternehmensspezifischen Bedingungen und Informationsbedürfnisse in das Entscheidungskalkül einbeziehen. U. U. können auch für unterschiedliche Waren oder Warengruppen unterschiedliche Verbuchungsmethoden zur Anwendung kommen. Neben den internen Rechnungslegungszwecken können aber auch externe Rechnungslegungszwecke die Wahl zwischen den verschiedenen Methoden beeinflussen. So ist z. B. für Aktiengesellschaften (§ 275 HGB) eine Bruttomethode generell[1]) vorgeschrieben, um dem Leser des GuV-Kontos die notwendigen Informationen zu vermitteln.

(→ Übungsaufgabe 6)

2. Die Verbuchung von Bezugskosten, Transportkosten, Retouren, Preisnachlässen, Skonti, Rabatten und Boni

a. Die Verbuchung der Bezugskosten

Die durch die Unternehmung bezogenen Handelswaren werden auf dem aktiven Bestandskonto „Warenbestand" bzw. „Wareneinkauf" verbucht. Erfolgt der Wareneinkauf zu einem Einkaufspreis frei Haus, so wird der Warenzugang im Warenbestandskonto automatisch mit einem Wert verbucht, der alle Ausgaben beinhaltet, bis die Ware in den **Verfügungsbereich** (respektive in das Lager) der beziehenden Unternehmung gelangt ist.

Beispiel 1:
Bareinkauf von 10 Einheiten Ware X frei Haus 1.000 DM
BS: Wareneinkauf an Kasse 1.000,— DM

S	Wareneinkauf	H
(1) 1.000,—		

S	Kasse	H
		(1) 1.000,—

Wird die gleiche Ware zu einem niedrigeren Bareinkaufspreis ab Lieferantenlager bezogen, so erscheint bei Verbuchung des Wareneinkaufspreises der Warenbestand gegenüber Beispiel 1 zu einem niedrigeren Wert, obwohl es sich um die identisch gleiche Ware handelt.

[1]) Kleine und mittelgroße Kapitalgesellschaften dürfen von der Bruttomethode abweichen und lediglich den Saldo unter der Bezeichnung „Rohergebnis" ausweisen (§ 276 HGB).

Beispiel 2:
Bareinkauf ab Lieferantenlager 10 Einheiten Ware X 900,— DM
BS: Wareneinkauf an Kasse 900,— DM

S	Wareneinkauf	H	S	Kasse	H
(2)	900,—			(2)	900,—

Zu bedenken ist aber, daß, um die Ware in den Verfügungsbereich der Unternehmung zu bringen, noch Fracht-, Transport- und ähnliche Ausgaben anfallen. Nur wenn auch diese Ausgaben im Wert der bezogenen Waren Berücksichtigung finden, kann ein echter Preisvergleich zwischen zwei oder mehreren Angeboten durchgeführt werden, und nur dann finden auf dem Wareneinkaufskonto inhaltlich gleiche Sachverhalte auch einen gleichen Niederschlag. Auf dem Warenbestandskonto sind daher nicht die Wareneinkaufspreise (netto), sondern alle Ausgaben zu verbuchen, die anfallen, bis die Ware in den Verfügungsbereich der Unternehmung gelangt ist (§ 255 HGB, vgl. auch S. 20ff, **Anschaffungskosten**). Man spricht dann vom **Wareneinstandswert**; die Transport-, Versicherungs- u. ä. Ausgaben bezeichnet man allgemein als **Anschaffungsnebenkosten**. Im Rahmen der Handelsunternehmen spricht man häufig auch von **Bezugskosten**[3]).

Wareneinkaufspreis (netto)
\+ Anschaffungsnebenkosten (Bezugskosten)

Wareneinstandswert

Die Handelsspanne ermittelt sich dann als Differenz zwischen Warenverkaufswert und Wareneinstandswert.

Unterstellt man in Beispiel 2, daß der Transport durch einen externen Spediteur gegen Barzahlung von 100 DM vorgenommen wird, so erhöhen diese Bezugskosten den Wert der eingekauften Waren und es erscheint im Vergleich zu Beispiel 1 letztlich der gleiche Wert, was auch inhaltlich gerechtfertigt ist.

Beispiel 2 (Fortsetzung):
a) Barzahlung der Bezugskosten 100 DM,
BS: Wareneinkauf an Kasse 100,— DM,

S	Wareneinkauf	H	S	Kasse	H
(2)	900,—			(2)	900,—
(a)	100,—			(a)	100,—

Die Verbuchung der Bezugskosten kann wie im vorgenannten Beispiel unmittelbar auf dem zugehörigen Warenbestandskonto vorgenommen werden. Wenn jedoch eine differenzierte Überwachung und Kontrolle der Bezugskosten notwendig erscheint (z. B. wegen stark schwankender Bezugskosten, oder verschiedener Bezugskosten unterschiedlicher Bezugsquellen), kann es sinnvoll sein, die Bezugskosten auf einem gesonderten **Bezugskostenkonto** zu verbuchen. Dieses Konto nimmt

[3]) Der Begriff Anschaffungsnebenkosten ist umfassender als der der Bezugskosten und beinhaltet z. B. bei der Beschaffung von maschinellem Anlagevermögen auch Montageaufwendungen bei der Aufstellung der Anlage.

als Unterkonto des Wareneinkaufskontos alle Bezugskosten im Soll auf und ist am Periodenende über das Wareneinkaufskonto abzuschließen. Das Bezugskostenkonto besitzt isoliert betrachtet eine eigene Aussagekraft und informiert am Periodenende in einer Saldogröße über die insgesamt angefallenen Bezugskosten[1]).

Beispiel 2 mit Bezugskostenkonto:

2) Wareneinkauf bar 900,— DM,
BS: Wareneinkauf an Kasse 900,— DM

a) Barzahlung der Bezugskosten 100,— DM
BS: Bezugskosten an Kasse 100,— DM

Abschluß des Unterkontos Bezugskosten über das Wareneinkaufskonto am Periodenende.
BS: Wareneinkauf an Bezugskosten 100,— DM

S	Wareneinkauf		H
(2)	900,—		
Bezko	100,—		

S	Kasse		H
		(2)	900,—
		(a)	100,—

S	Bezugskosten		H
(a)	100,—	WE	100,—

Schematisch erhält dann das Wareneinkaufskonto das folgende Bild:

S Wareneinkaufskonto	H
Anfangsbestand, bewertet zu EKW	Wareneinsatz
Zugänge zu EKW	
Bezugskosten	Endbestand

Auf dem Wareneinkaufskonto erscheinen die Wareneinkäufe letztlich zu Wareneinstandswerten. Andererseits muß zur Ermittlung der Warenrohgewinne den Warenverkaufswerten die Wareneinstandspreise gegenübergestellt werden. Dies setzt voraus, daß auch der Warenendbestand mit Wareneinstandswerten bewertet wird, unabhängig davon, ob die Bezugskosten auf einem gesonderten Unterkonto erfaßt oder unmittelbar auf dem Wareneinkaufskonto verbucht werden.

[1]) Probleme können sich bei einem gesonderten Bezugskostenkonto ergeben, wenn die gleiche Ware ab Lieferantenlager beschafft wird, wobei explizit Bezugskosten anfallen, aber auch von dem Lieferanten frei Haus geliefert wird. Im letzteren Fall ist dann der Gesamtrechnungsbetrag in einen Wareneinkaufspreis (netto) und einen Bezugskostenanteil aufzuteilen.

Beispiel:

1. Bareinkauf von 10 Einheiten Ware X zu 1.000 DM. Die Transportkosten von 50 DM werden dem Spediteur bar bezahlt.
   BS: Wareneinkauf 1.000,— DM
   Bezugskosten 50,— DM an Kasse 1.050,— DM
2. Barverkauf von 3 Einheiten Ware X für 400 DM
   BS: Kasse an Warenverkauf 400,— DM
3. Bareinkauf von 5 Einheiten Ware X zu 500 DM. Die Transportkosten von 25 DM werden bar bezahlt.
   BS: Wareneinkauf 500,— DM
   Bezugskosten 25,— DM an Kasse 525,— DM
4. Barverkauf von 4 Einheiten Ware X für 600 DM.
   BS: Kasse an Warenverkauf 600,— DM

Der mengenmäßige Endbestand per Inventur beträgt 8 Einheiten, die zu bewerten sind mit dem Wareneinstandswert. Zunächst schließt man im Rahmen der **vorbereitenden Abschlußbuchungen** das Bezugskostenkonto über das Wareneinkaufskonto ab, das dann die Wareneinstandswerte der bezogenen Waren beinhaltet. An Hand der Wareneinkaufspreise (netto) und der Informationen des Bezugskostenkontos kann ein durchschnittlicher Bezugskostenzuschlag ermittelt werden (hier 5%), der auch in den Warenendbestand einzubeziehen ist. Der mengenmäßige Endbestand von 8 Einheiten ist also mit 840 DM zu bewerten (nicht 800 DM!). Auf dem Wareneinkaufskonto ermittelt sich dann per Saldo der Wareneinstandswert der verkauften Waren von 735 DM.

S	Wareneinkauf		H
(1)	1.000,—	WV	735,—
(3)	500,—	SBK	840,—
Bezko	75,—		
	1.575,—		1.575,—

S	Kasse		H
(2)	400,—	(1)	1.050,—
(4)	600,—	(3)	525,—

S	Bezugskosten		H
(1)	50,—	WE	75,—
(3)	25,—		
	75,—		75,—

S	Warenverkauf		H
WE	735,—	(2)	400,—
GuV	265,—	(4)	600,—
	1.000,—		1.000,—

S	SBK		H
Waren	840,—		

Bei Bezugskosten, die im Verhältnis zu den Wareneinkaufspreisen schwanken, ist eine exakte (nämliche) Ermittlung der Wareneinstandswerte und Zuordnung der Bezugskosten zu den Endbeständen regelmäßig nicht möglich bzw. zu aufwendig. Man wird dann bei den Methoden mit Inventur am Periodenende die insgesamt angefallenen Bezugskosten auf das Wareneinkaufskonto umbuchen und einen **durchschnittlichen Bezugskostenzuschlag** errechnen, der sowohl bei der Ermittlung des Endbestandswertes als auch bei der Bestimmung des Wareneinstandswertes

Berücksichtigung findet. Bei den Warenverbuchungsmethoden ohne Inventur kann man analog zu der beschriebenen gleitenden Durchschnittsmethode auch gleitende Durschnitte der Bezugskosten bilden, die in die Berechnung der Wareneinstandswerte eingehen.

Da auch diese Verfahrensweise u. U. noch zu aufwendig ist, kann man vereinfachend die gesamte Periode hindurch mit einem **gleichen Bezugskostenzuschlag**, der aufgrund der Erfahrungswerten der Vergangenheit gebildet wurde, rechnen. Schwankungen der Bezugskosten gegenüber dem verrechneten Durchschnittswert schlagen sich dann in der Bewertung der Endbestände nieder. Solche, von der **Einzelbewertung** abweichende **Pauschalierungen** sind zulässig, sofern dadurch der **Einblick in die Vermögens- und Ertragslage** der Unternehmung nicht wesentlich beeinträchtigt wird. Auf diese Weise wird sichergestellt, daß im Wareneinsatz und Endbestand, der gleichzeitig den Anfangsbestand des folgenden Geschäftsjahres darstellt, anteilige Bezugskosten berücksichtigt werden.

Hinsichtlich der Erfolgswirksamkeit von Bezugskosten ist festzuhalten, daß sie grundsätzlich als **erfolgsneutral** anzusehen sind. Diese allein bestands- bzw. werterhöhende Wirkung der Bezugskosten gilt selbstverständlich nur für den Zeitpunkt, in dem sie anfallen. In dem Moment allerdings, in dem sie in den Wareneinsatz eingehen, die eingekauften Waren also zum Verkauf gelangen, erhöhen die Bezugskosten die Aufwendungen und vermindern damit ceteris paribus den (Roh-) Gewinn bzw. erhöhen den (Roh-) Verlust.

b. Die Verbuchung der Transportkosten beim Warenverkauf

Bei der Lieferung „frei Haus" werden die Kosten für Transport, Versicherung usw. vom Lieferanten getragen und bei ihm letztlich gewinnmindernd wirksam. Erfolgt der Transport durch Dritte, so werden die damit verbundenen Ausgaben des Lieferanten auf seinem Aufwandskonto „Transportkosten" bzw. „Ausgangsfrachten" verbucht; beim Transport durch betriebseigene Kraftfahrzeuge des Lieferanten wird die Verbuchung auf dem Konto „Kfz-Aufwand" vorgenommen. Beide Konten schließen unmittelbar über das GuV-Konto ab und schmälern damit den aus der Saldierung von Wareneinstandswert und Warenverkaufswert ermittelten Warenrohgewinn.

Beispiel:

1. Wareneinkauf bar Kasse 10 Stck à 100 DM, Lieferung frei Haus
   BS: Wareneinkauf an Kasse 1.000,— DM
2. Warenverkauf bar Kasse 5 Stck à 150 DM. Der Transport zum Kunden wird durch einen Spediteur vorgenommen, der mit 75 DM bar bezahlt wird.
   BS: Kasse an Warenverkauf 750,— DM

2a. Transportaufwand an Kasse 75,— DM

3. Der Warenendbestand per Inventur beträgt 5 Stck
   BS: Schlußbilanzkonto an Waren 500,— DM

S	Kasse		H
(2)	750,—	(1)	1.000,—
		(2a)	75,—

S	Warenverkauf		H
WE	500,—	(2)	750,—
GuV	250,—		
	750,—		750,—

S	Wareneinkauf		H
(1)	1.000,—	WV	500,—
		SBK	500,—
	1.000,—		1.000,—

S	Transportaufwand		H
(2a)	75,—	GuV	75,—

S	GuV		H
Transport-aufwand	75,—	WV	250,—

S	SBK		H
Waren	500,—		

c. Die Verbuchung der Rücksendungen und Gutschriften beim Warenein- bzw. Warenverkauf

Die Verbuchung des Warenzugangs beim Einkäufer (A) bzw. des Warenabgangs beim Verkäufer (B) erfolgt allgemein zum **Zeitpunkt des Gefahrenübergangs**. Erfolgt z.B. eine Lieferung vertragsgemäß „frei Haus", so geht die Gefahr und das Risiko eines zufälligen Untergangs der Ware zum Zeitpunkt der Anlieferung am Lager des Käufers (A) vom Verkäufer (B) auf den Käufer (A) über. Zu diesem Zeitpunkt wird auch der Warenzugang gebucht; Buchungsgrundlagen und -anlässe wie Lieferschein o.ä. sind unmittelbar vorhanden. Zu einem erst späteren Zeitpunkt (beim Auspacken, oder nach einer Wareneingangskontrolle) kann sich u.U. herausstellen, daß es sich bei der gelieferten Ware um eine Falschlieferung oder mangelhafte Lieferung handelt. Bei einer **Falschlieferung** kann der Käufer (A) die falsche Ware zurücksenden und behält den Anspruch auf Lieferung der vertragsgemäßen Ware (**Erfüllungsanspruch**), während bei **Lieferung mangelhafter Ware** der Käufer (A) die Möglichkeit besitzt, den Kaufvertrag rückgängig zu machen (**Wandlung**) oder aber eine Herabsetzung des Kaufpreises zu verlangen (**Minderung**) (§ 462 BGB). Bei Falschlieferung als auch im Falle der Wandlung verläßt die Ware physisch wieder den Hoheitsbereich der Unternehmung (A) und wird wieder zu dem „verkaufenden" Unternehmen (B) zurückgesendet. Entsprechend dieses Warenflusses ist auch bei beiden Unternehmen eine Korrekturbuchung vorzunehmen. Unternehmung A muß den ursprünglich gebuchten Warenzugang korrigieren (da ja die Ware die Unternehmung (A) wieder verläßt), während Unternehmung (B) den ursprünglich zum Zeitpunkt der Übergabe gebuchten Verkauf wieder rückgängig machen muß. Gleichzeitig ist bei Zielgeschäften eine Korrektur auf den Konten Verbindlichkeiten bzw. Forderungen vorzunehmen. Allgemein bezeichnet man solche Korrekturbuchungen, die eine zunächst vorgenommene, sich im Nachhinein als falsch erweisende Buchung rückgängig machen, als **Stornobuchungen** oder als **Stornierung**.

Im Falle der Minderung erfolgt keine physische Rücksendung der Ware, wohl ist aber der ursprünglich verbuchte Einkaufs- bzw. Verkaufswert um den Betrag der Minderung zu stornieren.

Die Stornobuchungen können unmittelbar auf dem Konto vorgenommen werden, auf dem zuvor „falsch" gebucht wurde. U.U. kann es sich aber als sinnvoll erweisen, die Stornobuchungen zunächst auf einem gesonderten Unterkonto vorzunehmen, das dann am Periodenende in einer Summe Auskunft über die insgesamt vorgenommenen Stornierungen gibt und auf das zugehörige Hauptkonto umzubuchen ist.[1])

α. Die Verbuchung der Rücksendungen

· Die Verbuchung beim Wareneinkauf

Beispiel a):

1. Wareneinkauf auf Ziel für 1.000 DM; Lieferung „frei Haus".
   BS: Wareneinkauf an Verbindlichkeiten 1.000,— DM
2. Die gelieferte Ware erweist sich als mangelhaft; der Käufer macht den Kaufvertrag rückgängig, der Verkäufer holt die Ware ab. Neben der Stornierung des Warenzugangs ist selbstverständlich die Verbindlichkeit zu korrigieren.
   BS: Verbindlichkeiten an Waren 1.000,— DM

S	Wareneinkauf		H
(1)	1.000,—	(2)	1.000,—

S	Verbindlichkeiten		H
(2)	1.000,—	(1)	1.000,—

Sollen die Rücksendungen auf einem gesonderten Unterkonto verbucht werden, das z. B. mit „Rücksendungen an Lieferanten" bezeichnet werden kann, so modifiziert sich die Verbuchung des vorangegangenen Beispiels wie folgt:

Beispiel b):

1. Wareneinkauf auf Ziel für 1.000 DM; Lieferung „frei Haus".
   BS: Wareneinkauf an Verbindlichkeiten 1.000,— DM
2. Warenrücksendung.
   BS: Verbindlichkeiten an Rücksendungen an Lieferanten 1.000,— DM
3. Vorbereitende Abschlußbuchung.
   BS: Rücksendungen an Lieferanten an Wareneinkauf (= WE) 1.000,— DM

S	Wareneinkauf		H
(1)	1.000,—	(3)	1.000,—

S	Verbindlichkeiten		H
(2)	1.000,—	(1)	1.000,—

S	Rücksendungen an Lieferanten		H
(3)	1.000,—	(2)	1.000,—

Im vorgenannten Beispiel der Lieferung frei Haus und der Rücksendung auf Kosten des Verkäufers ergeben sich keine Probleme der Bezugskostenverbuchung. Bei anderen Konstellationen sind die besonderen vertraglichen Bedingungen zu berücksichtigen, was u. U. eine zusätzliche aufwandsmäßige Belastung oder eine Stornierung von Bezugskosten zur Folge haben kann.

[1]) Erfolgen Falschlieferungen oder mangelhafte Lieferungen nur selten, so empfiehlt sich eine unmittelbare Korrektur auf dem jeweiligen Wareneinkaufskonto. Kommen solche Fälle häufiger vor, so ist eine Eliminierung auf einem gesonderten Konto angebracht und erleichtert die Analyse der möglichen Ursachen.

Beispiel c):

1. Wareneinkauf auf Ziel 900 DM; die Bezugskosten von 100 DM werden dem Spediteur per Bank überwiesen.
   BS: Wareneinkauf an Verbindlichkeiten 900,— DM
   BS: Bezugskosten an Bank 100,— DM
2. Warenrücksendung durch einen Spediteur, der vom Verkäufer zu bezahlen ist. Außerdem werden uns die in 1. entstandenen Bezugskosten durch den Verkäufer per Bank rückvergütet.
   BS: Verbindlichkeiten an Wareneinkauf 900,— DM

2a. BS: Bank an Bezugskosten 100,— DM

S	Wareneinkauf		H
(1)	900,—	(2)	900,—

S	Bezugskosten		H
(1)	100,—	(2a)	100,—

S	Bank		H
(2a)	100,—	(1)	100,—

S	Verbindlichkeiten		H
(2)	900,—	(1)	900,—

In diesem Fall wird der Lieferant durch die Rücksendung zweimal mit den Transportkosten belastet; einmal für die Anlieferung und einmal für den Rücktransport.

· **Die Verbuchung der Rücksendungen beim Warenverkauf**

Es sollen die zu den Beispielen a-c in α. analogen Buchungen beim Warenverkäufer vorgenommen werden.

Beispiel a):

1. Warenverkauf auf Ziel 1.000 DM, die Transportkosten von 100 DM werden dem Spediteur bar bezahlt.
   BS: Forderungen an Warenverkauf 1.000,— DM

1a. BS: Transportaufwand an Kasse 100,— DM

2. Wegen mangelhafter Ware wird der Kaufvertrag gewandelt. Der Rücktransport der Ware erfolgt wieder auf Kosten des Verkäufers durch den Spediteur.
   BS: Warenverkauf an Forderungen 1.000,— DM

2a. BS: Transportaufwand an Kasse 100,— DM

S	Forderungen		H
(1)	1.000,—	(2)	1.000,—

S	Kasse		H
		(1a)	100,—
		(2a)	100,—

S	Warenverkauf		H
(2)	1.000,—	(1)	1.000,—

S	Transportaufwand		H
(1a)	100,—	GuV	200,—
(2a)	100,—		
	200,—		200,—

S	GuV		H
Transportaufwand	200,—		

Durch die fehlerhafte Lieferung wird das Periodenergebnis des „Verkaufs" um die zweimaligen Transportkosten (200 DM) geschmälert.

Sollen die Rücksendungen auf einem gesonderten Unterkonto verbucht werden, das z. B. mit „Rücksendungen von Kunden" bezeichnet werden kann, so modifiziert sich die Verbuchung des vorangegangenen Beispiels wie folgt:

Beispiel b):

1. Warenverkauf auf Ziel 1.000 DM, die Transportkosten von 100 DM werden dem Spediteur bar bezahlt.
   BS: Forderungen an Warenverkauf 1.000,— DM

1a. BS: Transportaufwand an Kasse 100,— DM

2. Wegen mangelhafter Ware wird der Kaufvertrag gewandelt. Der Rücktransport erfolgt wieder auf Kosten des Verkäufers durch den Spediteur.
   BS: Rücksendungen von Kunden an Forderungen 1.000,— DM

2a. BS: Transportaufwand an Kasse 100,— DM

3. Vorbereitende Abschlußbuchung
   BS: Warenverkauf an Rücksendungen von Kunden 1.000,— DM

S	Forderungen		H
(1)	1.000,—	(2)	1.000,—

S	Kasse		H
		(1a)	100,—
		(2a)	100,—

S	Warenverkauf		H
(3)	1.000,—	(1)	1.000,—

S	Rücksendungen von Kunden		H
(2)	1.000,—	(3)	1.000,–

S	Transportaufwand		H
(1a)	100,—	GuV	200,—
(2a)	100,—		
	200,—		200,—

S	GuV		H
Transportaufwand	200,—		

Soweit die besonderen vertragsmäßigen Bedingungen insbesondere hinsichtlich der Belastung der Transport- bzw. Bezugskosten denen von Beispiel c) im vorangegangenen Abschnitt entsprechen, modifiziert sich selbstverständlich auch die Verbuchung beim „Verkäufer".

Beispiel c):

1. Warenverkauf auf Ziel für 900 DM ab Lieferantenlager
   BS: Forderungen an Warenverkauf 900,— DM

2. Warenrücksendung durch einen Spediteur (100 DM), der vom „Verkäufer" bar zu bezahlen ist. Außerdem werden die dem „Käufer" entstandenen Bezugskosten von 100 DM per Bank erstattet.
   BS: Warenverkauf an Forderungen 900,— DM

2a. Transportaufwand 200 DM an Kasse 100,— DM
   an Bank 100,— DM

S	Forderungen		H
(1)	900,—	(2)	900,—

S	Kasse		H
		(2a)	100,—

S	Bank		H
		(2a)	100,—

S	Warenverkauf		H
(2)	900,—	(1)	900,—

S	Transportaufwand		H
(2a)	200,—	GuV	200,—

S	GuV		H
Transportaufwand	200,—		

Das Jahresergebnis des Lieferanten wird auch hier durch die zweimaligen Transportkosten belastet.

β. Die Verbuchung der Gutschriften

- **Die Verbuchung beim Wareneinkauf**

Macht der Käufer bei der Lieferung mangelhafter Ware von der Möglichkeit der **Minderung** Gebrauch, so bleibt die gelieferte Ware in seinem Besitz; lediglich der Wert der Ware ist um den Betrag der Minderung herabzusetzen. Dies kann unmittelbar durch eine Stornobuchung auf dem Wareneinkaufskonto erfolgen, jedoch ist auch hier u. U. eine gesonderte Erfassung auf einem Unterkonto z. B. „Preisnachlässe von Lieferanten", das über Wareneinkauf abzuschließen ist, zu empfehlen.[1]) In jedem Fall darf jedoch nur der verminderte Warenwert, der die mangelhafte Ware repräsentiert, erscheinen. Es ist also insbesondere abzulehnen,[2]) die wegen mangelhaft gelieferter Waren erhaltenen Preisnachlässe als Erträge zu verbuchen.

Auf eine Berücksichtigung der Transport- bzw. Bezugskosten soll im nachfolgenden verzichtet werden, da deren Problematik im vorangegangenen Abschnitt hinreichend erörtert wurde.

Beispiel a):

1. Wareneinkauf auf Ziel für 2.000 DM.
   BS: Wareneinkauf an Verbindlichkeiten 2.000,— DM
2. Wegen mangelhafter Ware gewährt uns der Lieferant einen Preisnachlaß von 10%
   BS: Verbindlichkeiten an Wareneinkauf 200,— DM

S	Wareneinkauf		H
(1)	2.000,—	(2)	200,—

S	Verbindlichkeiten		H
(2)	200,—	(1)	2.000,—

---

[1]) Eine gesonderte Verbuchung auf einem Unterkonto erscheint immer dann sinnvoll, wenn relativ häufig Preisnachlässe zu verbuchen sind, so daß eine Analyse der Lieferantenbeziehungen notwendig erscheint.

[2]) Nach § 255, Abs. 1 HGB sind Preisnachlässe zwingend als Minderung der Anschaffungskosten der bezogenen Erzeugnisse zu verbuchen.

Nach der Stornierung weisen die Konten die Werte aus, die der tatsächlich bezogenen mangelhaften Ware entsprechen.

Bei Verbuchung auf einem gesonderten Unterkonto wird das vorangegangene Beispiel a wie folgt modifiziert.

Beispiel b):

1. Wareneinkauf auf Ziel 2.000 DM.
   BS: Wareneinkauf an Verbindlichkeiten 2.000,— DM
2. Wegen mangelhafter Ware gewährt uns der Lieferant einen Preisnachlaß von 10%
   BS: Verbindlichkeiten an Preisnachlässe von Lieferanten 200,— DM
3. Vorbereitende Abschlußbuchung
   BS: Preisnachlässe von Lieferanten an Wareneinkauf 200,— DM

S	Wareneinkauf		H
(1)	2.000,—	(3)	200,—

S	Verbindlichkeiten		H
(2)	200,—	(1)	2.000,—

S	Preisnachlässe von Lieferanten		H
(3)	200,—	(2)	200,—

Auch hier weist das Wareneinkaufskonto nach der Umbuchung den Wert der mangelhaften Ware aus und erhält schließlich folgendes Bild:

S Wareneinkaufskonto	H
Anfangsbestand bewertet zu EKW incl. anteiliger Bezugskosten	Rücksendungen an und Preisnachlässe v. Lieferanten
Zugänge zu EKW	Wareneinsatz incl. anteiliger Bezugskosten
Bezugskosten	Endbestand, bewertet zu EKW incl. anteiliger Bezugskosten

· **Die Verbuchung der Gutschriften beim Warenverkauf (Erlösberichtigung)**

Beim Verkauf mangelhafter Ware ist in Höhe der nachträglich vereinbarten Minderung der Warenverkaufswert zu korrigieren. Man spricht bei einer gewährten Gutschrift allgemein von der „**Erlösberichtigung**". Die Erlösberichtigung kann unmittelbar durch eine Stornobuchung auf dem Konto „Warenverkauf" erfolgen, aber auch über ein gesondertes Konto „Erlösberichtigungen", das ein Unterkonto des Warenverkaufskontos darstellt, vorgenommen werden.[8]) In jedem Fall darf nur der verminderte Warenverkaufswert, der die verkaufte mangelhafte Wa-

[8]) Eine gesonderte Verbuchung auf dem Konto Erlösberichtigungen erscheint immer dann sinnvoll, wenn relativ häufig Preisnachlässe wegen mangelhafter Waren gewährt werden müssen, da die separierten Daten dann einer Ursachenanalyse besser zugänglich sind.

re repräsentiert, auf dem Warenverkaufskonto erscheinen, so daß unmittelbar der Warenrohgewinn geschmälert wird. Insbesondere ist es also abzulehnen, den gewährten Preisnachlaß über ein gesondertes Aufwandskonto, das in die GuV-Rechnung eingeht, zu verbuchen und den ungeschmälerten Warenrohgewinn auszuweisen.[1]) Im nachfolgenden sollen die zu den Beispielen a) und b) des vorangegangenen Abschnitts äquivalenten Buchungen bei dem Warenverkäufer vorgenommen werden.

Beispiel a):
1. Warenverkauf auf Ziel 2.000 DM
   BS: Forderungen an Warenverkauf 2.000,— DM
2. Wegen mangelhafter Ware wird dem Kunden ein Preisnachlaß von 10% gewährt.
   BS: Warenverkauf an Forderungen 200,— DM

S	Forderungen		H
(1)	2.000,—	(2)	200,— ⟷

S	Warenverkauf		H
(2)	200,—	(1)	2.000,—

Nach der Stornierung weisen die Konten die Werte der tatsächlich verkauften mangelhaften Ware aus.

Bei Verbuchung auf einem gesonderten Unterkonto „Erlösberichtigungen" modifiziert sich Beispiel a) wie folgt.

Beispiel b):
1. Warenverkauf auf Ziel 2.000 DM
   BS: Forderungen an Warenverkauf 2.000,— DM
2. Wegen mangelhafter Ware wird dem Kunden ein Preisnachlaß von 10% gewährt.
   BS: Erlösberichtigung an Forderungen 200,— DM
3. Vorbereitende Abschlußbuchung
   BS: Warenverkauf an Erlösberichtigungen 200,— DM

S	Forderungen		H
(1)	2.000,—	(2)	200,—

S	Warenverkauf		H
→(3)	200,—	(1)	2.000,—

S	Erlösberichtigungen		H
(2)	200,—	(3)	200,— ←

(→ Übungsaufgabe 7)

d. Die Verbuchung der Skonti

Unter **Skonto** (Plural: Skonti) versteht man den in Prozent ausgedrückten Preisnachlaß, der einem Kunden gewährt wird, wenn er bei einem Zieleinkauf innerhalb bestimmter Fristen den Rechnungsbetrag bezahlt.

---

[1]) Nach § 255, Abs. 1 HGB sind gewährte Preisnachlässe zwingend als Änderungen der Verkaufswerte der verkauften Erzeugnisse zu verbuchen.

Beispiel:
Rechnungsbetrag 1.000 DM; Rechnungsdatum 1.5. Zahlungsbedingung: Bei Zahlung vom Rechnungsdatum an innerhalb 10 Tagen mit 3% Skonto oder innerhalb 30 Tagen netto.

Dieser Preisnachlaß unterscheidet sich von den vorgenannten Preisminderungen wegen mangelhafter Ware dadurch,

- daß er sich auf mangelfreie Ware bezieht und
- daß er vertragsgemäß gewährt wird, wodurch der Kunde bei Vorliegen der Vertragsbedingungen einen Anspruch auf den Preisnachlaß besitzt.

Obwohl zum Zeitpunkt der Rechnungsstellung noch ungewiß ist, ob der Kunde innerhalb der Skontofrist (von hier 10 Tagen) und damit den verminderten Rechnungsbetrag zahlt oder erst danach und dann den vollen Rechnungsbetrag begleicht, sind diese Preisnachlässe besser kalkulierbar und stellen ein echtes absatzpolitisches Instrument insbesondere bei Handelsunternehmen dar.

Inhaltlich kann man im Skonto zum einen einen Zins sehen, der für die Kreditgewährung (bei Inanspruchnahme des Zielzeitraumes von hier einem Monat) in Rechnung gestellt wird, zum anderen kann man im Skonto einen Preisnachlaß sehen, der analog den Preisnachlässen mangelhafter Ware den Wareneinstandswert bzw. Warenverkaufswert der Ware mindert. Entsprechend diesen unterschiedlichen Betrachtungsweisen ergeben sich unterschiedliche Verbuchungsmöglichkeiten, die im nachfolgenden an dem bereits genannten Beispiel demonstriert werden sollen.

Grundsätzlich unterscheidet man dabei zwischen Lieferantenskonto und Kundenskonto. **Lieferantenskonti** entstehen beim Wareneinkauf und werden den beziehenden Unternehmen von ihren Lieferanten eingeräumt. Äquivalent versteht man unter **Kundenskonti** solche Skontobeträge, die die liefernde Unternehmung ihren Kunden gewährt, also beim Warenverkauf entstehen.

α. Die Bruttomethode

Allgemein zeichnet sich die Bruttomethode dadurch aus, daß zum Zeitpunkt des Kaufs bzw. Verkaufs jeweils der volle Rechnungsbetrag verbucht wird. Erfolgt die Begleichung des Rechnungsbetrages innerhalb der angegebenen Skontofristen, so ist der vertragsgemäße Preisnachlaß beim Kunden und Lieferanten auf gesonderten Konten zu stornieren.[1]

α.1. Bruttoverbuchung mit Abschluß der Skontokonten über das Gewinn- und Verlustkonto

α.1.1. Die Verbuchung beim Warenbezug (Lieferantenskonto)

Beispiel:
Wareneinkauf auf Ziel für 1.000 DM. Bei Zahlung innerhalb 10 Tagen 3% Skonto.

[1]) Erfolgt die Gewährung bzw. Inanspruchnahme von Skonto häufiger, so sind die Beträge über gesonderte Konten zu verbuchen. Erfolgt nur ausnahmsweise eine Skontobuchung, so kann auf eine gesonderte Darstellung verzichtet werden. Es bietet sich dann die Methode der unmittelbaren Korrektur der Wareneinkaufs- bzw. Warenverkaufswerte auf dem Wareneinkaufs- bzw. Warenverkaufskonto an. Für Skonto bei Anlagenkäufen und bei Fremdleistungen, die zu Kostenbuchungen führen, sind jeweils getrennte Skontokonten einzuführen bzw. sogleich die Nettobeträge (Korrektur auf den entsprechenden Sachkonten) zu verbuchen.

· Buchung zum Zeitpunkt des Warenbezugs
BS: 1. Wareneinkauf an Verbindlichkeiten 1.000,— DM

S	Wareneinkauf		H
(1)	1.000,—		

S	Verbindlichkeiten		H
		(1)	1.000,—

· Buchung bei Nichtinanspruchnahme des Skontos (Zahlung **nach** 10 Tagen)
BS: 2. Verbindlichkeiten an Bank 1.000,— DM

S	Wareneinkauf		H
(1)	1.000,—		

S	Bank		H
		(2)	1.000,—

S	Verbindlichkeiten		H
(2)	1.000,—	(1)	1.000,—

· Buchung bei Inanspruchnahme des Skontos (Zahlung **innerhalb** von 10 Tagen)
Der Kunde muß vertragsgemäß nur 970 DM (30 DM Skonto) bezahlen, damit die Verbindlichkeit von 1.000 DM untergeht. Der Preisnachlaß wird auf einem gesonderten Konto „Lieferantenskonto" verbucht. Der Abschluß des Lieferantenskontokontos erfolgt unmittelbar über das GuV-Konto. Inhaltlich stellt das Lieferantenskontokonto bei dieser Verbuchungsmethode also ein Ertragskonto dar; man spricht daher auch vom **Skontoertrag**.
BS: 2a) Verbindlichkeiten 1.000 DM an Bank 970,— DM
an Lieferantenskonto 30,— DM
Vorbereitende Abschlußbuchung
BS: 3. Lieferantenskonto an GuV-Konto 30,— DM

S	Wareneinkauf		H
(1)	1.000,—		

S	Bank		H
		(2a)	970,—

S	Verbindlichkeiten		H
(2a)	1.000,—	(1)	1.000,—

S	Lieferantenskonto (Skontoertrag)		H
GuV	30,—	(2a)	30,—

S	GuV		H
		Lieferanten skonto	30,—

Bei dieser Verbuchungsmethode erscheint der Wareneinkaufswert zum Zieleinkaufspreis, während der Preisnachlaß für vorzeitige Begleichung des Rechnungsbetrages als Ertrag verbucht wird, der unmittelbar in die GuV-Rechnung eingeht.

α.1.2. Die Verbuchung beim Warenverkauf (Kundenskonto)

Beispiel
(analog zu α.1.1.): Warenverkauf auf Ziel für 1.000 DM. Bei Zahlung innerhalb 10 Tagen 3% Skonto.

· Buchung zum Zeitpunkt des Warenverkaufs
BS: 1. Forderungen an Warenverkauf 1.000,— DM

S	Forderungen		H
(1)	1.000,—		

S	Warenverkauf		H
		(1)	1.000,—

· Buchung bei Nichtinanspruchnahme des Skontos durch den Kunden (Zahlung **nach** 14 Tagen)
BS: 2. Bank an Forderungen 1.000,— DM

S	Forderungen		H
(1)	1.000,—	(2)	1.000,—

S	Warenverkauf		H
		(1)	1.000,—

S	Bank		H
(2)	1.000,—		

· Buchung bei Inanspruchnahme des Skontos durch den Kunden (Zahlung **innerhalb** von 14 Tagen).
Der Kunde zahlt vertragsgemäß nur 970 DM, damit die Forderung von 1.000 DM untergeht. Der gewährte Preisnachlaß wird auf einem gesonderten Konto „Kundenskonto" verbucht. Der Abschluß des Kundenskontokontos erfolgt unmittelbar über das GuV-Konto. Inhaltlich stellt das Konto Kundenskonto bei dieser Verbuchungsmethode also ein Aufwandskonto dar, man spricht daher auch vom **Skontoaufwand**.
BS: 2a. Bank 970,— DM
Kundenskonto 30,— DM an Forderungen 1.000,— DM

S	Forderungen		H
(1)	1.000,—	(2a)	1.000,—

S	Warenverkauf		H
		(1)	1.000,—

S	Kundenskonto (Skontoaufwand)		H
(2a)	30,—	GuV	30,—

S	Bank		H
(2a)	970,—		

S	GuV		H
Skontoaufwand	30,—		

Bei dieser Verbuchungsmethode erscheint der Warenverkaufswert zum Zielverkaufspreis, während der gewährte Preisnachlaß für vorzeitige Bezahlung als Aufwand gebucht wird, der unmittelbar in die GuV-Rechnung eingeht.

Die Bruttomethode mit Abschluß der Skontokonten über die GuV-Rechnung war bis 1986 (BiRiLiG ab 1.1.1987) die bei Handelsbetrieben vorherrschende Verbuchungsmethode. Sie trug der besonderen Bedeutung des Skontos als absatzpolitisches Instrument Rechnung und führte zu einem unmittelbaren Ausweis der Erfolgsquellen im Gewinn- und Verlustkonto. Im Großhandelskontenrahmen wurden die Lieferantenskonto- bzw. Kundenskontokonten daher explizit als **Skontoertrag** bzw. **Skontoaufwand** geführt. Nach neueren handelsrechtlichen Vorschriften sind für Vollkaufleute Lieferantenskonti unmittelbar bei den Anschaffungskosten abzusetzen (§ 255, Abs. 1 HGB), während Kundenskonto unmittelbar zu einer Korrektur der Umsatzerlöse führen (§ 277, Abs. 1 HGB).

α.2. Bruttoverbuchung mit Abschluß der Skontokonten über die Konten Wareneinkauf bzw. Warenverkauf

Diese Vorgehensweise führt buchtechnisch zu einer gleichen Behandlung der Skonti und der Preisnachlässe wegen mangelhafter Ware; es werden jeweils die Wareneinstands- bzw. Warenverkaufswerte vermindert. Entsprechend stellt das Lieferantenskontokonto ein Unterkonto des Wareneinkaufskontos dar, während das Kundenskonto als Unterkonto des Warenverkaufskontos geführt wird. [1]) Die durch die Skontogewährung bzw. Skontoinanspruchnahme sich ergebenden Erfolgsverschiebungen schlagen sich also nicht unmittelbar und explizite im GuV-Konto nieder, sondern finden ihre Berücksichtigung im Wareneinsatz, Warenverkauf und Warenrohgewinn.

α.2.1. Die Verbuchung beim Warenbezug (Lieferantenskonto)

Beispiel:
Wareneinkauf auf Ziel für 1.000 DM. Bei Zahlung innerhalb 10 Tagen 3% Skonto.

· Buchung zum Zeitpunkt des Warenbezugs
BS: 1. Wareneinkauf an Verbindlichkeiten 1.000,— DM

S	Wareneinkauf		H
(1)	1.000,—		

S	Verbindlichkeiten		H
		(1)	1.000,—

· Buchung bei Nichtinanspruchnahme des Skontos (Zahlung **nach** 10 Tagen)
BS: 2. Verbindlichkeiten an Bank 1.000,— DM

S	Wareneinkauf		H
(1)	1.000,—		

S	Verbindlichkeiten		H
(2)	1.000,—	(1)	1.000,—

S	Bank		H
		(2)	1.000,—

· Buchung bei Inanspruchnahme des Skontos (Zahlung **innerhalb** von 10 Tagen)
BS: 2a. Verbindlichkeiten 1.000 DM an Bank 970,— DM
an Lieferantenskonto 30,— DM

Vorbereitende Abschlußbuchung
BS: 2b. Lieferantenskonto an Wareneinkauf 30,— DM.

[1]) Aus Gründen der Übersichtlichkeit ist es sinnvoll, für Skonti und Preisnachlässe wegen mangelhafter Waren differenzierte Unterkonten zu führen.

S	Wareneinkauf		H
(1)	1.000,—	(2b)	30,—

S	Verbindlichkeiten		H
(2a)	1.000,—	(1)	1.000,—

S	Bank		H
		(2a)	970,—

S	Lieferantenskonto		H
(2b)	30,—	(2a)	30,—

Bei dieser Verbuchungsmethode erscheint der Wareneinstandswert der gleichen Ware je nach der gewählten Zahlungsmodalität einmal zum Zieleinkaufspreis und einmal zum verminderten „Bar"-einkaufspreis.

α.2.2. Die Verbuchung beim Warenverkauf (Kundenskonto)

Beispiel:
Warenverkauf auf Ziel für 1.000 DM.
Bei Zahlung innerhalb 10 Tagen 3% Skonto.

· Buchung zum Zeitpunkt des Warenverkaufs
BS: 1. Forderungen an Warenverkauf 1.000,— DM

S	Forderungen		H
(1)	1.000,—		

S	Warenverkauf		H
		(1)	1.000,–

· Buchung bei Nichtinanspruchnahme des Skontos (Zahlung **nach** 10 Tagen)
BS: 2. Bank an Forderungen 1.000,— DM

S	Forderungen		H
(1)	1.000,—	(2)	1.000,—

S	Warenverkauf		H
		(1)	1.000,—

S	Bank		H
(2)	1.000,—		

· Buchung bei Inanspruchnahme des Skontos (Zahlung **innerhalb** von 10 Tagen)
BS: 2a. Bank 970,— DM
Kundenkonto 30,— DM an Forderungen 1.000,— DM

Vorbereitende Abschlußbuchung
BS: 2b. Warenverkauf an Kundenskonto 30,— DM

S	Forderungen		H
(1)	1.000,—	(2a)	1.000,—

S	Warenverkauf		H
(2b)	30,—	(1)	1.000,—

S	Bank		H
(2a)	970,—		

S	Kundenskonto		H
(2a)	30,—	(2b)	30,–

Der Warenverkaufswert der gleichen Ware erscheint hier je nach der gewählten Zahlungsmodalität des Kunden einmal zum Zielverkaufspreis und einmal zum verminderten „Bar"-Verkaufspreis. Abschließend kann gesagt werden, daß die Bruttoverbuchung mit Abschluß der Skontokonten über Wareneinkauf bzw. Warenverkauf nach § 255, Abs. 1 HGB die für Vollkaufleute zwingend vorgeschriebene Verbuchungsmethode ist.

β. Die Nettomethode

Bei der Nettomethode geht man davon aus, daß der Lieferant zweierlei Leistungen verkauft: zum einen die **Warenleistung** und zum anderen eine **Kreditleistung**. Für diese Kreditleistung, die durch den Verzicht auf die Zahlung des Kaufpreises innerhalb einer bestimmten Frist (hier 10 Tage) entsteht, setzt der Lieferant einen Preis an, das Skonto. Der gesamte Ziel-Rechnungspreis besteht also aus dem „reinen Warenpreis" und dem „Kreditpreis".

β.1. Die Nettoverbuchung beim Warenbezug (Lieferantenskonto)

Beim Warenbezug wird der Rechnungsbetrag in die beiden Bestandteile „reiner Warenpreis" und „Kreditpreis" zerlegt. Das Skonto wird in einem Konto Skontoaufwand verbucht; es wird also zunächst von der **Fiktion** ausgegangen, daß die Kreditfrist in Anspruch genommen wird, also der volle Rechnungsbetrag bezahlt wird.

Beispiel:
Wareneinkauf auf Ziel für 1.000 DM
Bei Zahlung innerhalb 10 Tagen 3% Skonto. Daraus folgt:

„reiner Warenpreis"	970 DM
+ „Kreditpreis"	30 DM
Zieleinkaufspreis	1.000 DM

· Buchung zum Zeitpunkt des Warenbezugs
BS: 1. Wareneinkauf 970,— DM
Skontoaufwand 30,— DM an Verbindlichkeiten 1.000,— DM

S	Wareneinkauf	H
(1)	970,—	

S	Verbindlichkeiten	H
	(1)	1.000,—

S	Skontoaufwand	H
(1)	30,—	

· Buchung bei Nichtinanspruchnahme des Skontos (Zahlung **nach** 10 Tagen).

Es ist der volle Rechnungsbetrag zu bezahlen. Das Konto Skontoaufwand ist über das GuV-Konto abzuschließen und macht deutlich, daß für die Inanspruchnahme eines Kredits ein Preis (hier 30 DM Skonto) bezahlt wurde.
BS: 2. Verbindlichkeiten an Bank 1.000,— DM
Vorbereitende Abschlußbuchung
BS: 2a. GuV an Skontoaufwand 30,— DM

S	Wareneinkauf		H
(1)	970,—		

S	Bank		H
		(2)	1.000,—

S	Verbindlichkeiten		H
(2)	1.000,—	(1)	1.000,—

S	Skontoaufwand		H
(1)	30,—	(2a)	30,—

S	GuV		H
(2a)	30,—		

· Buchung bei Inanspruchnahme des Skontos (Zahlung **innerhalb** 10 Tagen).
Zum Ausgleich der Verbindlichkeit ist nur ein Betrag von 970 DM per Bank zu überweisen. Die ursprüngliche Fiktion der Zahlung des Zielkaufspreises erweist sich jetzt als verkehrt. Entsprechend ist der zum Bezugszeitpunkt gebuchte Skontoaufwand zu stornieren.
BS: 3. Verbindlichkeiten 1.000,— DM an Bank 970,— DM
an Skontoaufwand 30,— DM

S	Wareneinkauf		H
(1)	970,—		

S	Bank		H
		(2b)	970,—

S	Verbindlichkeiten		H
(2b)	1.000,—	(1)	1.000,—

S	Skontoaufwand		H
(1)	30,—	(2b)	30,—

Diese Vorgehensweise hat zur Konsequenz, daß unabhängig von der Zahlungsmodalität der gleiche Wareneinstandswert verbucht wird.

β.2. Die Nettoverbuchung beim Warenverkauf (Kundenskonto)

Auch beim Warenverkauf wird der Zielrechnungsbetrag in die beiden Bestandteile „reiner Warenpreis" und „Kreditpreis" zerlegt. Der „Kreditpreis" wird als Ertrag in dem Konto Skontoertrag verbucht; es wird also unterstellt, daß der Kunde das Zahlungsziel in Anspruch nimmt, also den vollen Zielrechnungspreis bezahlt.

Beispiel:
Warenverkauf auf Ziel für 1.000 DM.
Bei Zahlung innerhalb von 10 Tagen 3% Skonto

· Buchung zum Zeitpunkt des Warenverkaufs
BS: 1. Forderungen 1.000,— DM an Warenverkauf 970,— DM
an Skontoertrag 30,— DM

S	Forderungen		H
(1)	1.000,—		

S	Warenverkauf		H
		(1)	970,—

S	Skontoertrag		H
		(1)	30,—

- Buchung bei Nichtinanspruchnahme des Skontos (Zahlung **nach** 10 Tagen). Der Kunde bezahlt den vollen Rechnungsbetrag; er hat also die Kreditleistung in Anspruch genommen. Das Konto Skontoertrag ist über das GuV-Konto abzuschließen.
  BS: 2. Bank an Forderungen 1.000,— DM
  Vorbereitende Abschlußbuchung
  BS: 2a. Skontoertrag an GuV-Konto 30,— DM

S	Forderungen		H
(1)	1.000,—	(2)	1.000,—

S	Bank		H
(2)	1.000,—		

S	Warenverkauf		H
		(1)	970,—

S	Skontoertrag		H
(2a)	30,—	(1)	30,—

S	GuV		H
		(2a)	30,—

- Buchung bei Inanspruchnahme des Skontos (Zahlung **innerhalb** von 10 Tagen). Der Kunde nimmt die ursprünglich verbuchte Kreditleistung nicht in Anspruch, entsprechend ist der zum Zeitpunkt des Warenabsatzes verbuchte Skontoertrag zu stornieren.
  BS: 2b. Bank 970,— DM
  Skontoertrag 30,— DM an Forderungen 1.000,— DM

S	Forderungen		H
(1)	1.000,—	(2b)	1.000,—

S	Warenverkauf		H
		(1)	970,—

S	Skontoertrag		H
(2b)	30,—	(1)	30,—

S	Bank		H
(2b)	970,—		

Vorteil der Nettomethode ist eine klare Trennung zwischen eigentlichem Warenpreis und dem Preis für das Kreditgeschäft. Dementsprechend erscheint unabhängig von den Zahlungsmodalitäten immer der gleiche Warenverkaufs- bzw. Wareneinkaufspreis. Dies erhöht die Vergleichbarkeit, so daß die Nettomethode der zuvor beschriebenen und meist praktizierten Bruttomethode u.E. überlegen ist. Die Differenzierung des Zielrechnungsbetrages in die beiden Komponenten verursacht keinen zusätzlichen Aufwand, da eine analoge Trennung, nur zu einem anderen Zeitpunkt (bei der Bezahlung) auch bei der Bruttomethode vorzunehmen ist.

Nach herrschender Meinung ist jedoch der Skontoaufwand (Lieferantenskonto) der bei Nichtausnutzung der Skonto-Zahlungsfrist entsteht, Bestandteil der aktivierungspflichtigen Anschaffungskosten. Die Nettomethode würde danach ein Verstoß gegen die für Vollkaufleute geltende Aktivierungspflicht des § 255, Abs. 1 HGB bedeuten.

Die Nettomethode ist nach §§ 255, Abs. 1 und 277, Abs. 1 HGB für Vollkaufleute nicht zulässig.

e. Die Verbuchung der Boni

Der **Bonus** (Plural: Boni) ist ein Preisnachlaß, der nachträglich gewährt wird (am Quartals- oder Jahresende), weil der Abnehmer z. B. seit langer Zeit Kunde ist (**Treuebonus**) oder bestimmte Umsätze erreicht hat (**Umsatzbonus**). Die Boni gehören ebenfalls zum absatzpolitischen Instrumentarium einer Unternehmung, das die Kunden zu einem ganz bestimmten gewünschten Verhalten veranlassen soll. Buchhalterisch sind Boni grundsätzlich wie Skonti zu behandeln. Wohl kann sich u. U. eine gesonderte Verbuchung auf spezifischen Konten empfehlen, diese sind jedoch wie die Skontokonten weiterzubehandeln. Da das Erreichen der Bedingungen, die zur Beanspruchung eines Bonus bzw. zur Verpflichtung, einen Bonus zu gewähren, wesentlich unsicherer sind als die entsprechenden Bedingungen im Zusammenhang mit dem Skonto, kann in Analogie zum Skonto lediglich die Bruttoverbuchung empfohlen werden. Handelsunternehmen praktizierten dabei bis 1986 regelmäßig den Abschluß der Bonikonten über das GuV-Konto. Der Großhandelskontenrahmen unterschied daher Boniaufwand und Boniertrag. Für Vollkaufleute sind nach geltendem Recht Boni wie die anderen Preisnachlässe zu behandeln. Die Konten Lieferantenboni bzw. Kundenboni sind daher für diesen Personenkreis zwingend über Wareneinkauf bzw. Warenverkauf abzuschließen.

f. Die Verbuchung der Rabatte

Rabatte sind Preisnachlässe aus verschiedenem Anlaß (z. B. Mengenrabatt, Jubiläumsrabatt, Wiederverkäuferrabatt, Umsatzrabatt), die grundsätzlich offen unmittelbar bei der Rechnungsstellung abgesetzt werden. Es ist daher sofort bei der Rechnungsstellung der um den Rabatt gekürzte Betrag zu verbuchen. Die sofort bekannten Preisnachlässe werden also nicht gesondert verbucht.

Beispiel:

1. Bareinkauf für 500 DM. Es werden 2% Umsatzrabatt gewährt.
   BS: Wareneinkauf an Kasse 490,— DM.

Für den Verkäufer gilt analog:

Beispiel:

2. Barverkauf für 500 DM. Es werden 2% Umsatzrabatt gewährt.
   BS: Kasse an Warenverkauf 490,— DM.

(→ Übungsaufgabe 8)

4. Kapitel

Typische Buchungsfälle im Industriebetrieb

1. Einführung in die Technik des Industriekontenrahmens (IKR) 1986

Die Vielzahl der in einer Unternehmung zu verbuchenden unterschiedlichen Geschäftsvorfälle erfordert je nach den internen und externen Informationsbedürfnissen eine mehr oder weniger detaillierte Verbuchung auf speziellen Konten und Unterkonten (**Prinzip der getrennten Kontenführung**, vgl. auch S. 18). Mit zunehmender Zahl der Konten erhöht sich jedoch gleichzeitig die Gefahr der Unübersichtlichkeit, wenn nicht sichergestellt ist, daß die Konten einheitlich benannt und in einem systematischen Zusammenhang organisiert werden. Nur dann, wenn unter einer bestimmten Kontenbezeichnung auch inhaltlich gleichartige Geschäftsvorfälle verbucht werden, ist ein Vergleich mit früheren Rechnungsperioden (**Zeitvergleich**) oder ein Vergleich zwischen branchengleichen Betrieben (**Betriebsvergleich**) sinnvoll möglich. Daraus ergibt sich die generelle Forderung, die Konten eindeutig und aussagefähig zu bezeichnen, so daß sich eine lange Umschreibung der zu subsumierenden Sachverhalte erübrigt.

Eine organisatorische Zu- und Unterordnung einzelner Konten wurde erstmals 1890 von J. F. Schär unter der Bezeichnung „Kontensystem" vorgeschlagen. Historisch folgend setzte sich dann der Begriff des **Kontenrahmens** durch. Man versteht darunter ein generelles Ordnungsschema, in dem eine systematische Übersicht über die in der Buchhaltung der Unternehmen einzelner Branchen möglicherweise auftretenden Konten geboten wird.

Vom Kontenrahmen ist der sogenannte **Kontenplan** zu unterscheiden, der die individuelle, aber systemkonforme Ausgestaltung der Rahmenbedingungen des Kontenrahmens durch die jeweilige Unternehmung darstellt. Er beinhaltet alle in der einzelnen Unternehmung durch die besondere Geschäftstätigkeit notwendigen Konten und Unterkonten. Konten oder Kontengruppen, die im Kontenrahmen enthalten, aber für die spezifische Unternehmung aufgrund der besonderen Betriebstätigkeit irrelevant sind, finden im Kontenplan keine Berücksichtigung.

Die eigentliche Entwicklung der Bedeutung des Kontenrahmens begann mit einem wissenschaftlichen Beitrag Eugen Schmalenbachs aus dem Jahre 1927, in dem er unter Berücksichtigung des generellen Kontensystems eine spezifische Ausgestaltung durch die Unternehmung im Kontenplan empfahl. Der danach entwickelte **Erlaßkontenrahmen** (Reichskontenrahmen) aus dem Jahre 1937 war der erste Kontenrahmen, dessen Anwendung durch das Reichswirtschaftsministerium zur Pflicht gemacht wurde. In den Folgejahren wurden für die einzelnen Branchen spezifische Norm- bzw. Richtkontenrahmen erstellt, die zu einer weitgehenden Vereinheitlichung innerhalb der jeweiligen Branchen führten und tiefgehende Einblicke in die Unternehmen ermöglichten.

Nach Beendigung des 2. Weltkrieges wurde der Erlaßkontenrahmen in den beiden Wirtschaftsgebieten Deutschlands entsprechend den dort vorherrschenden Wirtschaftsordnungen einerseits durch den sogenannten **Gemeinschaftskontenrahmen (GKR) der Industrie** in der Bundesrepublik und andererseits durch den Einheitskontenrahmen (EKRI) der volkseigenen Industrie in der Deutschen Demokratischen Republik ersetzt.

Der Gemeinschaftskontenrahmen (GKR) aus dem Jahre 1951 stellt lediglich eine Empfehlung der Industrieverbände für Industrieunternehmen dar. Er weist gegenüber dem Reichskontenrahmen nur geringfügige Veränderungen auf, die teilweise sogar nur terminologischer Art sind. Da sich der Gemeinschaftskontenrahmen primär an den Kontierungsbedürfnissen von Industriebetrieben orientierte, wurde für Branchen mit andersartigen Kontenspezifikationen besondere Kontenrahmen entwickelt. Zu nennen wäre hier z. B. der Groß- und Einzelhandelskontenrahmen, die vorwiegend auf die Bedürfnisse von Handelsunternehmen abstellen (z. B. im Großhandelskontenrahmen mit besondere Aufwandskontenklasse für Skonti, Boni u. ä.). Gleichzeitig ging damit eine Betonung der Konten der Kostenrechnung gegenüber denen der Finanzbuchhaltung einher.

Insbesondere seit der Novellierung des Aktiengesetzes im Jahre 1965 entsprachen die Kontenrahmen nicht mehr ideal den vom Gesetzgeber für Aktiengesellschaften normierten Anforderungen für den Jahresabschluß. Die für Aktiengesellschaften zwingend zu beachtende Gliederung der Gewinn- und Verlustrechnung sowie der Bilanz erfordert bei Praktizierung des GKR eine Vielzahl von Umbuchungen und führt zu schwierigen Abgrenzungsproblemen. Nur über Kontenbrücken kann aus dem GKR-Abschluß der aktienrechtliche Jahresabschluß abgeleitet werden. Um diese Mängel zu beheben, wurde die Entwicklung eines auf die Verhältnisse des Aktiengesetzes abgestellten neuen Kontenrahmen gefordert.

Der vom Bundesverband der Deutschen Industrie 1971 veröffentlichte **Industriekontenrahmen (IKR)** sollte insbesondere für alle Industrieunternehmen – gleich welcher Branche, Größe und Rechtsform – eine gemeinsame Basis zur Aufstellung unternehmensspezifischer Kontenplänen darstellen. Er verfolgt damit auch folgende Zwecke:

- Ermöglichung eines zwischenbetrieblichen Vergleichs (Betriebsvergleich),
- Präzisierung und Vereinfachung der Finanzbuchhaltung,
- Vereinheitlichung der Rechnungslegung im internationalen, insbesondere westeuropäischen Bereich (Harmonisierung).

Ein Anwendungszwang bestand auch für den IKR 1971 nicht; er stellte lediglich eine Organisationsempfehlung des Bundesverbandes der Industrie dar, der die zwischenzeitlich eingetretenen Veränderungen der Rechnungslegung im aktien- und steuerrechtlichen Bereich berücksichtigt.

Infolge der Einführung des Bilanzrichtliniengesetzes wurde Anfang 1986 der Industriekontenrahmen 1971 durch den Industriekontenrahmen 1986 (IKR 1986) abgelöst, der den Abschluß- und Gliederungsvorschriften für große Kapitalgesellschaften folgt.

Der **formale Aufbau** eines Kontenrahmens erfolgt grundsätzlich nach dem **dekadischen System**, indem den einzelnen Konten Ziffern zugeordnet werden. Zunächst werden alle Konten in zehn Kontenklassen (Kontenklasse 0 bis Kontenklasse 9) aufgeteilt. Die **Kontenklasse** ist an der ersten Ziffer der Kontennummer zu identifizieren. Jede Kontenklasse wird weiter in je zehn **Kontengruppen** differenziert, so z.B. die Kontenklasse 2 in die Kontengruppe 20 bis 29. Die Kontengruppe ist anhand der ersten beiden Ziffern zu erkennen. Je nach Bedarf können die einzelnen Kontengruppen weiter in je 10 **Kontenarten** (3 Ziffern) und diese in je zehn **Kontenunterarten** (4 Ziffern) differenziert werden.

Problematischer ist die **materielle Frage**, wie den Kontennummern bestimmte Konteninhalte zuzuordnen sind bzw., da die Kontengruppen, Kontenarten und Kontenunterarten lediglich eine Spezifizierung der Kontenklassen darstellen, nach welchem Kriterium die Konten in die zehn Kontenklassen aufzuteilen sind.

Neben weiteren unwesentlichen Lösungsvorschlägen ist eine Zuordnung von Konten zu bestimmten Kontenklassen vor allem nach dem Prozeßgliederungsprinzip oder nach dem Abschlußgliederungsprinzip möglich. Das **Prozeßgliederungsprinzip** orientiert sich grundsätzlich am Ablauf eines industriellen Produktionsprozesses, d.h. der Buchungsablauf orientiert sich an dem betrieblichen Wertekreislauf. Entsprechend den Prozessen (grob): Kapital- und Produktionsmittelbeschaffung → Produktion → Absatz erfolgt eine Zuordnung der dies betreffenden Konteninhalte zu steigenden Kontenklassen (von 0 bis 9). Die Konten der Beschaffung sind also in den „ersten" Kontenklassen, die der Produktion in den „mittleren" Kontenklassen und die des Absatzes in den „letzten" Kontenklassen zu finden. Typisch für das Prozeßgliederungsprinzip ist dabei, daß die Konten der Produktion in den „mittleren" Kontenklassen zu finden sind. Da die Produktion aber regelmäßig nach innerbetrieblichen Informationsgesichtspunkten durch die Kostenrechnung überwacht wird, ist die Kostenrechnung in das System der Finanzbuchhaltung eingelagert, und bildet mit ihr einen geschlossenen Rechnungskreis (**Einkreissystem**). Probleme bei der Verrechnung ergeben sich jedoch daraus, daß die Kostenrechnung regelmäßig mit anderen Wertgrößen, nämlich Kosten und Leistungen, rechnet als die Finanzbuchhaltung, die als extern orientiertes Informationsinstrument Ausgaben und Einnahmen verrechnet. Im Einkreissystem sind daher die Finanzbuchhaltungswerte der „ersten" Kontenklassen in die kostenrechnerischen Werte für die „mittleren" Kontenklassen zu transformieren, die dann wieder für die letzten Kontenklassen der Finanzbuchhaltung zurückzutransformieren sind. Dies führt zu Verrechnungsproblemen und zu einer engen Verpflechtung und Abhängigkeit zwischen Finanzbuchhaltung und Kostenrechnung. Beide Rechnungssysteme sind nicht ohne besondere Transformationen unabhängig voneinander abzuschließen, was sich insbesondere bei der Durchführung einer kurzfristigen Erfolgsrechnung negativ bemerkbar macht. Nach dem Prozeßgliederungsprinzip ist z.B. der Gemeinschaftskontenrahmen der Industrie aufgebaut.

Beim **Abschlußgliederungsprinzip** erfolgt die Zuordnung der Kontenklassen zu den einzelnen Positionen der (aktienrechtlichen) Bilanz bzw. Gewinn- und Verlustrechnung. Das Abschlußgliederungsprinzip orientiert sich also unmittelbar an den Erfordernissen des (aktienrechtlichen) Jahresabschlusses und bezieht die Kostenrechnung nicht in die Finanzbuchhaltung ein. Da die Kostenrechnung aber die Werte der Finanzbuchhaltung als Basis benötigt, ist für den Übergang der Finanzbuchhaltungswerte in kostenrechnerische Werte sowie die Durchführung der Betriebsbuchhaltung selbst eine gesonderte Kontenklasse reserviert. Kostenrechnung und Finanzbuchhaltung sind also deutlich getrennt und unabhängig abschlußfähig. Man spricht daher beim Abschlußgliederungsprinzip auch von einem **Zweikreissystem**.

Kontenklassen									
0	1	2	3	4	5	6	7	8	9
Rechnungskreis I: Finanzbuchhaltung									Rechnungskreis II: Kostenrechnung
Bestandskonten					Erfolgskonten			Abschlußkonten	
Aktivkonten			Passivkonten		Ertragskonten	Aufwandskonten			

Abb. 4: Aufbau des Industriekontenrahmens (IKR) 1986

Nach dem Abschlußgliederungsprinzip ist der Industriekontenrahmen 1986 aufgebaut: Kontenklasse 0 bis 8 ist für die Finanzbuchhaltung reserviert, stellt also den Rechnungskreis I dar, während die Kontenklasse 9 (Rechnungskreis II) für die Kostenrechnung vorgesehen ist. Innerhalb der Kontenklasse 9 erfolgt, da sie ja die Produktion überwacht, eine weitere Differenzierung nach dem Prozeßgliederungsprinzip. Innerhalb des Rechnungskreises I beinhalten die Kontenklassen 0–4 die Bestandskonten, die Kontenklassen 5–7 die Erfolgskonten und die Kontenklasse 8 die Abschlußkonten. Weiter differenziert beinhalten die Kontenklassen 0–2 die aktiven und die Klasse 3–4 die passiven Bestandskonten; Klasse 5 ist für die Ertragskonten und Kontenklasse 6 und 7 für die Aufwandskonten vorgesehen.

Da im Rahmen des IKR eine strenge Trennung von Bestands- und Erfolgskonten vorgenommen wird und damit Mischkontenklassen entfallen, ergeben sich die Bilanz und Gewinn- und Verlustrechnung für große Kapitalgesellschaften unmittelbar aus den Salden der Konten der Kontenklasse 0 bis 7. Aus der Tatsache, daß sich die Gliederungsvorschriften des HGB inzwischen zu Grundsätzen ordnungsmäßiger Buchführung entwickelt haben, folgt zugleich, daß die Kontenklassen 0 bis 7 auch für Nichtkapitalgesellschaften in modifizierter Form Anwendung finden können.

Im folgenden wird der IKR 1986 zugrundegelegt; werden Kontennummern aus anderen Kontenrahmen verwendet, so wird ausdrücklich darauf hingewiesen.

2. Die Verbuchung der Produktion industrieller Erzeugnisse

Die industrielle Produktion ist dadurch gekennzeichnet, daß die Produktionsfaktoren Roh-, Hilfs- und Betriebsstoffe mit anderen Produktionsfaktoren wie z. B. Arbeit, Werkzeuge, dauerhafte Produktionsmittel und Betriebsführung so kombiniert werden, daß gegenüber den eingesetzten Faktoren veränderte neue Erzeugnisse entstehen. Während also beim Handelsbetrieb die Handelswaren die Unternehmung grundsätzlich unverändert wieder verlassen, gehen bei der industriellen Fertigung die Roh-, Hilfs- und Betriebsstoffe in die Produktion ein und werden zu Fertigerzeugnissen transformiert, die dann zur Veräußerung gelangen.

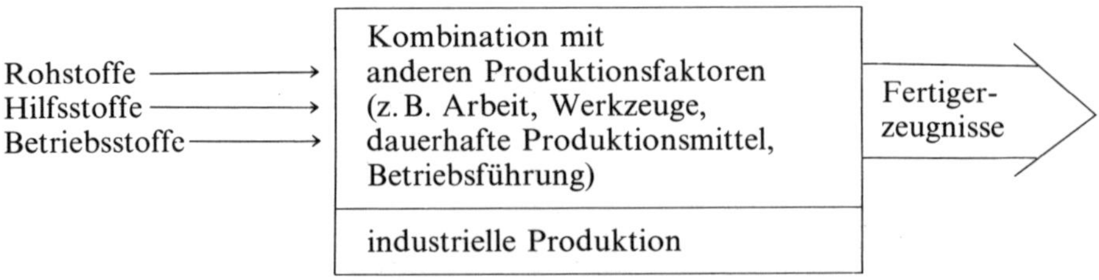

Unter **Rohstoffen** versteht man allgemein alle Stoffe, die zur Be- oder Verarbeitung bestimmt sind und den wirtschaftlichen Hauptbestandteil des Fertigerzeugnisses bilden (z. B. Holz in der Möbelfabrik). **Hilfsstoffe** haben die gleiche Funktion wie Rohstoffe, bilden aber nur wirtschaftliche Nebenbestandteile der Fertigerzeugnisse (z. B. Beschläge, Leim u. ä. in der Möbelfabrik). **Betriebsstoffe** dienen dagegen dem Ablauf und der Aufrechterhaltung des Fertigungsprozesses, ohne selbst in die Fertigerzeugnisse einzugehen (Öl, Strom, Schmiermittel u. ä.).

Der **Bezug** der Roh-, Hilfs- und Betriebsstoffe ist grundsätzlich analog dem Einkauf von Waren im Handelsbetrieb auf aktiven Bestandskonten zu verbuchen. Dabei werden für Roh-, Hilfs- und Betriebsstoffe grundsätzlich differenzierte Bestandskonten geführt, die nach Bedarf weiter detailliert werden können.

Die Verbuchung des **Verbrauchs** an Roh-, Hilfs- und Betriebsstoffen kann grundsätzlich nach einer Methode mit oder ohne Inventur erfolgen. Bei der Methode mit Inventur werden die Zugänge an diesen Roh-, Hilfs- und Betriebsstoffen chronologisch auf den differenzierten Konten verbucht. Am Periodenende kann der jeweilige Endbestand per Inventur ermittelt und dann der Verbrauch durch Saldierung errechnet werden. Dieser Verbrauch, d. h. die Roh-, Hilfs- und Betriebsstoffe, die in die Produktion eingehen, stellt einen bewerteten mengenmäßigen Güterverbrauch der Periode, also Aufwand dar und ist über differenzierte Aufwandskonten der Klasse 6 zu verbuchen. So wird regelmäßig ein Konto „600 Aufwand Rohstoffe", „602 Aufwand Hilfsstoffe" und „603 Aufwand Betriebsstoffe" geführt. Für den Einsatz von Vor- und Zwischenprodukten in die Produktion steht das Konto „601 Aufwand Vorprodukte" zur Verfügung.

Bei der Methode ohne Inventur werden die Bestandskonten sofort um den Wert der in die Produktion eingebrachten Roh-, Hilfs- und Betriebsstoffe korrigiert. Die Gegenbuchung erfolgt selbstverständlich wieder über die jeweiligen Aufwandskonten (600/602/603), während der jeweilige Endbestand auf den Bestandskonten Roh-, Hilfs- und Betriebsstoffe durch Saldieren ermittelt werden kann. Diese Vorgehensweise ist insbesondere bei größeren Unternehmen, die ein entsprechend ausgebautes Lagerbuchhaltungswesen haben, zu finden.

Die verrechnungstechnische Kontrolle und Überwachung der Produktion selbst wird nicht von der Finanzbuchhaltung, sondern von der Kostenrechnung wahrgenommen; die Finanzbuchhaltung verbucht lediglich das Ergebnis des Produktionsprozesses: die Veränderungen der Bestände an unfertigen und fertigen Erzeugnissen. Sie werden auf gesonderten Bestandskonten im Rahmen der Finanzbuchhaltung verbucht. Es schließt sich daran die Verbuchung des Verkaufs der fertigen und/oder unfertigen Erzeugnisse an, die auf dem Ertragskonto „500 Umsatzerlöse" zu den jeweiligen Veräußerungswerten erfolgt, so daß dieses Konto dem Warenverkaufskonto im Großhandel entspricht. Zusammenfassend können also folgende Analogien zwischen der Verbuchung im Großhandel und der Industrie festgehalten werden:

Tab. 1: Analogien der Verbuchung im Großhandels- und Industriebetrieb

Kontoart	Großhandel	Industrie
Bestandskonto	Wareneinkauf	200 Rohstoffe 201 Vorprodukte/ Fremdfabrikate 202 Hilfsstoffe 203 Betriebsstoffe
Aufwandskonto	Wareneinsatz-sammel-Konto	600 Aufwand Rohstoffe 601 Aufwand Vorprodukte/ Fremdfabrikate 602 Aufwand Hilfsstoffe 603 Aufwand Betriebsstoffe
Ertragskonto	Warenverkauf	500 Umsatzerlöse

Alle im Zusammenhang mit dem Warenein- und Warenverkauf behandelten Unterkonten finden im Industriebetrieb analoge Anwendung (vgl. Kontenplan im Anhang).

Beispiel:
Verbuchung industrieller Erzeugnisse (ohne Veränderung der Bestände an unfertigen und fertigen Erzeugnissen)

A	Eröffnungsbilanz		P
Rohstoffe	15.000,—	Eigenkapital	47.300,—
Hilfsstoffe	7.000,—	Verbindlichkeiten	25.500,—
Betriebsstoffe	1.800,—		
Forderungen	17.000,—		
Bank	22.000,—		
Kasse	10.000,—		
	72.800,—		72.800,—

Außerdem sind folgende Konten zu eröffnen:

500 Umsatzerlöse, 600 Aufwand Rohstoffe, 602 Aufwand Hilfsstoffe, 603 Aufwand Betriebsstoffe, 616 Reparatur und Instandhaltung, 620 Löhne und Gehälter, 680 Büromaterial, 800 Eröffnungsbilanzkonto, 801 Schlußbilanzkonto, 802 Gewinn- und Verlustkonto.

Die Verbuchung des Einsatzes an Roh- und Hilfsstoffen erfolgt nach der Methode ohne Inventur, die des Verbrauchs an Betriebsstoffen nach der Methode mit Inventur.

Geschäftsvorfälle:

1. Rohstoffe im Wert von 4.200 DM verlassen das Lager und werden in die Produktion eingebracht.
   BS: (600) Aufwand Rohstoffe an (200) Rohstoffe 4.200,— DM

2. Lohnzahlung in bar 8.300 DM.
   BS: (620) Löhne und Gehälter an (288) Kasse 8.300,— DM
3. Zieleinkauf von Hilfsstoffen für 3.100,— DM.
   BS: (202) Hilfsstoffe an (440) Verbindlichkeit 3.100,— DM
4. Die Reparatur einer Maschine wird bar bezahlt 790 DM.
   BS: (616) Reparatur und Instandhaltung an (288) Kasse 790,— DM
5. Verbrauch von Hilfsstoffen 2.000 DM
   BS: (602) Aufwand Hilfsstoffe an (202) Hilfsstoffe 2.000,— DM
6. Zielverkauf von Fertigerzeugnissen für 2.100 DM.
   BS: (240) Forderungen an (500) Umsatzerlöse 2.100,— DM
7. Kauf von Büromaterial gegen Barzahlung 315 DM.
   BS: (680) Büromaterial an (288) Kasse 315,— DM
8. Kunden begleichen Rechnungen durch Banküberweisung 9.800 DM.
   BS: (280) Bank an (240) Forderungen 9.800,— DM
9. Verkauf der gesamten produzierten Fertigerzeugnisse für 22.200 DM auf Ziel
   BS: (240) Forderungen an (500) Umsatzerlöse 22.200,— DM
10. Endbestand per Inventur an Betriebsstoffen 600 DM.
    BS: (801) Schlußbilanzkonto an (203) Betriebsstoffe 600,— DM
    Verbuchung des Verbrauchs an Betriebsstoffen 1.200 DM.
    BS: (603) Aufwand Betriebsstoffe an (203) Betriebsstoffe 1.200,— DM

Vorbereitende Abschlußbuchungen:

(a)	(500)	an	(802)	24.300,— DM
(b)	(802)	an	(600)	4.200,— DM
(c)	(802)	an	(602)	2.000,— DM
(d)	(802)	an	(603)	1.200,— DM
(e)	(802)	an	(616)	790,— DM
(f)	(802)	an	(620)	8.300,— DM
(g)	(802)	an	(680)	315,— DM
(h)	(802)	an	(300)	7.495,— DM
(i)	(801)	an	(288)	595,— DM
(j)	(801)	an	(280)	31.800,— DM
(k)	(801)	an	(200)	10.800,— DM
(l)	(801)	an	(202)	8.100,— DM
(m)	(801)	an	(240)	31.500,— DM
(n)	(30)	an	(801)	54.795,— DM
(o)	(43)	an	(801)	28.600,— DM

S	800 Eröffnungsbilanzkonto		H
alle Passiva	72.800,—	alle Aktiva	72.800,—

S 288 Kasse H

S		H	
AB	10.000,—	(2)	8.300,—
		(4)	790,—
		(7)	315,—
		SBK	595,—
	10.000,—		10.000,—

S 280 Bank H

S		H	
AB	22.000,—	SBK	31.800,—
(8)	9.800,—		
	31.800,—		31.800,—

S 200 Rohstoffe H

S		H	
AB	15.000,—	(1)	4.200,—
		SBK	10.800,—
	15.000,—		15.000,—

S 202 Hilfsstoffe H

S		H	
AB	7.000,—	(5)	2.000,—
(3)	3.100,—	SBK	8.100,—
	10.100,—		10.100,—

S 500 Umsatzerlöse H

S		H	
(802)	24.300,—	(6)	2.100,—
		(9)	22.200,—
	24.300,—		24.300,—

S 600 Aufwand Rohstoffe H

S		H	
(1)	4.200,—	(802)	4.200,—

S 602 Aufwand Hilfsstoffe H

S		H	
(5)	2.000,—	(802)	2.000,—

S 603 Aufwand Betriebsstoffe H

S		H	
(203)	1.200,—	(802)	1.200,—

S 616 Reparatur H

S		H	
(4)	790,—	(802)	790,—

S 620 Löhne und Gehälter H

S		H	
(2)	8.300,—	(802)	8.300,—

S 203 Betriebsstoffe H

S		H	
AB	1.800,—	SBK	600,—
		(10)	1.200,—
	1.800,—		1.800,—

S 240 Forderungen H

S		H	
AB	17.000,—	(8)	9.800,—
(6)	2.100,—	SBK	31.500,—
(9)	22.200,—		
	41.300,—		41.300,—

S 300 Eigenkapital H

S		H	
SBK	54.795,—	AB	47.300,—
		(802)	7.495,—
	54.795,—		54.795,—

S 440 Verbindlichkeiten H

S		H	
SBK	28.600,—	AB	25.500,—
		(3)	3.100,—
	28.600		28.600,—

S	680 Büromaterial		H
(7)	315,—	(802)	315,—

S	802 GuV		H
(600)	4.200,—	(500)	24.300,—
(602)	2.000,—		
(603)	1.200,—		
(616)	790,—		
(620)	8.300,—		
(680)	315,—		
(300)	7.495,—		
	24.300,—		24.300,—

S	801 SBK		H
Betriebsstoffe	600,—	EK	54.795,—
Kasse	595,—	Verbindlichkeiten	28.600,—
Bank	31.800,—		
Rohstoffe	10.800,—		
Hilfsstoffe	8.100,—		
Forderungen	31.500,—		
	83.395,—		83.395,—

In dem behandelten Beispiel verfügt die Unternehmung zu Beginn der Periode über keine Bestände an Halb- und/oder Fertigerzeugnissen. Ein entsprechendes Bestandskonto erscheint in der Eröffnungsbilanz daher nicht. Während der Periode gehen Roh-, Hilfs- und Betriebsstoffe in die Produktion ein und werden unter Inanspruchnahme von menschlicher Arbeit zu Fertigprodukten transformiert. Dieser Prozeß wird durch die Finanzbuchhaltung im einzelnen nicht überwacht und spiegelt sich daher in den Konten nicht wider. Eine Registrierung durch die Finanzbuchhaltung erfolgt im Beispiel erst wieder, wenn die Fertigerzeugnisse veräußert werden. Der Verkaufswert erscheint als Ertrag im Konto „500 Umsatzerlöse" mit der Gegenbuchung Forderungen o.ä. Dabei wurde in dem Beispiel vereinfachend unterstellt, daß alle in der Periode produzierten Fertigerzeugnisse auch veräußert werden. Dies wird daran deutlich, daß auch am Periodenende kein Bestandskonto für Fertigerzeugnisse geführt wird. Beim Abschluß der Aufwands- und Ertragskonten über das Gewinn- und Verlustkonto führt dies zu der Konsequenz, daß den gesamten Aufwendungen der Periode automatisch alle Erträge, die mit diesen Aufwendungen in ursächlichem Zusammenhang stehen **(Verursachungsprinzip)**, gegenübergestellt sind, nämlich die Erträge der mit den Aufwendungen produzierten und insgesamt verkauften Fertigerzeugnissen: die Umsatzerlöse. Das Ergebnis der Saldierung dieser Größen bezeichnet man allgemein als **periodengerechten Erfolg**, da dieser Erfolg sich als Differenz der Periodenaufwendungen (durch Abschluß der Kontenklassen 6 und 7) und der mit diesen Aufwendungen erwirtschafteten Erträge ermittelt. Allgemein spricht man auch vom Prinzip periodengerechter Erfolgsermittlung.

Unter der Prämisse, daß keine Anfangs- und Endbestände an Halb- und/oder Fertigerzeugnissen vorliegen, führt der Abschluß der Aufwands- und Ertragskonten automatisch zur Ermittlung eines periodengerechten Erfolges.[1]) Allgemein kann dann der Inhalt des Gewinn- und Verlustkontos folgendermaßen skizziert werden.[2])

S Gewinn- und Verlustkonto H

S	H
Aufwendungen für Produktion der Fertigerzeugnisse (ergeben sich durch Abschluß der Aufwandskonten)	Erlöse der insgesamt verkauften ≙ produzierten Erzeugnisse (durch Abschluß des Kontos Umsatzerlöse)
periodengerechter Bruttoerfolg	

Die oben genannten Prämissen treffen für reine Dienstleistungsunternehmen automatisch zu; für industrielle Produktionsunternehmen sind sie realitätsfremd. Die Praxis der Fertigungsunternehmen ist regelmäßig dadurch gekennzeichnet, daß Periodenproduktion und Periodenabsatz sich nicht decken. Dies führt zur Erhöhung der Bestände an Halb- und/oder Fertigerzeugnissen (Produktion auf Lager) bzw. zur Verminderung dieser Bestände, wenn in einer Periode mehr veräußert als produziert wird (Verkauf von Lagerbeständen). Diese Veränderungen müssen sich dann in den Bestandskonten Halb- und/oder Fertigerzeugnissen widerspiegeln. Sie sind Gegenstand des nächsten Abschnitts.

(→ Übungsaufgabe 9)

3. Die Berücksichtigung von Bestandsveränderungen an unfertigen und fertigen Erzeugnissen

a. Bestandserhöhungen an Fertigfabrikaten

Bei einem Anfangsbestand von Null werden während einer Periode mehr Fertigerzeugnisse produziert als zur Veräußerung gelangen. Durch Abschluß der Aufwandskonten erscheinen dann im Soll des Gewinn- und Verlustkontos die Aufwendungen sämtlicher produzierter Fertigerzeugnisse. Durch Abschluß des Kontos „Umsatzerlöse" stehen diesen Aufwendungen im Haben des Gewinn- und Verlustkontos aber nur die Erträge der verkauften Erzeugnisse gegenüber. Um dem Prinzip periodengerechter Erfolgsermittlung Rechnung zu tragen, sind die Aufwendungen für die produzierten und nicht veräußerten (auf Lager befindlichen) Erzeugnisse im Haben des Gewinn- und Verlustkontos zu stornieren. Dies hat zum Ergebnis, daß den Erträgen der verkauften Erzeugnisse auch nur die durch sie verursachten Aufwendungen gegenüberstehen. Saldierungsergebnis ist der periodengerechte Erfolg. Andererseits ist zu bedenken, daß durch die Produktion auf Lager nun Bestände an Fertigerzeugnissen vorhanden sind, die bewertet auf einem aktiven Bestandskonto „220 Fertigerzeugnisse" auszuweisen sind. Die Bewertung hat nach herr-

---

[1]) Andere Abgrenzungsprobleme bleiben hier zunächst unberücksichtigt.

[2]) Analoges gilt, wenn sich die Bestände an Halb- und Fertigfabrikaten während einer Periode nicht verändern.

schender Auffassung mit den durch die Produktion der auf Lager befindlichen Fertigerzeugnisse verursachten Aufwendungen zu erfolgen. Allgemein spricht man von **Herstellungskosten** (vgl. S. 21 f), treffender wäre **Herstellungsaufwand**. Diese Größe ist aber generell identisch mit dem in der Gewinn- und Verlustrechnung zu stornierenden Betrag, so daß die Gegenbuchung auf dem Fertigerzeugniskonto als Bestandserhöhung erfolgt.

In der Praxis geht man so vor, daß man zunächst die mengenmäßige Bestandserhöhung der Fertigerzeugnisse z. B. durch Inventur ermittelt. Sodann wird dieser Bestand mit Herstellungsaufwendungen bewertet und als Bestandserhöhung an Fertigerzeugnissen einerseits (Sollbuchung) und als Storno im Gewinn- und Verlustkonto andererseits (Habenbuchung) verbucht. Im Gewinn- und Verlustkonto stehen den Erträgen der verkauften Erzeugnisse dann die mit ihnen ursächlich verbundenen Aufwendungen gegenüber.

Beispiel a):
Es sei ein einstufiger Produktionsprozeß der Lohnveredelung unterstellt. Es liegen keine Bestände von Fertigfabrikaten in t_0 vor.

A	Eröffnungsbilanz t_0		P
Rohstoffe	8.000,—	Eigenkapital	10.000,—
Bank	2.000,—		
	10.000,—		10.000,—

1. Rohstoffe im Wert von 1.000 DM gehen in die Produktion ein. (Zum besseren Verständnis sei unterstellt, es handele sich um 100 Stück, die durch Lohnarbeit veredelt werden)
   BS: (600) Aufwand Rohstoffe an (200) Rohstoffe 1.000,— DM
2. Löhne und Gehälter werden per Bank überwiesen 500 DM
   BS: (620) Löhne u. Gehälter an (280) Bank 500,— DM
3. Fertigerzeugnisse (50 Stück) werden für 1.000 DM per Bank verkauft.
   BS: (280) Bank an (500) Umsatzerlöse 1.000,— DM

Vorbereitende Abschlußbuchungen

a) (500) Umsatzerlöse an (802) GuV-Konto 1.000,— DM
b) (802) GuV-Konto an (600) Aufwand Rohstoffe 1.000,— DM
c) (802) GuV-Konto an (620) Löhne u. Gehälter 500,— DM

Zu diesem Zeitpunkt stehen sich im GuV-Konto gegenüber: im Soll die Produktionskosten für 100 Stück Fertigfabrikate, im Haben die Erlöse von 50 Stück Fertigerzeugnisse. Zur periodengerechten Erfolgsermittlung sind den Verkaufserlösen der 50 Fertigerzeugnisse auch nur die Aufwendungen der Produktion dieser 50 Stück gegenüberzustellen, also 750 DM. Andererseits ist zu berücksichtigen, daß noch 50 Stück Fertigfabrikate auf Lager liegen, festgestellt durch Inventur. Diese 50 auf Lager befindlichen Fertigerzeugnisse haben Aufwendungen von 750 DM verursacht (die Hälfte der gesamten Produktionskosten), besitzen also einen Herstellungswert von 750 DM. In Höhe dieses Wertes ist auf dem aktiven Bestandskonto „220 Fertigerzeugnisse" ein Zugang zu buchen; die Gegenbuchung erfolgt im Haben des Gewinn- und Verlustkontos (Aufwandsstornierung).

d) (220) Fertigerzeugnisse an (802) Gewinn- und Verlustkonto 750,— DM

Nach dieser Umbuchung ermittelt sich auf dem Konto Gewinn- und Verlust der periodengerechte Erfolg von 250 DM. Per Saldo stehen den Erlösen der 50 Stück Fertigerzeugnisse von 1.000 DM der Fertigungskosten dieser 50 Stück Erzeugnisse von 750 DM gegenüber.

e)	(802) GuV-Konto	an	(300) Eigenkapital	250,— DM
f)	(801) Schlußbilanzkonto	an	(200) Rohstoffe	7.000,— DM
g)	(801) Schlußbilanzkonto	an	(280) Bank	2.500,— DM
h)	(801) Schlußbilanzkonto	an	(220) Fertigerzeugnisse	750,— DM
i)	(300) Eigenkapital	an	(801) Schlußbilanzkonto	10.250,— DM

S 200 Rohstoffe H

S		H	
AB	8.000,—	(1)	1.000,—
		(801)	7.000,—
	8.000,—		8.000,—

S 280 Bank H

S		H	
AB	2.000,—	(2)	500,—
(3)	1.000,—	(801)	2.500,—
	3.000,—		3.000,—

S 220 Fertigerzeugnisse H

S		H	
(802)	750,—	(801)	750,—

S 600 Aufwand Rohstoffe H

S		H	
(1)	1.000,—	(802)	1.000,—

S 620 Löhne u. Gehälter H

S		H	
(2)	500,—	(802)	500,—

S 500 Umsatzerlöse H

S		H	
(802)	1.000,—	(3)	1.000,—

S 802 GuV H

S		H	
(600)	1.000,—	(500)	1.000,—
(620)	500,—	(220)	750,—
(300)	250,—		
	1.750,—		1.750,—

S 801 SBK H

S		H	
Rohstoffe	7.000,—	Eigenkapital	10.250,—
Bank	2.500,—		
Fertigerzeugnisse	750,—		
	10.250,—		10.250,—

S 30 Eigenkapital H

S		H	
(801)	10.250,—	AB	10.000,—
		(802)	250,—
	10.250,—		10.250,—

Allgemein kann der Inhalt des Gewinn- und Verlustkontos für den Fall der Bestandserhöhung an Fertigerzeugnissen folgendermaßen skizziert werden:

S Gewinn- und Verlustkonto H

Aufwendungen der produzierten Erzeugnisse	auf Lager produziert	Stornierung der Aufwendungen der in der Periode produzierten, aber nicht verkauften Erzeugnisse. Gegenbuchung: Mehrung Fertigerzeugnisse
	für Verkauf produziert	Erlöse der verkauften Erzeugnisse
Gewinn aus Verkauf		

Die auf Lager produzierten Erzeugnisse werden in der Gewinn- und Verlustrechnung also so behandelt, als würden sie zu Herstellungskosten an die Unternehmung selbst verkauft. Daraus folgt, daß – wenn während einer Periode zwar Fertigerzeugnisse produziert, aber nicht verkauft werden – ceteris paribus sich ein periodengerechter Gewinn von Null ermittelt. Bilanztechnisch handelt es sich grundsätzlich um einen Aktivtausch; Rohstoffe und finanzielle Mittel (Löhne und Gehälter) vermindern sich, während in gleichem Wert der Bestand an Fertigerzeugnissen zunimmt.

b. Bestandsminderungen an Fertigfabrikaten

Im Fall der Bestandsminderungen an Fertigfabrikaten werden während einer Periode mehr Erzeugnisse verkauft als produziert; das ist natürlich nur möglich, wenn zu Beginn der Periode entsprechende Fertigerzeugnisse auf Lager sind.

Durch Abschluß der Aufwandskonten erscheinen im Gewinn- und Verlustkonto die mit der Produktion der Fertigerzeugnisse der betrachteten Periode ursächlich verbundenen Aufwendungen. Durch Abschluß des Kontos „500 Umsatzerlöse" erscheinen auf der Ertragsseite aber die Erträge der insgesamt verkauften Fertigerzeugnisse, also der Periodenproduktion als auch der vom Lager verkauften Erzeugnisse. Zur periodengerechten Erfolgsermittlung sind den Aufwendungen der Periodenproduktion also noch die Aufwendungen der vom Lager verkauften Erzeugnisse hinzuzufügen. Diese Größe ermittelt sich durch Umbuchung der Fertigerzeugnisbestände bzw. des Bestandskontos „220 Fertigerzeugnisse". Der Endbestand an Fertigerzeugnissen (festgestellt per Inventur) muß sich gegenüber dem Anfangsbestand vermindert haben; da die Fertigfabrikate in dem aktiven Bestandskonto zu ihren Aufwandswerten (Herstellungskosten) geführt werden, beinhaltet die wertmäßige Bestandsminderung genau die Aufwendungen der vom Lager verkauften Erzeugnisse, die im Soll des Gewinn- und Verlustkontos gegenzubuchen ist. Den Erlösen der insgesamt verkauften Erzeugnisse stehen dann die durch sie insgesamt verursachten Aufwendungen gegenüber.

Beispiel b):
Fortführung des Beispiels a) aus Abschnitt a.

A	Eröffnungsbilanz t_0		P
Rohstoffe	7.000,—	Eigenkapital	10.250,—
Bank	2.500,—		
Fertigerzeugnisse	750,—		
	10.250,—		10.250,—

1. Rohstoffe im Wert von 500 DM gehen in die Produktion ein. (Zum besseren Verständnis sei unterstellt, es handele sich um 50 Stück, die durch Lohnarbeit veredelt werden)
   BS: (600) Aufwand Rohstoffe an (200) Rohstoffe 500,— DM
2. Löhne und Gehälter werden per Bank überwiesen 250 DM.
   BS: (620) Löhne u. Gehälter an (280) Bank 250,— DM
3. Fertigerzeugnisse (100 Stück) werden für 2.000 DM per Bank verkauft.
   BS: (280) Bank an (500) Umsatzerlöse 2.000,— DM

Vorbereitende Abschlußbuchungen

a) BS: (500) Umsatzerlöse an (802) GuV-Konto 2.000,— DM
b) BS: (802) GuV-Konto an (600) Aufwand Rohstoffe 500,— DM
c) BS: (802) GuV-Konto an (620) Löhne u. Gehälter 250,— DM

Zu diesem Zeitpunkt stehen sich im Gewinn- und Verlustkonto gegenüber: im Soll die Produktionskosten von 50 Stück Fertigfabrikate, im Haben die Erlöse aus dem Verkauf von 100 Stück Fertigerzeugnisse. Zur periodengerechten Erfolgsermittlung sind den Verkaufserlösen der 100 Stück aber auch die Aufwendungen der Produktion dieser 100 Stück, hier 1.500 DM, gegenüberzustellen. Andererseits ist zu berücksichtigen, daß der per Inventur festgestellte Bestand an Fertigfabrikaten Null ist; in der Periode ist also eine Bestandsminderung von 750 DM eingetreten. Die Gegenbuchung ist im Soll des Gewinn- und Verlustkontos vorzunehmen und repräsentiert die Produktionsaufwendungen der vom Lager verkauften Erzeugnisse.

d) BS: (802) GuV-Konto an (220) Fertigerzeugnisse 750,— DM

Nach dieser Umbuchung ermittelt sich auf dem Gewinn- und Verlustkonto der periodengerechte Erfolg von 500 DM. Den Erlösen aus dem Verkauf der 100 Stück Fertigerzeugnisse von 2.000 DM stehen die Fertigungskosten dieser 100 Stück Fertigerzeugnisse im Wert von 1.500 DM gegenüber.

e) BS: (802) GuV-Konto an (300) Eigenkapital 500,— DM
f) BS: (801) Schlußbilanzkonto an (200) Rohstoffe 6.500,— DM
g) BS: (801) Schlußbilanzkonto an (280) Bank 4.250,— DM
h) BS: (300) Eigenkapital an (801) Schlußbilanzkonto 10.750,— DM

S	200 Rohstoffe		H
AB	7.000,—	(1)	500,—
		(801)	6.500,—
	7.000,—		7.000,—

S	280 Bank		H
AB	2.500,—	(2)	250,—
(3)	2.000,—	(801)	4.250,—
	4.500,—		4.500,—

S 220 Fertigerzeugnisse H

AB	750,—	(802)	750,—

S 600 Aufwand Rohstoffe H

(1)	500,—	(802)	500,—

S 620 Löhne u. Gehälter H

(2)	250,—	(802)	250,—

S 500 Umsatzerlöse H

(802)	2.000,—	(3)	2.000,—

S 300 Eigenkapital H

(801)	10.750,—	AB	10.250,—
		(802)	500,—
	10.750,—		10.750,—

S 802 Gewinn- u. Verlustkonto H

(600)	500,—	(500)	2.000,—
(620)	250,—		
(220)	750,—		
(300)	500,—		
	2.000,—		2.000,—

S 801 SBK H

Rohstoffe	6.500,—	Eigenkapital	10.750,—
Bank	4.250,—		
	10.750,—		10.750,—

Allgemein kann der Inhalt des Gewinn- und Verlustkontos für den Fall der Bestandsverminderung an Fertigerzeugnissen folgendermaßen skizziert werden.

S Gewinn- und Verlustkonto H

S	H
Aufwendungen der in dieser Periode produzierten Erzeugnisse	Umsatzerlöse der verkauften Fertigerzeugnisse
Aufwendungen der vom Lager verkauften Erzeugnisse (Bestandsminderung bei Fertigerzeugnissen)	
Gewinn aus Verkauf	

c. Bestandsveränderungen an Halb- und Fertigfabrikaten

In den vorangegangenen Beispielen der Abschnitte a. und b. wurden lediglich einstufige Fertigungsprozesse unterstellt; entsprechend ergaben sich auch nur Bestandsveränderungen auf einem Fertigerzeugnislager bzw. auf Konto „220 Fertigerzeugnisse“. In der Praxis der industriellen Fertigung dürften jedoch mehrstufige Produktionsprozesse häufig anzutreffen sein. Ihre verrechnungstechnische Problematik soll im folgenden exemplarisch an einem **zweistufigen Produktionsprozeß** aufgezeigt werden (vgl. Abb. 5 auf S. 112).

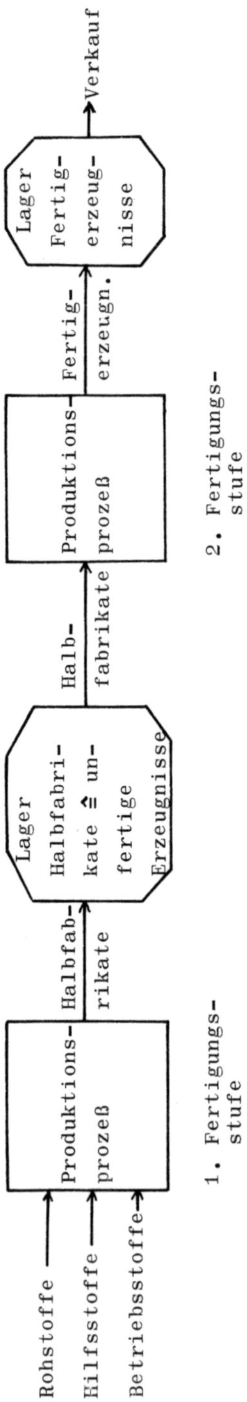

Abb. 5: Zweistufiger Fertigungsprozeß mit Zwischenlagern

Das Halbfabrikatelager hat hier die Funktion, die beiden Fertigungsstufen (innerhalb bestimmter Grenzen) voneinander unabhängig zu machen, während das Fertigerzeugnislager für eine relative Unabhängigkeit vom Absatz sorgt. Je nach den Störungen in den beiden Produktionsprozessen bzw. nach der Synchronisation von Produktion und Absatz können sich auf den beiden Lagern unterschiedliche Veränderungen ergeben. Für das jeweilige Lager wird ein Bestandskonto geführt: „210 unfertige Erzeugnisse", „220 fertige Erzeugnisse". Die Veränderungen der Lagerbestände auf diesen Konten werden während der Periode (bei Anwendung einer Methode mit Inventur) nicht berücksichtigt. Lediglich am Periodenende wird der Endbestand an unfertigen und fertigen Erzeugnissen per Inventur ermittelt. Durch Saldieren mit den jeweiligen Anfangsbeständen lassen sich Bestandsminderungen und/oder Bestandsmehrungen auf den Halb- und Fertigfabrikatskonten feststellen. Diese Bestandsveränderungen an Halb- und Fertigfabrikaten dürfen gegeneinander aufgerechnet werden, da es für die wertmäßige Verrechnung in der Gewinn- und Verlustrechnung unerheblich ist,[1]) ob eine Bestandserhöhung bei den Halb- oder bei den Fertigfabrikaten erfolgte. Es muß nur die korrekte wertmäßige Stornogrösse ermittelt werden. Zu diesem Aufrechnungszweck werden die Veränderungen der Bestände aus Halb- und Fertigfabrikaten zunächst über das Konto „52 Bestandsveränderungen" gebucht. Die sich dann endgültig per Saldo ergebende Bestandsveränderung wird an das Gewinn- und Verlustkonto weiter verbucht.

Die Verrechnung der Bestandsveränderungen kann allgemein wie folgt skizziert werden (vgl. die Skizze auf S. 114).

Das Konto „52 Bestandsveränderungen" ist laut Kontonummer ein Ertragskonto. Diese inhaltliche Bedeutung nimmt es im obigen Beispiel auch wahr; es gibt seinen Saldo auf die Ertragsseite des Gewinn- und Verlustkontos ab.

Bei anderen Konstellationen der Bestandsveränderungen an Halb- und Fertigfabrikaten kann es inhaltlich jedoch (trotz Kontennummer 52) auch zum Aufwandskonto werden.

Der Abschluß erfolgt aber in jedem Fall über Konto „802 Gewinn- und Verlust".

In allen vorgenannten Beispielen wurden die Konten „210 unfertige Erzeugnisse" und „220 Fertigerzeugnisse" nach einer Methode mit Inventur geführt. Während der Periode wurden die Konten nicht gebucht. Am Periodenende wurden die Endbestände per Inventur ermittelt. Durch Saldierung ergeben sich dann die Bestandsveränderungen an Halb- und Fertigfabrikaten, die über Konto „52 Bestandsveränderungen" zunächst miteinander verrechnet wurden, bevor sie in das Gewinn- und Verlustkonto eingehen.

[1]) Wohl ist es physisch für die Aufrechterhaltung der Produktion von Bedeutung, ob die Bestandsveränderung bei den Halb- oder bei den Fertigerzeugnissen eingetreten ist.

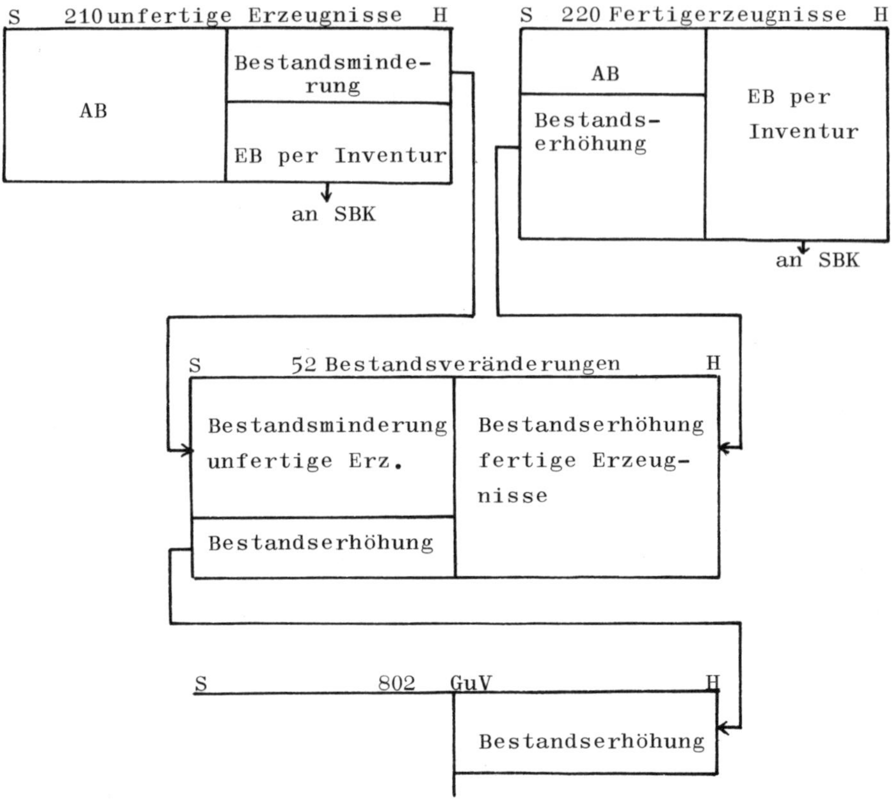

Annahmen:

1. Unfertige Erzeugnisse: AB > EB
2. Fertigerzeugnisse: AB < EB
3. Bestandserhöhung Fertigerzeugnisse > Bestandsminderung unfertiger Erzeugnisse

Selbstverständlich ist auch bei den Halb- und Fertigerzeugnissen eine **Methode ohne Inventur** anwendbar. Voraussetzung ist jedoch,– was bei größeren Unternehmen in der Praxis regelmäßig anzutreffen ist – daß Zu- und Abgänge auf dem Lager der unfertigen und fertigen Erzeugnisse permanent dokumentiert werden und eine Wertgebung möglich ist.

Verlassen z. B. unfertige Erzeugnisse im Herstellungswert von 100 DM die Produktion und werden dem Lager zugeführt, ist auf Konto „210 unfertige Erzeugnisse" ein entsprechender Zugang zu buchen, die Gegenbuchung erfolgt im Haben des Kontos „52 Bestandsveränderungen". Verlassen die unfertigen Erzeugnisse das Halbfabrikatslager wieder und gehen in die zweite Fertigungsstufe ein, ist zu stornieren mit der Buchung „52 Bestandsveränderungen" an „210 unfertige Erzeugnisse". Beim Verlassen der Fertigerzeugnisse aus der Fertigungsstufe zwei ist dann auf dem aktiven Bestandskonto „220 Fertigerzeugnisse" ein Zugang zum Herstellungswert der Fertigerzeugnisse mit der Gegenbuchung im Haben des Kontos „52 Bestandsveränderungen“ zu buchen. Durch diese permanente Fortschreibung auf den Lägern können die beiden Bestandskonten „210 unfertige Erzeugnisse“ und „220 Fertigerzeugnisse“ ohne Inventur abgeschlossen werden; der Endbestand ergibt sich per Saldo. Problematischer ist die Erfassung der in der Fertigung selbst in Bearbeitung befindlichen Erzeugnisse, da sie durch die Fortschreibung nicht unmittelbar erfaßt sind. Ihre wertmäßige Feststellung kann differenziert nach dem Fertigungsstand durch Inventur im Produktionsbereich festgestellt werden. Die Verbuchung erfolgt am Periodenende auf einem Bestandskonto „in der Fertigung befindliche Erzeugnisse“, die Veränderung gegenüber dem Anfangsbestand ist auf Konto „52 Bestandsveränderungen“ als Bestandserhöhung oder -verminderung zu verzeichnen.

Nicht zu verwechseln ist die Produktion und der Wiedereinsatz von unfertigen Erzeugnissen mit dem Zukauf fremderzeugter Vorprodukte oder Bauteile. Dieser Teil der industriellen Tätigkeit ist dem Einkauf zuzurechnen und analog den Rohstoffen zu behandeln. Seine buchhalterische Behandlung wird daher bestandsmäßig über das gesonderte Konto „201 Vorprodukte“ abgewickelt, sein Einsatz in die Produktion als Aufwand im Konto „601 Aufwand Vorprodukte“ gezeigt.

d. Umsatz- und Gesamtkostenverfahren

Werden in der Gewinn- und Verlustrechnung den Erlösen – wie in unseren bisherigen Beispielen – die entsprechenden Gesamtkosten gegenübergestellt, wobei die explizite Berücksichtigung der Bestandsveränderungen Stornocharakter besitzt, so spricht man von **Gesamtkostenverfahren**. Dagegen spricht man von **Umsatzkostenverfahren**, wenn den Umsatzerlösen die entsprechenden Kosten netto, d. h. ohne offenen Ausweis von Bestandsveränderungen gegenüberstehen (sog. Umsatzkosten“). Beide Verfahren lassen sich auch in verschiedener Weise kombinieren, so werden z. B. insbesondere im angelsächsischen Raum häufig die Materialkosten sowie die sonstigen Fertigungskosten im Rahmen des Gesamtkostenverfahrens mit den Bestandsveränderungen saldiert, so daß den Umsätzen die entsprechenden Kosten („cost of sales“) gegenüberstehen. Es gilt jedoch festzuhalten, daß das Gesamtkostenverfahren und das Umsatzkostenverfahren selbstverständlich zu einem gleichen Ergebnis (Gewinn/Verlust) führen.

War früher die Entscheidung für eines dieser Systeme lediglich eine Frage der Kostenrechnung und damit des internen Rechnungswesens, so muß sich der Kaufmann nach Einführung des Bilanzrichtliniengesetzes auch im Hinblick auf die Gestaltung der Gewinn- und Verlustrechnung für das Umsatz- oder Gesamtkostenverfahren entscheiden. Für beide Verfahren bestehen ausführlich Gliederungsvorschriften (§ 275, Abs. 2 HGB: Gesamtkostenverfahren; § 275, Abs. 3 HGB: Umsatzkostenverfahren). Daher sieht auch der neue Industriekontenrahmen einen unterschiedlichen Kostenaufbau vor, je nach dem, ob das Umsatzkostenverfahren (Konten 803/81–84) oder Gesamtkostenverfahren (802/85–87) angewendet wird.

Grundsätzlich setzt das Umsatzkostenverfahren eine funktionsfähige Kosten- und Leistungsrechnung in einem Unternehmen voraus, die in einer produktspezifischen Kalkulation und Ergebnisrechnung mündet. Daher ist aus internen Gründen der produktspezifischen Ergebniskontrolle („controlling“) das Umsatzkostenverfahren dem Gesamtkostenverfahren vorzuziehen. Das Verfahren ist daher insbesondere an den internen Rechnungslegungserfordernissen orientiert.

Nach dem Gesamtkostenverfahren aufgemachte Ergebnisrechnungen bedürfen demgegenüber grundsätzlich keiner besonderen Kostenrechnung. Es muß lediglich sichergestellt sein, daß die Bewertung der Bestandsveränderungen den handelsrechtlichen Vorschriften zur Ermittlung der Herstellungskosten entspricht. Danach gehören zu den Herstellungskosten stets die Material(einzel)kosten, die Fertigungs(einzel)kosten und die Sondereinzelkosten der Fertigung. Mit Ausnahme der Vertriebskosten dürfen auch weitere Kosten der Fertigung und Verwaltung in die Herstellungskosten mit einbezogen werden (vgl. Ausführungen S. 21f).

Insgesamt besitzt jedoch der Kaufmann bei der Ermittlung der Herstellungskosten einen erheblichen Ermessensspielraum. Damit aber werden kostenrechnerische Zusatzarbeiten vermieden bzw. nicht vorausgesetzt, d.h. das Gesamtkostenverfahren kann unmittelbar aus den Konten der Finanzbuchhaltung abgeleitet werden. Es stellt die Kosten der Produktion nach Aufwandsarten gegliedert, unter Berücksichtigung von Bestandsveränderungen dar. Daraus folgt zugleich, daß sich das Gesamtkostenverfahren primär an den Anforderungen der externen Rechnungslegung orientiert, Anforderungen der internen Rechnungslegung spielen eine untergeordnete Rolle.

Um auf kostenrechnerische Spezifika verzichten zu können, wollen wir uns – auch aus Gründen der Vereinfachung – im weiteren **auf das Gesamtkostenverfahren beschränken**. Dabei ist nach dem Bilanzrichtliniengesetz die Gewinn- und Verlustrechnung in das Ergebnis gewöhnlicher Geschäftstätigkeit und in das außerordentliche Ergebnis zu gliedern. Steueraufwendungen sind dabei gesondert auszuweisen.

(→ Übungsaufgabe 10 und 11)

5. Kapitel
Die Verbuchung der Umsatzsteuer
1. Wesen und Technik der Umsatzbesteuerung

Gegenstand der Umsatzbesteuerung ist die Umsatztätigkeit, also die Übertragung eines Gegenstandes oder einer sonstigen Leistung (z. B. Dienstleistung) zwischen zwei Wirtschaftssubjekten. Die Bemessung der Umsatzsteuer knüpft an den Wert der übertragenen Objekte an; sie zählt daher zu den **Objektsteuern**. Außerdem wird sie, da ein wirtschaftlicher Verkehrsvorgang erfaßt wird, den **Verkehrssteuern** zugerechnet.

Der Umsatzakt und die Ermittlung der Umsatzsteuer kann generell bei dem veräußernden oder bei dem erwerbenden Wirtschaftssubjekt festgestellt werden. Aus erhebungstechnischen Gründen erfaßt man die Umsatztätigkeit jedoch regelmäßig bei dem veräußernden Wirtschaftssubjekt, daß dann zum **Steuerschuldner** wird. In Kenntnis der zu erwartenden Steuerschuld berücksichtigt das veräußernde Wirtschaftssubjekt den an die Finanzbehörde abzuführenden Steuerbetrag regelmäßig im Endverkaufspreis, indem dieser entsprechend erhöht wird. Das hat zur Konsequenz, daß Steuerschuldner zwar das veräußernde Wirtschaftssubjekt, **Steuerträger** aber das empfangende Wirtschaftssubjekt ist; die Umsatzsteuer ist daher den **indirekten Steuern** zuzurechnen.

Konzipiert wurde die Umsatzbesteuerung zunächst als **kumulative Allphasen-Bruttoumsatzsteuer**. Dieses System wurde nach dem Umsatzsteuergesetz (Mehrwertsteuer) vom 29. 5. 1967 durch die **kumulative Allphasen-Nettoumsatzsteuer mit Vorsteuerabzug** mit Wirkung vom 1. 1. 1968 abgelöst und ist nunmehr in Form des Umsatzsteuergesetz 1980 vom 29. 11. 1979 gültig (UStG 1980)[1].

Bei der Bruttoumsatzsteuer war ein Steuersatz von zuletzt 4% (für Großhandelslieferungen 1%) auf jeder Umsatzstufe auf die Bemessungsgrundlage, den Veräußerungswert, anzulegen.

Beispiel a):

1. Ein Braunkohlebergwerk A (Urproduktion) fördert Braunkohle und verkauft diese für 100.000 DM an eine Kokerei B. A führt 4% Umsatzsteuer an das Finanzamt ab:	4.000,— DM
2. Die Kokerei veredelt die Braunkohle zu Brikett, die sie für 200.000 DM an einen Kohlegroßhändler C verkauft. B führt 4% Umsatzsteuer an das Finanzamt ab:	8.000,— DM
3. Der Kohlegroßhändler C verkauft die Brikett für 300.000 DM an den Einzelhändler D. C führt 1% Umsatzsteuer an das Finanzamt ab:	3.000,— DM
4. Der Einzelhändler D veräußert die Brikett für 400.000 DM an die Verbraucher E. D führt 4% Umsatzsteuer an das Finanzamt ab:	16.000,— DM
Die Gesamtbelastung an Umsatzsteuer beträgt mithin	31.000,— DM

[1]) Zuletzt geändert durch das Haushaltsbegleitgesetz 1983 vom 20.12.1982, in dem die Umsatzsteuersätze zum 1.07.1983 auf 14% (bzw. 7%) erhöht wurden.

Beispiel b):
Wären sämtliche vier Produktionsstufen aus Beispiel a) von nur einer einzigen Unternehmung X wahrgenommen worden, das die Brikett unmittelbar an die Endverbraucher Y für ebenfalls 400.000 DM verkauft hätte, so ergäbe sich, da nur ein Umsatzakt vorliegt, lediglich eine Steuerbelastung von 16.000 DM (4% von 400.000 DM).

Aus diesem Beispiel ist ersichtlich, daß nach dem System der kumulativen Allphasen-Bruttoumsatzsteuer eine Ware unterschiedlich mit Steuer belastet sein kann je nachdem, wieviel Umsatzakte die Ware durchlaufen hat. Das System zeigte daher konzentrationsbegünstigende Wirkung und führte zu einer Beschränkung der volkswirtschaftlichen Arbeitsteilung. Außerdem hat das System, da **Bemessungsgrundlage das Bruttoentgelt** einschließlich der Umsatzsteuer ist, eine Besteuerung der Umsatzsteuer selbst zur Konsequenz. Beim grenzüberschreitenden Verkehr führte das System darüberhinaus zu einem mangelhaften Steuerausgleich, da die genaue Steuerbelastung einer einzelnen Ware nur schwer zu ermitteln ist.

Diese Nachteile zu beseitigen war Ziel des Umsatzsteuergesetzes vom 29.5.1967. Im Unterschied zur Bruttoumsatzsteuer kommt bei der **Mehrwertsteuer** eine Kumulierung der Umsatzsteuer oder eine Wettbewerbsverzerrung grundsätzlich nicht vor. Dies wird dadurch erreicht, daß jedes Unternehmen in der Unternehmerkette letzten Endes nur den von ihm geschaffenen **Mehrwert** der Umsatzbesteuerung unterwirft.

Die Ermittlung der Steuerschuld des einzelnen Unternehmens kann **direkt** erfolgen, indem zunächst die Wertschöpfung, die die Produkte in der Unternehmung erfahren, ermittelt und sodann der Steuersatz auf diese Bemessungsgrundlage angelegt wird. Der normale Mehrwertsteuersatz beträgt seit 1.7.1983 14% (7% der ermäßigte Steuersatz) er dürfte auch künftig Veränderungen unterworfen sein; **im folgenden soll jedoch aus rechentechnischen Vereinfachungsgründen immer von einem Steuersatz von 10% ausgegangen werden.** Die Wertschöpfung errechnet sich durch Gegenüberstellung der Endverkaufswerte und der Werte der Vorleistungen.

Beispiel c):
Eine Kokerei kauft Braunkohle zum Warenwert von 100.000 DM und veredelt diese zu Brikett, die für 200.000 DM an einen Kohlegroßhändler weiterveräußert werden. (Vgl. Produktionsstufe 2 des vorangegangenen Beispiels a):

200.000 DM	Wert der Lieferung (Endleistung)
·/· 100.000 DM	Wert der Vorleistung
100.000 DM	Wertschöpfung, Mehrwert der Produktionsstufe
10% von 100.000 DM ≙ 10.000 DM	Steuern sind an die Finanzbehörde abzuführen. Man spricht auch von der **Mehrwertsteuer-Zahllast**.

Die direkte Ermittlung der Mehrwertsteuerschuld ist recht kompliziert, da zu jeder Endleistung die entsprechende Vorleistung bekannt sein muß. Aus Vereinfachungsgründen erfolgt die Steuerfeststellung daher **indirekt**. Die Steuer von 14% (hier 10%) wird auf jeder Umsatzstufe auf den Warenwert (Nettobetrag) berechnet (Allphasensteuer) und erhöht den Endverkaufspreis. Der beim Einkauf der Vorleistungen im Einkaufspreis bezahlte Umsatzsteuerbetrag, der dann als **Vorsteuer** bezeichnet wird, kann jedoch von der eigenen Mehrwertsteuerschuld abgezogen werden. Lediglich die Differenz ist als Mehrwertsteuer-Zahllast an die Finanzbehörde abzuführen.

Beispiel d):
Eine Kokerei kauft Braunkohle im Warenwert von 100.000 DM. Da der Verkäufer die Mehrwertsteuer von 10% auf den Warenwert in den Verkaufspreis einrechnet, lautet die Einkaufsrechnung:

Braunkohle	100.000 DM
+ USt (10%)	10.000 DM
Rechnungsbetrag	110.000 DM

Die Kokerei muß also 110.000 DM bezahlen, um in den Besitz der Braunkohle zu gelangen.

Beim Verkauf der Brikett im Warenwert von 200.000 DM sieht die Rechnungsstellung wie folgt aus:

Brikett	200.000 DM
+ USt (10%)	20.000 DM
Rechnungsbetrag	220.000 DM

Die Ermittlung der Mehrwertsteuer-Zahllast erfolgt, indem von der beim Verkauf berechneten Umsatzsteuer (man spricht auch von der „**berechneten Mehrwertsteuer**" oder einfach „**Mehrwertsteuer**") die beim Einkauf der Vorleistungen bezahlte Umsatzsteuer, die man als **Vorsteuer** bezeichnet, abzieht. Die Differenz entspricht der Anwendung des Steuersatzes auf die Bemessungsgrundlage: Wertschöpfung oder Mehrwert.

berechnete Mehrwertsteuer	20.000 DM
·/· Vorsteuer	10.000 DM
Mehrwertsteuerzahllast	10.000 DM

Die Mehrwertsteuer-Zahllast entspricht dem im vorangegangenen Beispiel direkt berechneten Betrag.

Wie das Beispiel zeigt, bleibt die Unternehmung „Kokerei" von der Mehrwertsteuer selbst erfolgsmäßig unbelastet: Beim Verkauf werden berechnete Steuerbeträge eingenommen, von denen die Vorsteuerbeträge abgezogen werden; lediglich der Differenzbetrag, die Zahllast, ist an das Finanzamt abzuführen. Durch die Möglichkeit des **Vorsteuerabzugs** stellt die Umsatzsteuer für die Unternehmung also lediglich einen durchlaufenden Posten dar.

Das folgende Beispiel zeigt darüberhinaus weitere Konsequenzen des Mehrwertsteuersystems auf.

Beispiel e) (analog dem einführenden Beispiel S. 107):

1. Ein Braunkohlebergwerk A (Urproduktion) fördert Braunkohle und verkauft diese zum Nettopreis von 100.000 DM an eine Kokerei B.

Nettoverkaufspreis	100.000 DM
+ berechnete MwSt	10.000 DM
Rechnungsbetrag (Verkauf)	110.000 DM
Vorsteuer	0 DM
Zahllast	10.000 DM

2. Die Kokerei veredelt die Braunkohle zu Brikett, die sie für 200.000 DM Warenwert an einen Kohlengroßhändler C verkauft.

Nettoverkaufspreis	200.000 DM
+ berechnete MwSt	20.000 DM
Rechnungsbetrag (Verkauf)	220.000 DM
Vorsteuer	10.000 DM
Zahllast	10.000 DM

3. Der Kohlegroßhändler C verkauft die Brikett für 300.000 DM netto an den Einzelhändler D.

Nettoverkaufspreis	300.000 DM
+ berechnete MwSt	30.000 DM
Rechnungsbetrag (Verkauf)	330.000 DM
Vorsteuer	20.000 DM
Zahllast	10.000 DM

4. Der Einzelhändler D veräußert die Brikett für 400.000 DM netto an die Verbraucher E.

Nettoverkaufspreis	400.000 DM
+ berechnete MwSt	40.000 DM
Rechnungsbetrag (Verkauf)	440.000 DM
Vorsteuer	30.000 DM
Zahllast	10.000 DM

Beispiel f) (analog dem Beispiel b):

Wären sämtliche vier Produktionsstufen von nur einem Unternehmen X wahrgenommen worden, das die Brikett unmittelbar an die Endverbraucher Y für 400.000 DM netto verkauft hätte, so ergäbe sich folgendes Verrechnung:

Nettoverkaufspreis	400.000 DM
+ berechnete MwSt	40.000 DM
Rechnungsbetrag (Verkauf)	440.000 DM
Vorsteuer	0 DM
Zahllast	40.000 DM

Wie ein Vergleich zwischen Beispiel e) und f) zeigt, ist der an die Finanzbehörde abzuführende Steuerbetrag (hier 40.000 DM) unabhängig von der Anzahl der Produktionsstufen. Beispiel e) macht außerdem deutlich, daß die Mehrwertsteuer für die einzelnen Unternehmen einen **durchlaufenden Posten** darstellt, der durch die Möglichkeit des Vorsteuerabzugs zu keiner erfolgsmäßigen Belastung führt. Sind auch die Endverbraucher E Unternehmer, die die Möglichkeit des Vorsteuerabzugs besitzen, so bleibt der gesamte Umsatzprozeß originär unbesteuert.

Die Möglichkeit des **Vorsteuerabzugs** besitzen aber nur Unternehmen (§ 15 Abs. 1 UStG); sind die Endverbraucher E Nicht-Unternehmer, so besitzen sie nicht die Möglichkeit des Vorsteuerabzugs, sondern müssen die gesamte, im Rechnungsbetrag enthaltene Steuer (im Beispiel 40.000 DM) tragen. Die Umsatzsteuer belastet somit letzten Endes ausschließlich den privaten Verbraucher; er trägt die gesamte Steuerlast von hier 40.000 DM. Die Steuer wird lediglich auf verschiedenen Stufen des Produktionsprozesses durch die Unternehmer an die Finanzbehörde abgeführt (viermal je 10.000 DM).

Im einzelnen führt §1 Abs. 1 Satz 1 des UStG zur Umsatzsteuerpflicht aus:

„(1) Der Umsatzsteuer unterliegen die folgenden Umsätze:

1. die Lieferungen und sonstigen Leistungen, die ein Unternehmer im Erhebungsgebiet gegen Entgelt im Rahmen seines Unternehmens ausführt."

Nur wenn all diese Kriterien, die z. T. im Gesetz näher erläutert werden, z. T. interpretationsbedürftig und z. T. noch Gegenstand der politischen Diskussion sind, gleichzeitig erfüllt werden, liegt eine Umsatzsteuerpflicht vor.

So führt z. B. §2 Abs. 1 UStG aus, daß **Unternehmer** ist, wer eine gewerbliche oder berufliche Tätigkeit selbständig ausübt und stellt in derselben Vorschrift klar, welche Tätigkeit als gewerblich oder beruflich anzusehen ist. Danach ist gewerblich oder beruflich jede nachhaltige Tätigkeit zur Erzielung von Einnahmen, selbst wenn die Absicht, Gewinn zu erzielen, fehlt.

Lieferungen eines Unternehmers sind Leistungen, durch die er oder in seinem Auftrag ein Dritter den Abnehmer oder in dessen Auftrag einen Dritten befähigt, im eigenen Namen über einen Gegenstand zu verfügen (Verschaffung der Verfügungsmacht). Alle anderen Leistungen eines Unternehmers, die nicht Lieferungen sind, sind **sonstige Leistungen**. Diese können auch in einem Unterlassen oder im Dulden einer Handlung oder eines Zustands bestehen (§3 Abs. 9 UStG).

Erhebungsgebiet im Sinne des UStG ist der Geltungsbereich des Gesetzes mit Ausnahme der Zollausschlüsse und der Zollfreigebiete. Umsatzsteuerliches „Außengebiet" (bisher Ausland) ist das Gebiet, das weder zum Erhebungsgebiet noch zum Gebiet der Deutschen Demokratischen Republik und von Berlin (Ost) gehört. Das Gebiet der DDR und Berlin (Ost) ist hiernach weder Erhebungsgebiet noch Außengebiet, sondern ein Tertium.

Nur Lieferungen und sonstige Leistungen im Erhebungsgebiet unterliegen der Umsatzsteuer; **Ausfuhren** bleiben umsatzsteuerfrei.

Zum **Entgelt** zählt alles, was der Empfänger einer Lieferung oder sonstigen Leistung aufwendet, um diese Lieferung oder sonstige Leistung zu erhalten; zum Entgelt zählt jedoch nicht die Umsatzsteuer selbst (§10 Abs. 1 Satz 2 UStG). Dabei wird der Umsatz grundsätzlich nach vereinbarten Entgelten bemessen, d. h. ohne Rücksicht darauf, ob der Unternehmer das Entgelt bereits vereinnahmt hat oder nicht. Die Umsatzsteuerschuld entsteht daher bereits bei der Fundierung einer Forderung (**Soll-Besteuerung**). Das Entgelt kann jedoch neben einer Barzahlung oder Banküberweisung auch in einer Gegenlieferung oder sonstigen Leistung bestehen. Unentgeltliche Lieferungen oder sonstige Leistungen unterliegen in der Regel nicht der Umsatzsteuer.

Bei bestimmten Rechtsformen der Unternehmen, z. B. Einzelgesellschaft, BGB-Gesellschaft, hat der Unternehmer als natürliche Person sowohl eine private Sphäre als auch eine unternehmerische Sphäre. Steuerbar sind aber nur die Lieferungen und sonstigen Leistungen, die der Unternehmer **im Rahmen seines Unternehmens** vornimmt. Andere Unternehmensformen wie z. B. GmbH, AG haben keine private Sphäre, sondern nur eine unternehmerische Sphäre. Es fällt daher grundsätzlich jeder Vorgang, der bei diesen Unternehmen vorkommt, in den Rahmen des Unternehmens. Dennoch gibt es auch bei Kapitalgesellschaften Fälle, in denen der Gesetzgeber Privatnutzungen (z. B. von Firmen Pkw's) steuerlich fingiert.

Veranlagungszeitraum der Umsatzsteuer ist nach §16 UStG das Kalenderjahr. Die Steuer errechnet sich vom Gesamtbetrag der in diesem Zeitraum vereinbarten bzw. vereinnahmten Entgelte. Vom Gesamtbetrag der Steuer ist die im gleichen Zeitraum von Unternehmern abziehbare Vorsteuer abzusetzen.

Der Unternehmer ist jedoch grundsätzlich verpflichtet, binnen 10 Tagen nach Ablauf eines Kalendermonats (Voranmeldungszeitraum) eine **Umsatzsteuervoranmeldung** für den vorangegangenen Kalendermonat vorzunehmen, indem den berechneten Mehrwertsteuerbeträgen die absetzbare Vorsteuer dieses Zeitraums gegenübergestellt wird und die Zahllast als Vorauszahlung an die Finanzbehörde abzuführen ist.

Betrug die Steuerschuld für das vorangegangene Kalenderjahr weniger als 6.000 DM, ist das Kalendervierteljahr Voranmeldungszeitraum. Ist zu erwarten, daß die Steuerschuld für das laufende Kalenderjahr weniger als 600 DM beträgt, kann das Finanzamt den Unternehmer von der Verpflichtung zur Abgabe einer Umsatzsteuervoranmeldung entbinden.

Bei der Ausstellung von Rechnungen ist der Unternehmer berechtigt, die Umsatzsteuer gesondert auszuweisen. Tätigt er jedoch Umsätze mit anderen Unternehmern, die zum Vorsteuerabzug berechtigt sind, so ist der liefernde oder leistende Unternehmer auf Verlangen des empfangenden Unternehmers verpflichtet, die Umsatzsteuer gesondert auszuweisen.

2. Die Verbuchung der Umsatzsteuer

a) Die Verbuchung der Umsatzsteuer beim Einkauf von Rohstoffen und Verkauf von Fertigerzeugnissen

Beispiel:

1. Die Unternehmung A kauft Rohstoffe im Wert von 1.000 DM auf Ziel und erhält folgende Eingangsrechnung.

Rohstoff X	1.000,— DM
+ 10% MwSt	100,— DM
Rechnungsbetrag	1.100,— DM

A muß also, um in den Besitz der Rohstoffe zu kommen, 1.100 DM aufwenden. Die in der Eingangsrechnung ausgewiesene MwSt ist für das umsatzsteuerpflichtige Unternehmen A Vorsteuer. Diese stellt inhaltlich, da sie von der berechneten Mehrwertsteuer abgesetzt werden darf, eine Forderung an das Finanzamt dar. Die Vorsteuer wird daher auf einem gesonderten aktiven Bestandskonto, das forderungsähnlichen Charakter besitzt und im IKR die Kontonummer 260 trägt, verbucht.

BS: (200) Rohstoffe 1.000,— DM
(260) Vorsteuer 100,— DM an (440) Verbindlichkeiten 1.100,— DM

S	200 Rohstoffe	H
(1) 1.000,—		

S	440 Verbindlichkeiten	H
		(1) 1.100,—

S	260 Vorsteuer		H
(1)	100,—		

2. Die Unternehmung A verkauft Fertigerzeugnisse für 2.200 DM incl. 10% USt bar an private Endverbraucher und erstellt folgende Verkaufsrechnung:

   Rechnungsbetrag Fertigerzeugnisse X 2.200 DM

   Obwohl die Verkaufsrechnung nicht explizite auf die USt hinweist, setzt sich der Betrag von 2.200 DM aus einem Warenverkaufswert von 2.000 DM und (berechneten) Mehrwertsteuerbeträgen von 200 DM zusammen.
   Die vereinnahmte (berechnete) MwSt stellt, da sie an das Finanzamt abzuführen ist, eine Verbindlichkeit dar und ist im IKR auf einem gesonderten passiven Bestandskonto mit der Nr. 481 zu verbuchen.

   BS: (288) Kasse 2.200,— DM an (500) Umsatzerlöse 2.000,— DM
   an (481) (berechnete) Mehrwertsteuer 200,— DM

S	200 Rohstoffe		H
(1)	1.000,—		

S	440 Verbindlichkeiten		H
		(1)	1.100,—

S	260 Vorsteuer		H
(1)	100,—		

S	500 Umsatzerlöse		H
		(2)	2.000,—

S	288 Kasse		H
(2)	2.200,—		

S	481 MwSt		H
		(2)	200,—

Werden während des Umsatzsteuervoranmeldungszeitraums keine weiteren steuerbaren Umsätze vorgenommen, so ist die Zahllast zu ermitteln und an das Finanzamt abzuführen. Buchtechnisch kann die Zahllast ermittelt werden, indem das Konto „260 VSt" über das Konto „481 MwSt" abgeschlossen wird. Übersichtlicher ist es jedoch, die Verrechnung auf einem gesonderten Konto „482 Umsatzsteuerverrechnung" vorzunehmen, über das sowohl „260 VSt" als auch „481 MwSt" abgeschlossen werden. Wird die Zahllast per Bank überwiesen, ergeben sich folgende Buchungen:

BS: (482) Umsatzsteuerverrechnung an (260) VSt 100,— DM
BS: (481) MwSt an (482) Umsatzsteuerverrechnung 200,— DM
BS: (482) Umsatzsteuerverrechnung an (280) Bank 100,— DM

S	260 VSt		H
(1)	100,—	(482)	100,—

S	481 MwSt		H
(482)	200,—	(2)	200,—

S	482 Umsatzsteuerverrechnung		H
(260)	100,—	(481)	200,—
Bank	100,—		
	200,—		200,—

Für die Vorsteuerverrechnung gilt der Grundsatz des **Sofortabzugs**, d.h. die Vorsteuerverrechnung ist grundsätzlich für den Voranmeldungszeitraum durchzuführen, in dem die Vorumsätze realisiert werden. Dies kann dazu führen, daß in einem Voranmeldungszeitraum die zu verrechnenden Vorsteuerbeträge die berechneten Mehrwertsteuerbeträge übersteigen. Der auf dem Umsatzsteuerverrechnungskonto ausgewiesene Sollsaldo stellt dann ein Steuerguthaben dar, das auf Antrag sofort vom Finanzamt erstattet wird.

Beispiel:
Die Unternehmung A kauft Rohstoffe X für 1.100 DM incl. 10% MwSt auf Ziel. Fertigerzeugnisse werden für 110 DM bar incl. 10% MwSt weiterveräußert.

BS: 1. (200) Rohstoffe 1.000,— DM
(260) VSt 100,— DM an (440) Verbindlichkeiten 1.100,— DM

BS: 2. (288) Kasse 110,— DM
an (500) Umsatzerlöse 100,— DM
an (481) MwSt 10,— DM

BS: 3. (482) Umsatzsteuerverrechnung an (260) VSt 100,— DM

BS: 4. (481) MwSt an (482) Umsatzsteuerverrechnung 10,— DM

S	200 Rohstoffe		H
(1)	1.000,—		

S	260 VSt		H
(1)	100,—	(3)	100,—

S	288 Kasse		H
(2)	110,—		

S	440 Verbindlichkeiten		H
		(1)	1.100,—

S	481 MwSt		H
(4)	10,—	(2)	10,—

S	500 Umsatzerlöse		H
		(2)	100,—

S	482 Umsatzsteuerverrechnung		H
(3)	100,—	(4)	10,—
			90,— ← Steuerguthaben (Forderung)
	100,—		100,—

Setzt sich eine einheitliche Leistung aus einer Hauptleistung und einer üblichen Nebenleistung zusammen, so gilt der Grundsatz, daß **Nebenleistungen** das Schicksal der Hauptleistungen teilen.

Beispiel:
Die Unternehmung A liefert einem Großhändler G Fertigerzeugnisse im Wert von 1.000 DM und stellt ihm neben dem Preis der Ware auch die Kosten der Verpackung und des Transports von 100 DM in Rechnung.

Gegenstand des Umsatzes ist hier die Warenlieferung; sie stellt die Hauptleistung dar. Transport und Verpackung sind übliche Nebenleistungen, die das Schicksal der Hauptleistung teilen. D.h. unterliegt die Hauptleistung dem normalen Steuersatz, so gilt dieser auch für die Nebenleistung; unterliegt die Hauptleistung dem ermäßigten Steuersatz, so unterliegt auch die Nebenleistung diesem ermäßigten Steuersatz.

Die Rechnungsstellung würde im Beispiel also folgendermaßen aussehen.

Fertigerzeugnisse	1.000,— DM
+ Transport und Verpackung	100,— DM
	1.100,— DM
+ 10% MwSt	110,— DM
	1.210,— DM

(→ Übungsaufgabe 12)

b) Die Verbuchung der Umsatzsteuer bei Änderung der Bemessungsgrundlage

Das für die Lieferung oder sonstige Leistung zwischen den Vertragspartnern vereinbarte Entgelt kann sich nachträglich, nachdem die Leistung ausgeführt worden ist, ändern.

Entgeltserhöhungen können sich z.B. ergeben durch:

- Berechnung von Verzugszinsen,
- Weiterberechnung von entstandenen Spesen.

Entgeltsminderungen können sich z.B. ergeben durch:

- Warenrücksendungen aufgrund einer Falschlieferung oder Wandlung,
- Preisnachlässe infolge einer Minderung,
- Skontoabzug.

Sowohl die Entgeltserhöhung als auch die Entgeltsminderung führt zu einer **nachträglichen Änderung der Steuerbemessungsgrundlage**. Nach §17 Abs. 1 UStG hat bei nachträglicher Änderung der Bemessungsgrundlage für einen steuerpflichtigen Umsatz

- der Unternehmer, der diesen Umsatz ausgeführt hat, den dafür geschuldeten Steuerbetrag und
- der Unternehmer, der Empfänger der Lieferung oder sonstigen Leistung ist, den dafür in Anspruch genommenen Vorsteuerabzug

entsprechend zu berichtigen.

Die Berichtigungen haben in dem Veranlagungszeitraum zu erfolgen, in dem die Änderung des Entgelts eingetreten ist.

Beispiel (Rücksendungen):

1. Die Unternehmung A verkauft Fertigerzeugnisse im Wert von 1.000 DM plus 10% MwSt auf Ziel an den Großhändler G.
2. Wegen mangelhafter Ware macht G von der Möglichkeit der Wandlung Gebrauch und läßt die Ware von A wieder abholen.

Verbuchung bei A:

1. (240) Forderungen	1.100,— DM	an (500) Umsatzerlöse	1.000,— DM
		an (481) MwSt	100,— DM
2. (500) Umsatzerlöse (oder (518) Erlösberichtigungen usw.)	1.000,— DM		
(481) MwSt	100,— DM	an (240) Forderungen	1.100,— DM

Verbuchung bei G:

1. Wareneinkauf	1.000,— DM		
VSt	100,— DM	an Verbindlichkeiten	1.100,— DM
2. Verbindlichkeiten	1.100,— DM	an Wareneinkauf (Rücksendungen an Lieferanten)	1.000,— DM
		an VSt	100,— DM

Unternehmung A

S	240 Forderungen		H
(1)	1.100,—	(2)	1.100,—

S	500 Umsatzerlöse		H
(2)	1.000,—	(1)	1.000,—

S	481 MwSt		H
(2)	100,—	(1)	100,—

Großhändler G

S	Wareneinkauf		H
(1)	1.000,—	(2)	1.000,—

S	VSt		H
(1)	100,—	(2)	100,—

S	Verbindlichkeiten		H
(2)	1.100,—	(1)	1.100,—

Durch die Rücksendung werden also Korrekturbuchungen auch auf den Umsatzsteuerkonten notwendig. Dabei ist zu bemerken, daß die Stornierung aufgrund der nachträglichen Veränderung der Bemessungsgrundlage auf dem Umsatzsteuerkonto vorzunehmen ist, auf dem auch bei der ursprünglichen Lieferung oder sonstigen Leistung gebucht wurde.

Beispiel (Preisnachlässe):

1. Die Unternehmung A verkauft Fertigerzeugnisse im Wert für 2.000 DM plus 10% MwSt auf Ziel an den Einzelhändler E.
2. Wegen mangelhafter Ware vereinbaren A und E einen Preisnachlaß von 20%.

Die USt-Korrektur ermittelt sich, indem man vom Rechnungsbetrag (incl. 10% MwSt) 20% berechnet (440 DM); dieser ist dann durch Rechnung im Hundert (440 DM = 110%) in den Wert der Korrektur des Warenbestandes und der Steuer zu differenzieren.

Verbuchung bei A:

1. (240) Forderungen	2.200,— DM	an (500) Umsatzerlöse	2.000,— DM
		an (481) MwSt	200,— DM

2. (500) Umsatzerlöse (oder
   (518) Erlösberichtigungen usw.)
   400,— DM
   (481) MwSt 40,— DM an (240) Forderungen 440,— DM

Verbuchung bei E:

1. Wareneinkauf 2.000,— DM
   VSt 200,— DM an Verbindlichkeiten 2.200,— DM
2. Verbindlichkeiten 440,— DM an Wareneinkauf (Preisnachlässe von Lieferanten) 400,— DM
   an VSt 40,— DM

Unternehmung A

S	240 Forderungen		H
(1)	2.200,—	(2)	440,—

S	500 Umsatzerlöse		H
(2)	400,—	(1)	2.000,—

S	481 MwSt		H
(2)	40,—	(1)	200,—

Einzelhändler E

S	Wareneinkauf		H
(1)	2.000,—	(2)	400,—

S	VSt		H
(1)	200,-	(2)	40,—

S	Verbindlichkeiten		H
(2)	440,—	(1)	2.200,—

Nach der Korrektur weisen alle Konten die Beträge aus, die sich beim Einkauf der mangelhaften Ware (1.600 DM + 160 DM MwSt) ergeben hätten.

Beispiel (Skonti):

1. Die Unternehmung A verkauft Fertigerzeugnisse im Wert von 3.000 DM plus 10% MwSt auf Ziel an den Einzelhändler E. Bei Zahlung innerhalb 14 Tagen werden 3% Preisnachlaß gewährt.
2. E zahlt innerhalb von 14 Tagen per Bank

Verbuchung bei A:

1. (240) Forderungen 3.300,— DM an (500) Umsatzerlöse 3.000,— DM
   an (481) MwSt 300,— DM
2. (280) Bank 3.201,— DM
   (518) Erlösberichtigungen (Kundenskonto) 90,— DM
   (481) MwSt 9,— DM an (240) Forderungen 3.300,— DM

Verbuchung bei E:

1. Wareneinkauf 3.000,— DM
   VSt 300,— DM an Verbindlichkeiten 3.300,— DM
2. Verbindlichkeiten 3.300,— DM an Bank 3.201,— DM
   an Lieferantenskonto 90,— DM
   an VSt 9,— DM

Unternehmung A

S	240 Forderungen		H
(1)	3.300,—	(2)	3.300,—

S	500 Umsatzerlöse		H
		(1)	3.000,—

S	481 MwSt		H
(2)	9,—	(1)	300,—

S	280 Bank		H
(2)	3.201,—		

S	501 Erlösberichtigungen		H
(2)	90,—		

Einzelhändler E

S	Wareneinkauf		H
(1)	3.000,—		

S	VSt		H
(1)	300,–	(2)	9,—

S	Verbindlichkeiten		H
(2)	3.300,—	(1)	3.300,—

S	Bank		H
		(2)	3.201,—

S	Lieferantenskonto		H
		(2)	90,—

c. Die Verbuchung der Steuer auf den Eigenverbrauch

Lieferungen oder sonstige Leistungen, die ein Unternehmer gegenüber Dritten erbringt, sind nach §1 Abs. 1 Nr. 1 UStG umsatzsteuerlich zu erfassen. Darüberhinaus ist aus Gründen der umsatzsteuerlichen Gleichbehandlung sicherzustellen, daß auch Transaktionen zwischen der Unternehmenssphäre und der Privatsphäre des Unternehmers der Umsatzbesteuerung unterliegen, der Unternehmer also jedem „Dritten" gleichgestellt ist. Als **Ergänzungstatbestand** wird daher in §1 Abs. 1 Nr. 2 UStG der Eigenverbrauch normiert.

Eigenverbrauch liegt danach vor:

- wenn ein Unternehmer im Erhebungsgebiet Gegenstände aus seinem Unternehmen für Zwecke entnimmt, die außerhalb des Unternehmens liegen (§1 Abs. 1 Nr. 2a UStG) (**Privatentnahme**)
- wenn ein Unternehmer im Erhebungsgebiet im Rahmen seines Unternehmens sonstige Leistungen für Zwecke ausführt, die außerhalb des Unternehmens liegen (§1 Abs. 1 Nr. 2b UStG) (**Privatnutzung**)
- wenn ein Unternehmer im Erhebungsgebiet Aufwendungen tätigt, die unter das Abzugsverbot des §4 Abs. 5 Nr. 1 bis 7 und Abs. 6 des Einkommensteuergesetzes fallen. Das gilt nicht für Geldgeschenke (§1 Abs. 1 Nr. 2c UStG) (**Repräsentationsaufwand**).

Aus Gründen der Klarheit ist die auf den Eigenverbrauch entfallende Umsatzsteuer auf einem gesonderten Konto zu verbuchen (hier Kto. 4812 Steuer auf den Eigenverbrauch), das dann über das Umsatzsteuerverrechnungskonto abzuschließen ist.

Beispiel (Privatentnahme):

1. Ein umsatzsteuerpflichtiger Unternehmer entnimmt Fertigerzeugnisse aus seinem Unternehmen im Warenwert von 300 DM für seinen privaten Haushalt.

BS: Privat 330,—DM an (500) Umsatzerlöse 300,— DM
an (4812) Steuer auf den Eigenverbrauch 30,— DM

2. Abschluß des Kontos „4812 Steuer auf den Eigenverbrauch" am Ende des Voranmeldungszeitraums.

BS: (4812) Steuer auf den Eigenverbrauch
an (482) USt-Verrechnungskonto 30,— DM

S	301 Privat		H
(1)	330,—		

S	500 Umsatzerlöse		H
		(1)	300,—

S	4812 Steuer auf den Eigenverbrauch		H
(2)	30,—	(1)	30,—

S	482 USt-Verrechnungskonto		H
		(2)	30,—

Beispiel (Privatnutzung):

1. Außerbetriebliche Nutzung eines zum Betriebsvermögen gehörenden Kraftfahrzeuges. Gesamte (umsatzsteuerpflichtige) Aufwendungen der Periode (Benzin, Wartung, Reparatur usw.) 900 DM netto. Dieser Betrag wurde während der Periode auf dem Konto „693 sonstige Aufwendungen" verbucht. Der private Nutzungsanteil betrug 25%.

Privater Nutzungsanteil	225,— DM	(Stornierung des betrieblichen Aufwandes)
+ 10% MwSt	22,50 DM	
	247,50 DM	

BS: (301) Privat 247,50 DM an (693) sonstiger Aufwand 225,— DM
an (4812) Steuer auf den Eigenverbrauch 22,50 DM

2. Abschluß des Kontos „4812 Steuer auf den Eigenverbrauch"

BS: (4812) Steuer auf den Eigenverbrauch an (482) USt-Verrechnungskonto 22,50 DM

S	301 Privat		H
(1)	247,50		

S	693 sonstige Aufwendungen		H
	900,—	(1)	225,—

S	482 USt-Verrechnungskonto		H
		(2)	22,50

S	4812 Steuer auf den Eigenverbrauch		H
(2)	22,50	(1)	22,50

Beispiel (Repräsentationsaufwand):

1. Ein Weinhändler schenkt einem langjährigen Kunden eine Kiste Wein im Wert von 180 DM.

BS: (301) Privat 198,—DM an (500) Umsatzerlöse 180,—DM
an (4812) Steuer auf den Eigenverbrauch 18,—DM

Abschluß des Kontos 4812 wie oben.

S	301 Privat		H
(1)	198,—		

S	500 Umsatzerlöse		H
		(1)	180,—

S	4812 Steuer auf den Eigenverbrauch		H
		(1)	18,—

d. Die Verbuchung der Einfuhrumsatzsteuer

Nach § 1 Abs. 1 Nr. 4 unterliegt auch die Einfuhr der Umsatzsteuer (**Einfuhrumsatzsteuer**). Einfuhr liegt vor, wenn ein Gegenstand in das Zollgebiet gelangt. Nicht zum deutschen Zollgebiet gehören die Zollausschlüsse und die Zollfreigebiete. Die Zollanschlüsse sind dagegen Teil des Zollgebietes. [1])

Aus Vereinfachungsgründen wird die Einfuhrumsatzsteuer von den Zollbehörden und nicht von den Finanzämtern erhoben, inhaltlich ist sie aber mit der Vorsteuer identisch. Aus Gründen der Klarheit ist die Einfuhrumsatzsteuer über ein gesondertes Konto „2628 Einfuhrumsatzsteuer" zu verbuchen, das materiell dem Vorsteuerkonto entspricht und über „482 Umsatzsteuerverrechnungskonto" abschließt.

Beispiel:

1. Zielkauf von Rohstoffen aus dem Ausland im Wert von 2.000 DM

BS: (200) Rohstoffe 2.000,—DM
(2628) Einfuhrumsatzsteuer 200,—DM
an (440)Verbindlichkeiten 2.200,—DM

2. Abschluß des Kontos „2628 Einfuhrumsatzsteuer"

BS: (482) USt-Verrechnungskonto 200,—DM
an (2628) Einfuhrumsatzsteuer 200,—DM

S	200 Rohstoffe		H
(1)	2.000,—		

S	2628 Einfuhrumsatzsteuer		H
(1)	200,—	(2)	200,-

S	440 Verbindlichkeiten		H
		(1)	2.200,—

S	482 USt-Verrechnungskonto		H
(2)	200,-		

Im Gegensatz zu den Einfuhren sind Ausfuhren – wie bereits erwähnt – umsatzsteuerfrei. Nach dem international gültigen **Bestimmungslandprinzip** soll nämlich

[1]) Im Zusammenhang mit dem EG-Binnenmarkt werden innergemeinschaftliche Lieferungen zwischen Unternehmen im Lieferland steuerfrei bleiben und im Bestimmungsland einer Erwerbssteuer unterliegen, die an die Stelle der EUSt tritt.

eine Doppel- bzw. Mehrfachbesteuerung der Umsätze vermieden werden. Die Ware ist daher nur einmal der Umsatzsteuer zu unterwerfen, und zwar in dem Land, für das die jeweilige Ware bestimmt ist

(→ Übungsaufgabe 13 und 21)

6. Kapitel

Abschreibungen auf Gegenstände des abnutzbaren Sachanlagevermögens

1. Wesen der Abschreibungen

Abschreibungen haben in der Finanzbuchhaltung die **Aufgabe**, Werteverzehre bei Vermögensgegenständen als Aufwand zu erfassen. Bei Anwendung der Abschreibung im Anlagevermögen ist – entsprechend dem Bilanzrichtliniengesetz – eine Unterscheidung von **Sachanlagen** und **Immateriellen Anlagewerten** einerseits und **Finanzanlagen** andererseits erforderlich. Im Sachanlagevermögen läßt sich wiederum nach abnutzbaren und nicht abnutzbaren Gegenständen differenzieren.[1]) Dabei kommen planmäßige **Abschreibungen** nur für **abnutzbare Gegenstände** in Betracht. Das abnutzbare Anlagevermögen umfaßt alle Gegenstände, bei deren Inbetriebnahme bereits abzusehen ist, daß sie bei zweckentsprechender Nutzung mit zunehmender Zeit an Wert verlieren; da diese Gegenstände in der Regel nach gewisser Zeit wertlos sind, spricht man auch von Gegenständen des Sachanlagevermögens mit zeitlich begrenzter Nutzung. Hierzu gehören Gebäude, Maschinen, Betriebs- und Geschäftsausstattung. Auch das **immaterielle Anlagevermögen** läßt sich dem abnutzbaren Anlagevermögen zuordnen, da es regelmäßig nur zeitlich befristet genutzt werden kann; allerdings bestehen für diesen Bereich eine Vielzahl von Spezialproblemen und -regelungen. (Vgl. auch S. 20f)

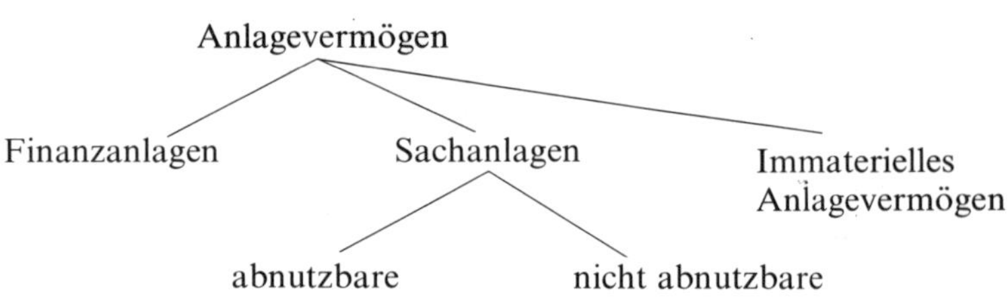

Im folgenden soll sich lediglich der Abschreibung des materiellen abnutzbaren Sachanlagevermögens zugewandt werden. Die Verbuchung der periodischen Werteverzehre am abnutzbaren Anlagevermögen als Aufwand ist damit zu erklären, daß man sich einen Anlagegegenstand als einen Vorrat von Leistungen zur Erstellung von (Fertig-)Erzeugnissen vorstellen muß, der genauso wie z. B. ein Vorrat von

[1]) Steuerlich wird zwischen dem beweglichen und unbeweglichen abnutzbaren Anlagevermögen unterschieden, wobei die immateriellen Anlagewerte dem unbeweglichen Anlagevermögen zugerechnet werden (strittig).

Rohstoffen für die Produktion verbraucht wird. Entsprechend dem Prinzip der periodengerechten Erfolgsermittlung müssen nun den erwirtschafteten Erträgen genau die Aufwendungen – hier Abschreibungen – gegenübergestellt werden, die bei der Entstehung der Erträge mitgewirkt haben. Man bemüht sich daher, eine **Abschreibungsbemessung nach Maßgabe des periodischen Leistungsverbrauches** (Nutzungsverlaufes) vorzunehmen.

Der periodische Leistungsverbrauch wird z.B. durch die folgenden **Abschreibungsursachen** bestimmt:

- Gebrauchsverschleiß (abnutzungsbedingter Verschleiß),
- natürlicher Verschleiß (Rost, Verwitterung),
- technischer Fortschritt (Veralterung),
- wirtschaftliche Überholung (z.B. Mode),
- Rechtsablauf (z.B. durch Verträge).

Diese Abschreibungsursachen wirken dahin, daß eine Anlage zum Ende eines Geschäftsjahres weniger wert ist als zu Beginn. Da sich die Abschreibungsursachen jedoch nicht quantifizieren lassen, ist mit ihnen keine exakte Aussage über die Höhe der Wertminderung einer Anlage möglich. Man weiß in Zeiten konstanter Preise nur, daß bis zum Ende der Nutzung die Gesamtwertminderung maximal den Anschaffungsausgaben entspricht. Da man jedoch zum Ende eines Geschäftsjahres zur Erstellung der Bilanz den Wert einer Anlage kennen muß, resultiert hieraus das sog. **Abschreibungsproblem**, welches darin besteht, daß man nicht genau weiß, wie man die Anschaffungsausgaben über die Jahre der vorraussichtlichen Nutzung des Anlagegegenstandes verteilen soll.

In der Praxis behilft man sich damit, daß man bis spätestens zum Zeitpunkt der ersten Abschreibungsverrechnung, also zum Ende des ersten Nutzungsjahres, einen **Abschreibungsplan** aufstellt, in dem die sog. **Abschreibungskomponenten**

- Abschreibungssumme,
- voraussichtliche Nutzungsdauer (Abschreibungsdauer),
- Abschreibungsverfahren,

und damit die planmäßigen Periodenabschreibungen – steuerlich Absetzungen für Abnutzung (AfA) genannt – festgelegt sind.

Unter der **Abschreibungssumme** versteht man den Betrag, der maximal abgeschrieben werden darf. Er umfaßt regelmäßig die Anschaffungskosten des abzuschreibenden Gegenstandes abzüglich eines (voraussichtlich erheblichen) Rest- oder Schrottwerts zum Ende der Nutzungsdauer, da es andernfalls bei Außerbetriebnahme der Anlage zu einem sonstigen Ertrag käme, der die Kontinuität der periodischen Erfolgsermittlung stören würde. In Anspruch genommene Skonti sowie sonstige Preisnachlässe verringern die Abschreibungssumme, Anschaffungsnebenkosten (Bezugskosten) erhöhen sie.

Die voraussichtliche **Nutzungsdauer** ist die Zeitspanne, in der die Anlage für den Betrieb sinnvoll eingesetzt werden kann. Aus betriebswirtschaftlicher Sicht läßt sich in diesem Zusammenhang eine technische und eine wirtschaftliche Nutzungsdauer unterscheiden. Unter der **technischen Nutzungsdauer** versteht man den Zeitraum, in der eine Anlage maximal in der Lage ist, ihre ursprünglich geforderte Leistung funktionsgemäß zu erbringen. Indes ist mit dieser Aussage keine exakte Festlegung des Zeitraumes möglich, in dem eine Anlage genutzt werden kann. Zwar kann als Beginn der Nutzungsdauer der Zeitpunkt angesehen werden, in dem die

Anlage erstmals nutzungsbereit ist, die Festlegung des Nutzungsdauerendes verursacht aber in vielen Fällen erhebliche Schwierigkeiten. Daher ist es zweckmäßig, die Nutzungsdauer wirtschaftlich zu bestimmen. Unter der **wirtschaftlichen Nutzungsdauer** versteht man die Zeitspanne, innerhalb derer sich die Nutzung einer Anlage für den Unternehmer lohnt. Unter der Zielsetzung der Gewinnmaximierung ist dies dann der Fall, wenn im Vergleich zur besten Alternativanlage die Nutzung einer bestimmten Anlage den Erfolg der Unternehmung innerhalb eines bestimmten Zeitraumes verbessert. Daraus läßt sich folgern, daß die wirtschaftliche Nutzungsdauer in der Regel kleiner ist als die technische Nutzungsdauer. Für steuerliche Zwecke ist wegen der Ungewißheit der Zukunft die Nutzungsdauer für die meisten Gegenstände und Branchen als „betriebsgewöhnliche Nutzungsdauer" in den „AfA-Tabellen" der Finanzverwaltung festgelegt.

Das **Abschreibungsverfahren** (Abschreibungs- oder Verteilungsmethode) gibt die Art und Weise an, in der die Abschreibungssumme über die voraussichtliche Nutzungsdauer verteilt werden soll. Grundsätzlich kann man das Abschreibungsverfahren von der Zeit oder von der Leistung der Anlage abhängig machen.[1] Bei den sog. **zeitabhängigen** Verfahren unterscheidet man in lineare, degressive und progressive Verfahren. Das **lineare Verfahren** ist durch konstante Periodenabschreibungsbeträge gekennzeichnet, d.h. der Buchwert als Differenz von **Anschaffungswert** und Periodenabschreibung verläuft bei kontinuierlicher Betrachtung linear (fallend).

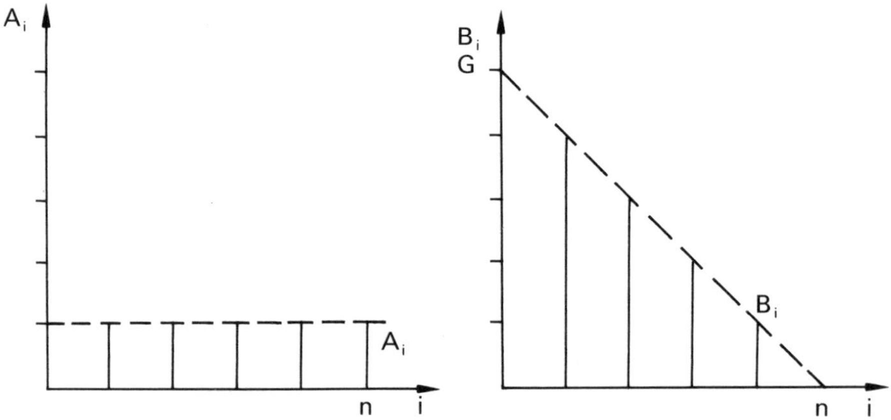

Die Periodenabschreibung A_i ergibt sich also beim linearen Verfahren als Quotient aus der Abschreibungssumme C und der Nutzungsdauer n, also aus[2])

$$A_i = \frac{C}{n} = \frac{G - R_n}{n}$$

mit A_i = Periodenabschreibungsbetrag,
C = Abschreibungssumme,
n = voraussichtliche Nutzungsdauer,
i = Geschäftsjahr (Zeit),

[1]) Darüberhinaus kann man der Abschreibungskalkulation ein- und mehrwertige Erwartungen über die zukünftige Entwicklung zugrundelegen. Im Rahmen dieser Einführung wird sich auf die konventionellen einwertigen Verfahren beschränkt.

[2]) Vgl. hierzu und zum folgenden auch die Beispiele auf S. 128.

B_i = Buchwert = $G - \sum_{j=1}^{i-1} A_j$,
G = Anschaffungswert,
R_i = Restwert am Ende der i - ten Nutzungsdauer ($i = 1, 2, \ldots, n$).

Während beim linearen Verfahren die Periodenabschreibungsbeträge konstant sind ($A_1 = A_2 = \ldots = A_n$), sind die **degressiven Verfahren** dadurch gekennzeichnet, daß die ersten Jahre der Nutzung mit höheren Abschreibungsbeträgen belastet werden als spätere Jahre ($A_1 > A_2 > \ldots > A_n$). Je nach Verlauf der Periodenabschreibungsbeträge spricht man von einer arithmetisch-degressiven oder geometrisch-degressiven Abschreibung. Bei der **arithmetisch-degressiven Abschreibung** bilden die Periodenabschreibungen die Glieder einer fallenden arithmetischen Reihe, d.h. die Differenz zweier zeitlich aufeinanderfolgender Abschreibungsbeträge bleibt konstant.

Bezeichnet man mit a_1 den Abschreibungskoeffizienten der 1. Periode, der den Anteil der 1. Periodenabschreibung an der gesamten Abschreibungssumme wiedergibt, und mit d den Anteil des konstanten Differenzbetrages (Degressionsbetrages) an der gesamten Abschreibungssumme, so läßt sich die Periodenabschreibung einer arithmetisch-degressiven Abschreibung allgemein wie folgt formulieren:

$$A_i = a_i \cdot C = a_1 - [(i-1) \cdot d] \cdot C = A_1 - (i-1) \cdot D$$

mit $a_i = \frac{A_i}{C}$ = Abschreibungskoeffizient[1]),

$a_i > 0$,

$\sum_{j=1}^{n} a_j = 1$,

$d = \frac{D}{C} = a_i - a_{i+1}$ = konstante Differenz zwischen zwei Abschreibungskoeffizienten,

$d > 0$,

$D = A_i - A_{i+1}$ = konstante Differenz zwischen zwei Periodenabschreibungsbeträgen (Degressionsbetrag).

Eine **Sonderform** der arithmetisch-degressiven Abschreibung stellt das **digital-degressive Verfahren** dar. Diese Verteilungsmethode ist dadurch gekennzeichnet, daß der konstante Differenzbetrag (Degressionsbetrag) der Periodenabschreibung der letzten Periode entspricht. Zu diesem Betrag gelangt man, indem man die Ab-

[1]) Die Anwendungsvoraussetzungen für a_1 und d lassen sich konkretisieren, wenn man bedenkt, daß die Summe der Abschreibungsbeträge 1 betragen muß. Alternativ gilt dann:

$$\frac{1}{n} < a_1 < \frac{2}{n} \Rightarrow d = \frac{2 \cdot (n \cdot a_1 - 1)}{n \cdot (n-1)}$$

bzw.

$$a_1 = \frac{d \cdot n \cdot (n-1) + 2}{2 \cdot n} \Rightarrow 0 < d < \frac{2}{n \cdot (n-1)}$$

schreibungssumme durch die Summe aller möglichen Nutzungsdauern dividiert, so daß gilt

$$A_i = D \cdot (n - i + 1) \qquad (i = 1, 2, \ldots, n),$$

mit $$D = A_n = \frac{C}{\sum_{j=1}^{n} j} = \text{Degressionsbetrag}.$$

Der graphische Verlauf der Periodenabschreibungen und der daraus resultierenden Buchwerte läßt sich bei arithmetisch-degressiver Abschreibung und kontinuierlicher Betrachtungsweise wie folgt graphisch kennzeichnen:

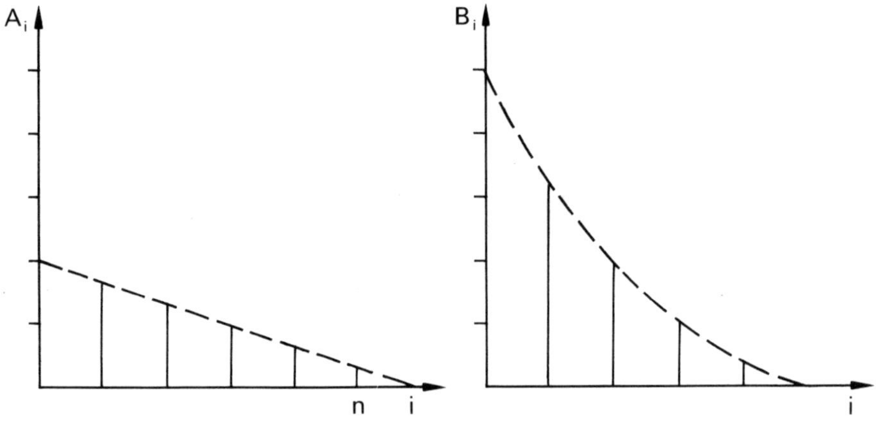

Bei der **geometrisch-degressiven Abschreibung** bilden die Periodenabschreibungen die Glieder einer fallenden geometrischen Reihe, d. h. der Quotient zweier zeitlich aufeinanderfolgender Periodenabschreibungen bleibt konstant. Je größer diese Konstante ist, desto stärker ist das Ausmaß der Degression.

In der Buchhaltungspraxis wird regelmäßig nur eine Sonderform der geometrisch-degressiven Abschreibung, nämlich die sog. **Buchwertabschreibung**, angewendet. Charakteristikum dieses Abschreibungsverfahrens ist es, daß die Jahresabschreibung stets durch die Anwendung eines konstanten Prozentsatzes p auf den Buchwert des vorhergehenden Jahres ermittelt wird, also

$$A_i = p \cdot B_{t-1}$$

mit $B_0 = G = \text{Anschaffungswert}$

$0 < p < 1 \ldots$ Abschreibungsprozentsatz.

Abschreibungs- und Buchwertverlauf lassen sich aus der Tab. S. 126 entnehmen.

Aus dieser Tabelle kann auch die allgemeine Form der Buchwertabschreibung und der daraus resultierenden Buchwerte entnommen werden:

$$A_i = (1 - p)^{i-1} \cdot p \cdot B_0$$

$$B_i = B_0 \cdot (1 - p)^i = G \cdot (1 - p)^i$$

Tab. 2: Abschreibungs- und Buchwertverlauf bei degressiver Buchwertabschreibung

i	A_i	B_i
0	—	$B_0 = G$
1	$A_1 = G \cdot p$ $= B_0 \cdot p$	$B_1 = B_0 - A_1 = B_0 - B_0 \cdot p$ $= B_0 \cdot (1 - p)$
2	$A_2 = B_1 \cdot p$ $= B_0 \cdot (1 - p) \cdot p$	$B_2 = B_1 - A_2 = B_0 \cdot (1 - p) - B_0 \cdot (1 - p) \cdot p$ $= B_0 \cdot (1 - p) \cdot (1 - p)$
⋮	⋮	⋮
n	$A_n = B_{n-1} \cdot p$ $= B_0 \cdot (1 - p)^{n-1} \cdot p$	$B_n = B_{n-1} - A_n$ $= B_0 \cdot (1 - p)^n$

Graphisch lassen sich Abschreibungs- und Buchwertverlauf wie folgt darstellen:

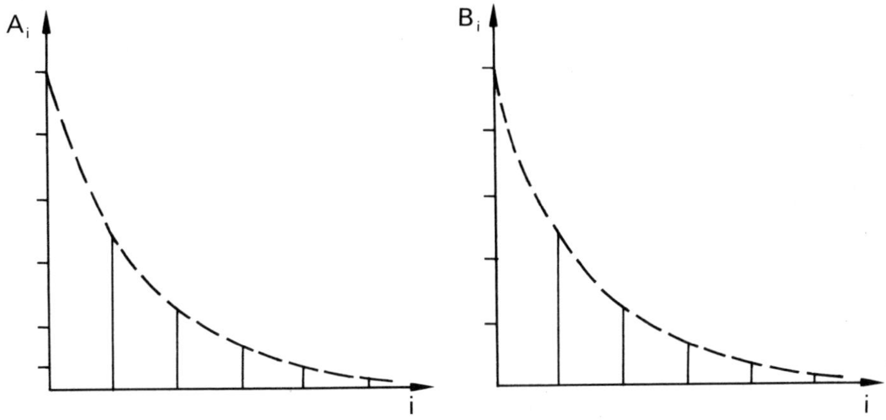

Eigenart dieser Abschreibungsform ist es, daß ein Restbuchwert von Null nie erreicht wird, da man das Bildungsgesetz einer unendlichen Reihe einer endlichen Nutzungsdauer zugrundelegt. Man ist daher bemüht, die Abschreibungssumme so zu verteilen, daß am Ende der Nutzungsdauer der Restbuchwert dem Restwert der Anlage entspricht. Für diesen Fall läßt sich bei Kenntnis des voraussichtlichen Restwertes der „richtige" Prozentsatz wie folgt leicht ermitteln:

$$R_n = B_n = G \cdot (1 - p)^n$$

$$(1 - p)^n = \frac{B_n}{G}$$

$$p = 1 - \sqrt[n]{\frac{B_n}{G}}$$

Der Abschreibungsprozentsatz p hängt also ab von der Nutzungsdauer n, dem zu verteilenden Anschaffungsbetrag G und dem Restwert am Ende der Nutzungsdauer B_n.

Neben den linearen und degressiven Abschreibungsverfahren sind noch die in der Praxis weniger gebräuchlichen **progressiven Verteilungsmethoden** zu nennen, die sich in analoger Umkehrung zu den Verfahren der degressiven Abschreibung bilden lassen (z. B. digital-progressive Abschreibung).

Den bislang dargestellten zeitabhängigen Abschreibungsverfahren stehen die **leistungsabhängigen Verteilungsmethoden** gegenüber, die nicht auf der Grundlage der voraussichtlichen Nutzungsdauer n, sondern auf Grund des gesamten zu schätzenden Leistungspotentials L der Anlage kalkuliert werden. Die Periodenabschreibung wird bei der am häufigsten verwendeten Form einer mengenmäßigen Abschreibung bestimmt durch den Verbrauch l_i des Gesamtleistungspotentials in einem Jahr, also durch

$$A_i = \frac{G - R_n}{L} \cdot l_i$$

mit L = gesamtes Leistungspotential,

l_i = Verbrauch des Leistungspotentials in i.

Da die Abschreibung je nach der Inanspruchnahme der Anlage variiert, wird dieses Abschreibungsverfahren auch als **variable Abschreibung** (in Bezug auf die Periodenabschreibungsbeträge) bezeichnet.

Verwendet werden unter Umständen auch Kombinationen der genannten Verfahren. So können z. B. zeitabhängige Verfahren miteinander kombiniert werden.

Sinnvoll ist zum Beispiel eine **Verbindung von degressiver Buchwertabschreibung und linearer Abschreibung** in der Weise, daß man den jeweiligen Gegenstand erst degressiv abschreibt und dann – weil man andernfalls den Buchwert von Null im letzten Abschreibungsjahr nicht erreichen würde – in derjenigen Periode t_{opt} auf die lineare Abschreibung übergeht, in der die konstanten Abschreibungsbeträge vom jeweiligen Buchwert größer werden als die Buchwertabschreibung.

Eine andere Kombinationsmöglichkeit ist die **Kopplung von zeitabhängigen mit leistungsabhängigen** Verfahren. Hierbei spaltet man die Abschreibungssumme C in zwei Teile auf und schreibt den einen Teil C_1 mit Hilfe des mengenmäßigen leistungsabhängigen Verfahrens und den anderen Teil C_2 mit Hilfe eines zeitabhängigen (z. B. linearen) Verfahrens ab. Die Problematik einer derartigen Vorgehensweise liegt jedoch in der Festlegung der Aufspaltungsquote.

Welches der genannten Abschreibungsverfahren nun konkret verwendet wird, hängt von den Verhältnissen des Einzelfalls ab. Aus **betriebswirtschaftlicher Sicht** ist man bemüht, entsprechend dem voraussichtlichen Leistungsverbrauch (Nutzungsverlauf) abzuschreiben und daher das Verfahren zu wählen, daß dieser Forderung am besten genügt. Darüberhinaus spielen jedoch häufig auch **bilanzpolitische Überlegungen** eine Rolle. **Zulässig** sind in handelsrechtlicher Sicht grundsätzlich alle genannten Verfahren, während das Steuerrecht eine stärkere Normierung vornimmt. So läßt das Einkommensteuergesetz nur in eingeschränktem Maße die degressive Buchwertabschreibung zu, während es die arithmetisch-degressive Abschreibung und damit auch die digitale Abschreibung grundsätzlich verbietet, so daß dem Steuerpflichtigen nur noch die Wahl zwischen linearer Abschreibung und

Ausgangsdaten: C = 15.000 DM; n = 5, L = 150.000 km; Art des Betriebsmittels: LKW

i	lineare AfA	arithmet. -degress. AfA	digital -degress. AfA	geometr. -degress. AfA	arithmet. -progress. AfA	digital -progress. AfA	geometr. -progress. AfA	leistungs. -mengenm. AfA	Komb. v. geom. u. lin. AfA	Komb. v. lin. u. mengenm. AFA
	Zusatz-angaben	$a_1 = 0{,}3$ $d = 0{,}05$		$p = 0{,}4$	$a_1 = 0{,}1$ $d = 0{,}05$		$p = 0{,}4$	$l_1 = 30.000$ $l_2 = 40.000$ $l_3 = 50.000$ $l_4 = 20.000$ $l_5 = 10.000$	$p = 0{,}4$ $t_{opt} = 4$	$C_1 = C_2$ l_1 bis l_5 siehe mengenm. AfA
1	3.000,—	4.500,—	5.000,–	6.000,—	1.500,—	1.000,—	777,60	3.000,—	6.000,—	3.000,—
2	3.000,—	3.750,—	4.000,—	3.600,—	2.250,—	2.000,—	1.296,—	4.000,—	3.600,—	3.500,—
3	3.000,—	3.000,—	3.000,—	2.160,—	3.000,—	3.000,—	2.160,—	5.000,—	2.160,—	4.000,—
4	3.000,—	2.250,—	2.000,—	1.296,—	3.750,—	4.000,—	3.600,—	2.000,—	1.620,—	2.500,—
5	3.000,—	1.500,—	1.000,—	777,60	4.500,—	5.000,—	6.000,—	1.000,—	1.620,—	2.000,—
verbl. Restw.	0,—	0,—	0,—	1.166,40	0,—	0,—	1.155,40	0,—	0,—	0,—
Summe	15.000,—	15.000,—	15.000,—	15.000,—	15.000,—	15.000,—	15.000,—	15.000,—	15.000,—	15.000,—

Tab. 3: Beispielhafter Überblick über die konventionellen Abschreibungsverfahren

u. U. degressiver Buchwertabschreibung oder leistungsabhängiger Abschreibung verbleibt, die er steueroptimal zu nutzen versuchen wird.

Grundsätzlich ist neben der Berücksichtigung des Werteverzehrs durch Abschreibungen auch der umgekehrte Fall des Wertezuwachses in Form einer **Zuschreibung** möglich. Zuschreibungen finden insbesondere zur Korrektur von überhöht angesetzten Abschreibungen Anwendung. (Vgl. S. 21)

2. Die direkte Verbuchung der Abschreibungen

Die buchtechnische Behandlung der Abschreibungen ist relativ einfach. Bei der zunächst zu erörternden direkten Methode bucht man den Periodenabschreibungsbetrag entsprechend seiner bislang vorgenommenen Kennzeichnung als Aufwand im Soll unter der Position

„65 Abschreibungen auf Anlagen“

und nimmt die Gegenbuchung im Haben direkt auf dem jeweiligen aktiven Bestandskonto des abnutzbaren Anlagevermögens vor.

BS.: (65) Abschreibungen an (0...) aktives Bestandskonto des abnutzbaren Anlagevermögens

Während das Aufwandskonto Abschreibungen über das GuV-Konto abschließt und damit eine erfolgsmindernde Wirkung zeigt (sog. **Gewinnermittlungsfunktion** der Abschreibungen), nimmt das jeweilige aktive Bestandskonto an Wert ab und gibt am Periodenende den geringeren Vermögenswert an das Schlußbilanzkonto ab (sog. **Wertermittlungsfunktion** der Abschreibungen). Erzielt die Unternehmung einen Gewinn, werden also die Abschreibungen durch die Umsatzerlöse „verdient“, so stehen ihr die Abschreibungsbeträge, da sie nicht auszahlungswirksam sind, zur Finanzierung anderer Projekte wieder zur Verfügung (sog. **Finanzierungsfunktion** der Abschreibungen). Werden die Abschreibungsbeträge in neue abnutzbare Anlagegegenstände investiert, so kann es über die zusätzlichen Abschreibungen auf die Neuinvestitionen sogar zu einem **Kapazitätserweiterungseffekt** kommen, auf den bereits Marx und Engels hingewiesen haben (Marx-Engels- bzw. Lohmann-Ruchti-Effekt).

Beispiel a):
Zielkauf einer Maschine für 15.000 DM; die voraussichtliche Nutzungsdauer beträgt 3 Jahre, es soll linear abgeschrieben werden.

1. BS: bei Kauf:	(07) Maschinen 15.000,— DM			
	(260) Vorsteuer 1.500,— DM	an (440) Verb.	16.500,— DM
2. BS: am Ende des 1. Jahres:	(65) Abschr.	an (07) Masch.	5.000,— DM
3. BS: am Ende des 2. Jahres:	(65) Abschr.	an (07) Masch.	5.000,— DM
4. BS: am Ende des 3. Jahres:	(65) Abschr.	an (07) Masch.	5.000,— DM

1. Jahr:

S	07 Maschinen		H
(1)	15.000,—	(2)	5.000,—
		(801)	10.000,—
	15.000,—		15.000,—

S	65 Abschreibungen		H
(2)	5.000,—	(802)	5.000,—

S	440 Verbindlichkeiten		H
		(1)	16.500,—

S	260 Vorsteuer		H
(1)	1.500,–		

S	801 SBK		H
(05) Masch.	10.000,—		

S	802 GuV		H
(65) Abschr.	5.000,—		

2. Jahr:

S	07 Maschinen		H
AB	10.000,—	(3)	5.000,—
		(801)	5.000,—
	10.000,—		10.000,—

S	65 Abschreibungen		H
(3)	5.000,—	(802)	5.000,–

S	801 SBK		H
(07) Masch.	5.000,—		

S	802 GuV		H
(65) Abschr.	5.000,—		

3. Jahr:

S	07 Maschinen		H
AB	5.000,—	(4)	5.000,—

S	65 Abschreibungen		H
(4)	5.000,—	(802)	5.000,–

S	802 GuV		H
(65) Abschr.	5.000,—		

Wird im vorliegenden Beispiel die Anlage nach dem 3. Jahr weitergenutzt, so schreibt man die Maschine am Ende des 3. Jahres nur bis auf den **Erinnerungswert** von 1,— DM ab und bucht diesen über Abschreibungen in der Periode aus, in der die Anlage außer Betrieb genommen wird.

Beispiel b):
Wie im Beispiel a), nur fällt die Anlage wider Erwarten nicht im 3., sondern im 4. Jahr aus.

4. BS: am Ende des 3. Jahres: (65) Abschr. an (07) Masch. 4.999,— DM
5. BS: am Ende des 4. Jahres: (65) Abschr. an (07) Masch. 1,— DM

3. Jahr:

S	07 Maschinen		H
AB	5.000,—	(4)	4.999,–
		(801)	1,—
	5.000,—		5.000,—

S	65 Abschreibungen		H
(4)	4.999,—	(802)	4.999,—

S	801 SBK		H
(07) Masch.	1,—		

S	802 GuV		H
(65) Abschr.	4.999,—		

4. Jahr:

S	07 Maschinen		H
AB	1,—	(5)	1,—

S	65 Abschreibungen		H
(5)	1,—	(802)	1,—

S	802 GuV		H
(66)	1,—		

Fällt eine Anlage dagegen vorzeitig vor Ende der voraussichtlichen Nutzungsdauer aus, so muß der gesamte Restbuchwert über „65 Abschreibungen auf Anlagen" ausgebucht werden (sog. außerplanmäßige Abschreibungen).

3. Die indirekte Verbuchung der Abschreibungen

Neben der bisher dargestellten direkten Verbuchungsmethode der Abschreibung findet in der Praxis auch eine indirekte Verbuchungsmethode Anwendung. Bei ihr wird nach wie vor unverändert die Sollbuchung der Periodenabschreibung als Aufwand auf dem Konto „65 Abschreibungen auf Anlagen" vorgenommen, jedoch erfolgt statt der direkten Belastung des Anlagenkontos eine Habenbuchung auf einem besonders hierfür eingerichteten **Korrekturposten**. Dieser Korrekturposten wird als „36 Wertberichtigungen auf Anlagen" bezeichnet und besitzt die Funktion eines passiven Bestandskontos, das seinen Saldo an das Schlußbilanzkonto abgibt. Auf diese Weise erfolgt die Wertkorrektur der Anlagengegenstände erst im Schlußbilanzkonto, was den Vorteil hat, daß man die ursprünglichen Investitionssumme und die Abschreibungsbeträge der Bilanz entnehmen kann. Allerdings muß man sich stets vergegenwärtigen, daß es sich bei den **Wertberichtigungen** nur um einen Korrekturposten handelt, der weder zum Eigen- noch zum Fremdkapital gehört, da er weder die abstrakte Wertsumme des Vermögens noch dessen Herkunft widerspiegelt.

Beispiel a): Indirekte Abschreibung (analog Beispiel a) aus Abschnitt 2.)

1. BS: bei Kauf:	(07) Maschinen 15.000,— DM		
	(260) Vorsteuer 1.500,— DM	an (440) Verb.	16.500,— DM
2. BS: am Ende des 1. Jahres:	(65) Abschr.	an (36) Wertb.	5.000,— DM
3. BS: am Ende des 2. Jahres:	(65) Abschr.	an (36) Wertb.	5.000,— DM
4. BS: am Ende des 3. Jahres:	(65) Abschr.	an (36) Wertb.	5.000,— DM
5. BS: am Ende des 3. Jahres:	(36) Wertb.	an (07) Masch.	15.000,— DM

1. Jahr:

S	07 Maschinen		H
(1)	15.000,—	(801)	15.000,—

S	65 Abschreibungen		H
(2)	5.000,—	(802)	5.000,—

S	440 Verbindlichkeiten		H
		(1)	16.500,—

S	260 Vorsteuer		H
(1)	1.500,—		

S	36 Wertberichtigungen a. A.		H
(801)	5.000,—	(2)	5.000,—

S	801 SBK		H
(07) Masch.	15.000,—	(36) Wertber.	5.000,—

S	802 GuV		H
(65) Abschr.	5.000,—		

2. Jahr:

S	07 Maschinen		H
AB	15.000,—		

S	65 Abschreibungen		H
(3)	5.000,—	(802)	5.000,—

S	36 Wertberichtigungen		H
(801)	10.000,—	AB	5.000,—
		(3)	5.000,—
	10.000,—		10.000,—

S	801 SBK		H
(07) Masch.	15.000,—	(36) Wertb.	10.000,—

S	802 GuV		H
(65) Abschr.	5.000,—		

3. Jahr:

S	07 Maschinen		H
AB	15.000,—	(5)	15.000,—

S	65 Abschreibungen		H
(4)	5.000,—	(802)	5.000,—

S	36 Wertberichtigungen		H
(5)	15.000,—	AB	10.000,—
		(4)	5.000,—
	15.000,—		15.000,—

S	802 GuV		H
(65) Abschr.	5.000,—		

Wie man dem Beispiel entnehmen kann, führt der Ausfall der Anlage zum Ausbuchen des Betrages aus dem aktiven Bestandskonto und zum Ausbuchen der Wertberichtigung. Fällt eine Anlage vorzeitig aus, so muß zunächst der Restbetrag als Abschreibung und Wertberichtigung gebucht werden, erst daran anschließend können das Anlagenkonto und die Wertberichtigungen gelöscht werden. Wird die Anlage dagegen über die voraussichtliche Nutzungsdauer hinaus weitergenutzt, so erübrigt sich eine Abschreibung auf den Erinnerungswert, da man der Bilanz entnehmen kann, daß sie noch genutzt wird (Anlagenkonto und Wertberichtigungskonto weisen einen positiven Betrag aus). Erst zum Zeitpunkt der Außerbetriebnahme werden Anlage und Wertberichtigungen ausgebucht.

Beispiel b): Indirekte Abschreibung (analog Beispiel b) aus Abschnitt 2.)

4. BS: am Ende des 3. Jahres:	(65) Abschr.	an (36) Wertb.	5.000,— DM
5. BS: am Ende des 4. Jahres:	(36) Wertb.	an (07) Masch.	15.000,— DM

3. Jahr:

S	07 Maschinen		H
AB	15.000,—	(801)	15.000,—

S	65 Abschreibungen		H
(4)	5.000,—	(802)	5.000,—

S	36 Wertberichtigungen		H
(801)	15.000,—	AB	10.000,—
		(4)	5.000,—
	15.000,–		15.000,—

S	801 SBK		H
(07) Masch.	15.000,—	(36) Wertb.	15.000,—

S	802 GuV		H
(65) Abschr.	5.000,—		

4. Jahr:

S	07 Maschinen		H
AB	15.000,—	(36)	15.000,—

S	36 Wertberichtigungen		H
(07)	15.000,—	AB	15.000,—

Beide Verbuchungsmethoden, die direkte und indirekte Abschreibung, werden in der Praxis angewandt. Während die indirekte Methode durch das ausgewiesene Verhältnis von Investitionssumme und vorgenommenen Abschreibungen eine Aussage über die Modernität der Anlagen erlauben kann, werden bei der direkten Methode nur Restbuchwerte ausgewiesen, die den Vorteil der problemlosen Ausbuchung bei Nutzungsdauernde besitzen und damit einfacher zu handhaben sind.

(→ Übungsaufgabe 14 und 19)

4. Praxis der Verbuchung des Anlagevermögens

Nach dem Bilanzrichtliniengesetz können Einzelkaufleute und Personengesellschaft zwischen der Anwendung der Brutto- und Nettoverbuchung der Abschreibungen wählen; auch der Ausweis in der Bilanz kann wahlweise brutto oder netto erfolgen.

Für Kapitalgesellschaften sieht § 266 HGB (Bilanzgliederung) keine Wertberichtigungen auf das Anlagevermögen auf der Passivseite vor. Entsprechend ist im Bilanzausweis die Nettomethode zwingend anzuwenden, d. h. das Anlagevermögen ist vermindert aus Abschreibungen auszuweisen. Um eine Beeinträchtigung des Grundsatzes der Bilanzklarheit (vgl. S. 18) zu verhindern, verlangt § 268, Abs. 2 jedoch ergänzend die Aufstellung eines sog. **Anlagegitters / Anlagespiegels**. In diesem Anlagegitter sind die Anschaffungskosten brutto – d. h. vor Abzug der Abschreibungen – zu zeigen. Daneben müssen die Zugänge, Abgänge, Umbuchungen – jeweils zu Anschaffungskosten – sowie die Zuschreibungen des Geschäftsjahres und die kumulierten Abschreibungen aufzulisten. Um diese Informationen durch die Buchhaltung generieren zu können, ist faktisch für die Verbuchung oder Abschreibungen bei Kapitalgesellschaften die Bruttomethode notwendig. Im Bilanzausweis ist jedoch die Nettomethode zwingend.[1])

Wegen der komplizierten und wertmäßig meist sehr bedeutenden Veränderungen des Anlagevermögens wird in den meisten Unternehmen ein gesondertes **Anlagenregister** in der Form einer Nebenbuchführung durchgeführt. In dieser Anlagenbuchhaltung (auch Anlagenkartei genannt) wird jeder einzelne Gegenstand des Anlagevermögens gesondert erfaßt (nach Art des Gegenstandes, Tag der Anschaffung oder Herstellung, Höhe der Anschaffungs- oder Herstellungskosten, Standort, Zu- und Abschreibungen, Wert am Bilanzstichtag, Tag des Abgangs). Auf diese Weise können die rechentechnischen Grundlagen für die Ermittlung der Abschreibungen, aber auch für die Ermittlung des Anlagespiegels dokumentiert werden. Daneben ist die Anlagenbuchhaltung auch die Stelle, Abschreibungen für Zwecke der handels- und steuerrechtlichen Rechnungslegung (**„bilanzielle Abschreibungen“**) von denen der Kostenrechnung zu unterscheiden (**„kalkulatorische Abschreibungen“**). Kalkulatorische Abschreibungen sollen insbesondere von bilanzpolitischen und rechtlichen Überlegungen unabhängig sein und den tatsächlichen Werteverzehr im Zeitablauf bestmöglichst reflektieren. Kalkulatorische Abschreibungen stellen damit ein Element der innerbetrieblichen Wirtschaftlichkeitsbeurteilung dar.

Wie bereits erwähnt erfolgt über die Anlagenbuchhaltung auch die Steuerung der Zuordnung von Gegenständen des Anlagevermögens auf die verschiedenen Positionen der Bilanz nach der Art der Gegenstände. Dies kann man durch die entsprechende Zuordnung auf Konten erfolgen. Insbesondere unterscheidet man hier im Sachanlagevermögen:

05 Grundstücke und Gebäude
050 Unbebaute Grundstücke
051 Bebaute Grundstücke
053 Betriebsgebäude
054 Verwaltungsgebäude
055 Andere Bauten

[1]) In den Fällen, in denen Abschreibungen in der Handelsbilanz aufgrund steuerlicher Vorschriften vorgenommen werden, ist die Bildung eines Wertberichtigungspostens in Höhe der Differenz zwischen dem handelsrechtlich gebotenen und dem steuerrechtlich zulässigen Wertansatz erlaubt (§ 281, Abs. 1 HGB). Der Ausweis des Unterschiedsbetrags hat unter der Position **„Sonderposten mit Rücklageanteil“** (Kto. Nr. 35 IKR 1986) zu erfolgen. Damit werden stille Reserven aufgrund steuerlicher Vorschriften offengelegt.

07 Technische Anlagen und Maschinen
070 Anlagen der Energieversorgung
071 Anlagen der Materiallagerung und -bereitstellung
072 Anlagen der mechanischen Materialbearbeitung, -verarbeitung und -umwandlung (Produktion)
073 Anlagen der Wärme-, Kälte- und chemischen Prozesse
⋮
etc.
08 Andere Anlagen, Betriebs- und Geschäftsausstattung
080 Andere Anlagen
081 Werkstätteneinrichtung
082 Werkzeuge
083 Lager- und Transporteinrichtungen
084 Fuhrpark
085 sonst. Betriebsausstattung
⋮
etc.
089 Geringwertige Vermögensgegenstände

Analog hierzu ist auch die Unterteilung der Abschreibungskonten sowie der Wertberichtigungskonten vorzunehmen (vgl. hierzu IKR 1986).

Hinzuweisen ist bei der Verbuchung des Anlagevermögens noch auf eine steuerliche Vereinfachungsregel. Denn nach § 6 Abs. 2 EStG wird die Möglichkeit gegeben, Anlagegüter geringeren Wertes sofort, d. h. im Jahr der Anschaffung oder Herstellung voll abzusetzen. Als Betragsgrenze gelten z. Zt. Anschaffungs- oder Herstellungskosten für den einzeln nutzungsfähigen Gegenstand von 800 DM (ohne Umsatzsteuer). Buchhalterisch wird der Gegenstand erst als Zugang des Anlagevermögens gezeigt (auf Konto 089), daran anschließend kann der Gegenstand jedoch sogleich als Abgang ausgebucht werden, so daß eine gesonderte Erfassung im Anlagenregister nicht erforderlich ist[1]).

[1]) Für Zwecke der steuerlichen Einheitsbewertung ist jedoch der Zugangswert aller geringwertigen Wirtschaftsjahre für fünf Jahre nachzuweisen.

7. Kapitel

Die Hauptabschlußübersicht (Betriebsübersicht)

Nach der vollständigen Verbuchung sämtlicher laufenden Geschäftsvorfälle und vor dem endgültigen Abschluß aller Bestands- und Erfolgskonten wird in der Praxis außerhalb des Systems der doppelten Buchhaltung ein sog. **Probeabschluß** erstellt, der der tabellarischen Ableitung von Schlußbilanz sowie Gewinn- und Verlustrechnung dient. Dieser Probeabschluß in tabellarischer Form wird auch Hauptabschlußübersicht, Betriebsübersicht oder Abschlußtabelle genannt.

Mit der Betriebsübersicht verfolgt man vor allem die folgenden Zwecke:

- **Überprüfung der Richtigkeit:**
  Fehler bei der Verbuchung sollen aufgedeckt und korrigiert werden. Da Fehlerkorrekturen bei abgeschlossenen Konten große Schwierigkeiten bereiten, zumal wenn sich die Fehler auf mehrere Einzelkonten auswirken, ist hierzu ein besonderes Rechnungslegungsinstrument, nämlich die Betriebsübersicht, erforderlich.
- **Vorbereitung bilanzpolitischer Maßnahmen:**
  Eine vorläufige Übersicht über die Vermögens- und Ertragslage der Unternehmung dient der Unternehmensleitung als Informations- und Entscheidungsgrundlage für die Lösung von Bewertungsproblemen, vor allem, wenn sie bilanzpolitischer Natur sind. Nimmt man (vorbereitende) Abschlußbuchungen außerhalb der doppelten Buchführung vor, so kann sich die Geschäftsleitung ein Bild über die ergebnismäßigen Konsequenzen ihrer bilanzpolitischen Entscheidungen machen.
- **Zusätzliche Informationsgewinnung:**
  Durch die Konzentration aller Buchhaltungszahlen in einer Tabelle sowie durch die Darstellung der Veränderungen innerhalb des Geschäftsjahres (Bewegungsbilanzcharakter) lassen sich zusätzliche Informationen über die wirtschaftliche Lage der Unternehmung gewinnen.
- **Dokumentation von Abschlußbuchungen bei der Bilanzerstellung:**
- **Spezielle steuerliche Zwecke:**
  Die Hauptabschlußübersicht kann auch dazu dienen, die Steuerbilanz aus der Handelsbilanz herzuleiten. Sie ist dann ausschließliche Grundlage der steuerlichen Gewinnermittlung und dient als Nachweis für die Ordnungsmäßigkeit der Buchhaltung.

In der **Summenbilanz** werden die unsaldierten Summen der Soll- und der Habenseite sämtlicher Bestands- und Erfolgskonten ausgewiesen. Da die Anfangsbestände aller Aktivkonten den Anfangsbeständen aller Passivkonten entsprechen müssen und alle laufenden Geschäftsvorfälle nach den Grundsätzen der Doppik verbucht sein müssen, muß notwendigerweise in der Summenbilanz Wertgleichheit von Soll- und Habenseite gewährleistet sein. Besteht keine Übereinstimmung von Soll- und Habenseite, so handelt es sich entweder um Additions- oder um Buchungsfehler, die im Grund- und/oder Hauptbuch gesucht werden müssen.

Die Betriebsübersicht umfaßt in der Regel 6 Doppelspalten und hat die folgende Form:

Konto		Summen-bilanz		Salden-bilanz I		Umbuch-ungen		Salden-bilanz II		Bilanz		GuV	
Kto-Nr.	Kto-Bezeichnung	Soll	Ha-ben	S	H	S	H	S	H	S	H	S	H
Summe													

Abb. 6: Aufbau einer Betriebsübersicht

Die Übereinstimmung von Soll- und Habensumme in der Summenbilanz ist lediglich eine notwendige, jedoch nicht hinreichende Bedingung. Das Verbuchen materiell fehlerhafter Beträge unter Beachtung der Systematik der doppelten Buchhaltung kann so nicht nachgewiesen werden; ebenso ist das Verbuchen auf falschen Konten, sofern nur richtig in Soll und Haben gebucht wird, nicht aufzudecken; darüberhinaus können sich Fehler gegenseitig aufheben.

Beispiel: Betriebsübersicht (Summenbilanz):[1]

Konto		Summenbilanz	
Kto-Nr.	Kto-Bezeichnung	Soll	Haben
07	Maschinen	120	20
08	Betriebs- und Geschäftsausstattung	60	–
200	Rohstoffe	50	20
2001	Anschaffungsnebenkosten Rohstoffe	10	–
220	Fertigerzeugnisse	30	–
240	Forderungen	135	45
260	Vorsteuer	10	–
280	Bank	160	40
300	Eigenkapital	–	200
301	Privat	10	–
36	Wertberichtigungen	–	30
440	Verbindlichkeiten	15	85
480	Sonstige Verbindlichkeiten	–	25
481	berechnete Mehrwertsteuer	–	15
482	USt-Verrechnungskonto	–	–
500	Umsatzerlöse	–	150
501	Erlösberichtigungen	10	–
52	Bestandsveränderungen	–	–
600	Aufwendungen Rohstoffe	20	–
65	Abschreibungen a. A.	–	–
–	Summe	630	630

Wie man an dem Beispiel erkennen kann, werden in der Summenbilanz die Anfangsbestände sowie die Zu- und Abgänge auf den einzelnen Konten unsaldiert ausgewiesen.

In der **Saldenbilanz I** werden die Salden aus den Zahlen der Summenbilanz auf die größere Seite einer Position eingetragen. Auch in der Saldenbilanz I müssen die Summen der Soll- und Habenseite ausgeglichen sein; andernfalls liegt ein Saldierungsfehler vor.

Für die Zahlen der im Beispiel dargestellten Summenbilanz soll nunmehr die Saldenbilanz I entwickelt werden.

---

[1]) Alle Geldbeträge verstehen sich im Beispiel in Tausend DM (TDM).

Beispiel: Betriebsübersicht (Saldenbilanz I)

Konto		Saldenbilanz I	
Kto-Nr.	Kto-Bezeichnung	Soll	Haben
07	Maschinen	100	–
08	Betriebs- und Geschäftsausstattung	60	–
200	Rohstoffe	30	–
2001	Anschaffungsnebenkosten Rohstoffe	10	–
220	Fertigerzeugnisse	30	–
240	Forderungen	90	–
260	Vorsteuer	10	–
280	Bank	120	–
300	Eigenkapital	–	200
301	Privat	10	–
36	Wertberichtigungen	–	30
440	Verbindlichkeiten	–	70
480	Sonstige Verbindlichkeiten	–	25
481	berechnete Mehrwertsteuer	–	15
482	USt-Verrechnungskonto	–	–
500	Umsatzerlöse	–	150
501	Erlösberichtigungen	10	–
52	Bestandsveränderungen	–	–
600	Aufwendungen Rohstoffe	20	–
65	Abschreibungen a. A.	–	–
	Summe	490	490

Die Saldenbilanz I enthält also auf den Bestandskonten die vorläufigen Endbestände und auf den Erfolgskonten die vorläufigen laufenden Aufwendungen und Erträge.

In der Spalte **Umbuchungen** erfolgen die Korrektur- und vorbereitenden Abschlußbuchungen. Diese Buchungen werden nach den Regeln der Doppik vorgenommen, d.h. jeder Sollbuchung entspricht in gleicher Höhe (mindestens) eine Habenbuchung et vice versa. Daraus folgt zugleich, daß die Summen der Soll- und Habenseite der Umbuchungsspalte sich entsprechen müssen. Ist dies nicht der Fall, so liegt entweder ein Additions- oder ein Buchungsfehler vor. Im einzelnen werden in der Umbuchungsspalte z.B. die Abschreibungen, die Ermittlung der USt.-Zahllast, Bewertungskorrekturen, Korrekturen aufgrund der Abweichung von Buch- und Inventurbeständen sowie der Abschluß der Unterkonten vorgenommen.

Für das vorliegende Beispiel mögen die folgenden Abschlußangaben gelten:

1. Direkte Abschreibung von 20 TDM auf „07 Maschinen“
2. Indirekte Abschreibung von 10 TDM auf „08 Betriebs- und Geschäftsausstattung“
3. Endbestand Rohstoffe (incl. anteiliger Anschaffungsnebenkosten) 25 TDM

4. Endbestand Fertigerzeugnisse 10 TDM
5. Passivierung der USt.-Zahllast

Die Buchungssätze zur Umbuchungsspalte lauten:

1.	BS:	(65) Abschreibung a. A.	an	(07) Maschinen	20 TDM
2.	BS:	(65) Abschreibung a. A.	an	(36) Wertberichtigung	10 TDM
3a.	BS:	(200) Rohstoffe	an	(2001) ANK Rohstoffe	10 TDM
3b.	BS:	(600) Aufw. Rohstoffe	an	(200) Rohstoffe	15 TDM
4.	BS:	(52) Bestandsveränd.	an	(220) Fertigerzeugnisse	20 TDM
5a.	BS:	(482) USt.-Verrechnung	an	(260) Vorsteuer	10 TDM
5b.	BS:	(481) Mehrwertsteuer	an	(482) USt.-Verrechnungskonto	15 TDM
5c.	BS:	(482) USt.-Verrechnung	an	(480) Sonst. Verbindlichkeiten	5 TDM
6.	BS:	(300) Eigenkapital	an	(301) Privat	10 TDM
7.	BS:	(500) Umsatzerlöse	an	(501) Erlösberichtigungen	10 TDM

Beispiel: Betriebsübersicht (Umbuchungsspalte)

Konto		Umbuchungen			
Kto-Nr.	Kto-Bezeichnung	Soll		Haben	
07	Maschinen			(1)	20
08	Betriebs- und Geschäftsausstattung				
200	Rohstoffe	(3a)	10	(3b)	15
2001	Anschaffungsnebenkosten Rohstoffe			(3a)	10
220	Fertigerzeugnisse			(4)	20
240	Forderungen				
260	Vorsteuer			(5a)	10
280	Bank				
300	Eigenkapital	(6)	10		
301	Privat			(6)	10
36	Wertberichtigungen			(2)	10
440	Verbindlichkeiten				
480	Sonstige Verbindlichkeiten			(5c)	5
481	berechnete Mehrwertsteuer	(5b)	15		
482	USt-Verrechnungskonto	(5a) (5c)	10 5	(5b)	15
500	Umsatzerlöse	(7)	10		
501	Erlösberichtigungen			(7)	10
52	Bestandsveränderungen	(4)	20		
600	Aufwendungen Rohstoffe	(3b)	15		
65	Abschreibung a. A.	(1) (2)	20 10		
	Summe		125		125

In der **Saldenbilanz II** werden die endgültigen Salden auf den Konten durch die Berücksichtigung der Veränderungen, die durch die Umbuchungsspalte gegenüber der Saldenbilanz I erfolgt sind, ermittelt. Zur formalen Richtigkeit müssen auch hier Soll- und Habensumme übereinstimmen.

Beispiel: Betriebsübersicht (Saldenbilanz II)

Konto		Saldenbilanz II	
Kto-Nr.	Kto-Bezeichnung	Soll	Haben
07	Maschinen	80	–
08	Betriebs- und Geschäftsausstattung	60	–
200	Rohstoffe	25	–
2001	Anschaffungsnebenkosten Rohstoffe	–	–
220	Fertigerzeugnisse	10	–
240	Forderungen	90	–
260	Vorsteuer	–	–
280	Bank	120	–
300	Eigenkapital	–	190
301	Privat	–	–
36	Wertberichtigungen	–	40
440	Verbindlichkeiten	–	70
480	Sonstige Verbindlichkeiten	–	30
481	berechnete Mehrwertsteuer	–	–
482	USt.-Verrechnungskonto	–	–
500	Umsatzerlöse	–	140
501	Erlösberichtigungen	–	–
52	Bestandsveränderungen	20	–
600	Aufwendungen Rohstoffe	35	–
65	Abschreibungen a. A.	30	–
	Summe:	470	470

Die **Bilanz** erhält man, indem man die Salden der Bestandskonten aus der Saldenbilanz II isoliert. Der Aufbau der Bilanzspalte entspricht materiell der Schlußbilanz, nur wird der Periodenerfolg nicht über das Eigenkapitalkonto abgeschlossen, sondern ergibt sich als Differenz der Summen von Soll- und Habenseite. Den neuen Eigenkapitalbestand kann man also außerhalb der Betriebsübersicht dadurch ermitteln, daß man den Erfolg zum Saldo des Eigenkapitals addiert. Der Erfolg ist positiv, falls die Sollseite der Bilanz größer ist als die Habenseite (Gewinn), der Erfolg ist negativ, falls der umgekehrte Fall eingetreten ist (Verlust).

Die **Gewinn- und Verlustrechnung** erhält man, indem man die Salden der Erfolgskonten aus der Saldenbilanz II isoliert. Der Erfolg, der dem in der Bilanz ausgewiesenen Erfolg entsprechen muß, ergibt sich als Saldo aus Erträgen (Habenseite) und Aufwendungen (Sollseite). Der Periodenerfolg wird in der Betriebsübersicht also auf zwei verschiedenen Wegen ermittelt, einmal als Reinvermögensdifferenz und zum anderen als Differenz von Erträgen und Aufwendungen.

Das neue Eigenkapital ergibt sich aus:

Eigenkapital laut Saldenbilanz II:	190
+ Gewinn	55
Neues Eigenkapital	245

Beispiel:
Betriebsübersicht (Bilanz und Gewinn- und Verlustrechnung)

Konto		Bilanz		GuV	
Kto-Nr.	Kto-Bezeichnung	Soll	Haben	Soll	Haben
07	Maschinen	80	–	–	–
08	Betriebs- u. Geschäftsausst.	60	–	–	–
200	Rohstoffe	25	–	–	–
2001	ANK Rohstoffe	–	–	–	–
220	Fertigerzeugnisse	10	–	–	–
240	Forderungen	90	–	–	–
260	Vorsteuer	–	–	–	–
280	Bank	120	–	–	–
300	Eigenkapital	–	190	–	–
301	Privat	–	–	–	–
36	Wertberichtigung	–	40	–	–
440	Verbindlichkeiten	–	70	–	–
480	Sonst. Verbindlichkeiten	–	30	–	–
481	ber. Mehrwertsteuer	–	–	–	–
482	USt.-Verrechnungskonto	–	–	–	–
500	Umsatzerlöse	–	–	–	140
501	Erlösberichtigungen	–	–	–	–
52	Bestandsveränderungen	–	–	20	–
600	Aufwendungen Rohstoffe	–	–	35	–
65	Abschreibungen a. A.	–	–	30	–
		385	330	85	140
		Gewinn	55	55	Gewinn
		385	385	140	140

(→ Übungsaufgabe 16 bis 18)

8. Kapitel

Besondere Buchungsfälle

1. Verkauf von Gegenständen des Sachanlagevermögens

Zu den Nebengeschäften eines Unternehmens gehört es, daß Anlagegegenstände vor Ablauf ihrer Nutzungsdauer – z. B., weil sie nicht mehr benötigt werden – verkauft werden. Bei diesen Anlageverkäufen kann je nach dem Verhältnis von Buch- und Verkaufswert ein positiver, negativer oder gar kein Beitrag zum Erfolg erzielt werden. Dabei ermittelt sich der Buchwert aus dem Anschaffungswert abzüglich der bis zum Verkaufszeitpunkt vorgenommenen Abschreibungen. Erfolgt der Verkauf einer Anlage nicht zu Beginn oder Ende eines Geschäftsjahres, so ist zur Ermittlung des Buchwertes bei Gegenständen des abnutzbaren Sachanlagevermögens noch eine zeitanteilige Abschreibung vorzunehmen.

Beispiel:
Verkauf einer Maschine am 31. 3. 88. Der Anschaffungswert betrug beim Kauf der Maschine am 2. 1.1986 DM 100.000, die voraussichtliche Nutzungsdauer betrug 5 Jahre, es wurde linear abgeschrieben.
Ermittlung des Buchwertes:

Anschaffungswert	100.000
·/· Abschreibung 1986	20.000
·/· Abschreibung 1987	20.000
·/· zeitanteilige Abschreibung	
1988 $\left(=\frac{20.000}{12}\cdot 3\right)$	5.000
Buchwert	55.000

Grundsätzlich wäre es denkbar, den Verkauf von Gegenständen des Sachanlagevermögens über das Ertragskonto „500 Umsatzerlöse" zu verbuchen. Dagegen spricht jedoch, daß über das Konto Umsatzerlöse nur die **ordentlichen**, d. h. dem Zweck der betrieblichen Tätigkeit entsprechende Umsätze verbucht werden sollen und die Aussagefähigkeit dieser Position bei **außerordentlichen** Verkäufen stark eingeschränkt würde. Außerdem müßte dem Erlös in Konto „500 Umsatzerlöse" dann noch der Restbuchwert gegenübergestellt werden, um den Bruttoerfolg zu ermitteln.

Eine weitere Möglichkeit besteht darin, die Anlagenverkäufe über ein gesondertes Ertragskonto laufen zu lassen; dagegen kann jedoch eingewandt werden, daß Anlagenverkäufe häufig mit Verlust getätigt werden und ein entsprechender Ausweis unter den Erträgen nicht sachgerecht wäre.

Es ist daher schließlich die Methode zu bevorzugen, die nur die aus dem Anlagenverkauf resultierenden Nettostückgewinne bzw. -verluste als sonstigen betrieblichen Ertrag ausweist; gleichzeitig werden die Anlagegegenstände zu ihren Buchwerten ausgebucht. Bei dieser Methode ist es erforderlich, drei Konstellationen von Anlageverkäufen zu unterscheiden:

1. **Verkauf zum Buchwert**
(Verkaufswert = Buchwert)

In diesem einfachen, allerdings recht seltenen Fall wird die Anlage zum Buchwert aus ihrem Konto ausgebucht; darüberhinaus fällt auf den Verkaufswert Mehrwertsteuer an.

Beispiel a): Verbuchung bei direkter Abschreibung:
Ausgangsdaten wie oben; der Verkaufspreis von 55.000 DM wird gestundet.
BS: (240) Forderungen 60.500,— an (481) MwSt. 5.500,— DM
an (07) Maschinen 55.000,— DM

S	07 Maschinen		H
AB	60.000,—	(65)	5.000,—
		(a)	55.000,—
	60.000,—		60.000,—

S	481 MwSt		H
		(a)	5.500,—

S	240 Forderungen		H
(a)	60.500,—		

Beispiel b) Verbuchung bei indirekter Abschreibung:
Ausgangsdaten wie Beispiel a)
BS: (240) Forderungen 60.500,— DM an (07) Maschinen 100.000,— DM
(36) Wertberichtig. 45.000,— DM an (481) MwSt 5.500,— DM

S	07 Maschinen		H
AB	100.000,—	(b)	45.000,—
		(b)	55.000,—
	100.000,—		100.000,—

S	36 Wertberichtigungen		H
(b)	45.000,—	AB	40.000,—
		(65)	5.000,—
	45.000,—		45.000,—

S	240 Forderungen		H
(b)	60.500		

S	481 MwSt		H
		(b)	5.500,—

Wie man sieht, ergeben sich bei indirekter Abschreibung bis auf die Ausbuchung der Wertberichtigungen über Maschinen keine Veränderungen gegenüber der direkten Methode.

2. **Verkauf über Buchwert**
(Verkaufswert > Buchwert)

Wird eine Anlage über ihrem Buchwert verkauft, so bedeutet dies, daß die Unternehmung hierdurch einen positiven Beitrag zum Erfolg (sonst. betr. Ertrag) erwirtschaftet hat, d. h. ein Stückgewinn entstanden ist; dieser wird netto über das Konto „546 Erträge aus dem Abgang von Gegenständen des Anlagevermögens“ (kurz: „Erträge aus AV“) verbucht.

Beispiel a): Verbuchung bei direkter Abschreibung:
Ausgangsdaten wie oben; der Verkaufspreis beträgt 65.000 DM.

BS: (240) Forderungen 71.500,— DM an (07) Maschinen 55.000,— DM
(481) MwSt 6.500,— DM
(546) Erträge aus AV 10.000,— DM

S	07 Maschinen		H
AB	60.000,—	(65)	5.000,—
		(a)	55.000,—
	60.000,—		60.000,—

S	481 MwSt		H
		(a)	6.500,—

S	240 Forderungen		H
(a)	71.500,—		

S	546 Erträge aus AV		H
		(a)	10.000,—

Beispiel b) Verbuchungen bei indirekter Abschreibung

BS: (240) Forderungen 71.500,— DM
(36) Wertberichtig. 45.000,— DM
an
(07) Maschinen 100.000,— DM
(481) MwSt 6.500,— DM
(546) Erträge aus AV 10.000,— DM

S	07 Maschinen		H
AB	100.000,—	(b)	100.000,—

S	36 Wertberichtigungen		H
(b)	45.000,—	AB	40.000,—
		(65)	5.000,—
	45.000,—		45.000,—

S	240 Forderungen		H
(b)	71.500,—		

S	546 Erträge aus AV		H
		(b)	10.000,—

S	481 MwSt		H
		(b)	6.500,—

Auch im vorliegenden Fall ergeben sich zwischen direkter und indirekter Abschreibung bei Anlagenverkäufen keine materiellen Unterschiede, im Beispiel wurden nur die Habenbuchungen auf dem Maschinenkonto zusammengefaßt; man kann daher bei indirekter Abschreibung und Anlagenverkäufen sagen, daß stets das Anlagen- sowie das Wertberichtungskonto ausgebucht werden müssen, bevor man die weiteren Verkaufsbuchungen vornimmt.

Werden Anlagengegenstände zu einem höheren, als dem Restbuchwert verkauft, so ist dies ein Indiz, daß der entsprechende Vermögensgegenstand unterbewertet war und damit **stille Reserven** bestanden. Diese stillen Reserven werden bei der Veräußerung als sonstige betriebliche Erträge aufgelöst und damit der Besteuerung unterworfen. (Vgl. vorangegangene Buchungsbeispiele)

Unter bestimmten Voraussetzungen (§ 66 EStG und Abschn. 35 EStR) ist es zulässig die stillen Reserven auf einen Ersatzvermögensgegenstand zu übertragen und damit der sofortigen Besteuerung zu entziehen. Zu diesem Zweck werden die stillen

Reserven auf das passive Bestandskonto „35 Sonderposten mit Rücklageanteil" gebucht und – sofern ein Abschlußstichtag vor der Ersatzbeschaffung liegt – unter dieser Bezeichnung in der Bilanz ausgewiesen. Bei Beschaffung des Ersatzvermögensgegenstandes wird die entsprechende Passivposition aufgelöst und reduziert die Anschaffungskosten (Abschreibungssumme) des neuen Vermögensgegenstandes. Dies hat zur Konsequenz, daß sich die stillen Rücklagen über die Nutzungsdauer des Ersatzgutes auflösen.

3. **Verkauf unter Buchwert**
   (Verkaufswert < Buchwert)

   Tritt der Fall ein, daß eine Anlage unter ihrem Buchwert verkauft wird, so ist dies ein Indiz dafür, daß die Abschreibungen in der Vergangenheit zu gering bemessen gewesen sind. Diese bislang unterlassenen Aufwandsbuchungen werden beim Anlagenverkauf nachgeholt über das Konto „696 Aufwendungen aus dem Abgang von Gegenständen des Anlagevermögens" (kurz: „Aufwendungen aus AV").

Beispiel a): bei direkter Abschreibung:
Ausgangsdaten wie oben; der Verkaufspreis beträgt 50.000 DM

BS:			an			
(240)	Forderungen	55.000,— DM	an	(07)	Maschinen	55.000,— DM
(696)	Aufwendungen aus AV	5.000,— DM		(481)	MwSt	5.000,— DM

S 07 Maschinen H

S		H	
AB	60.000,—	(65)	5.000,—
		(a)	55.000,—
	60.000,—		60.000,—

S 481 MwSt H

S	H	
	(a)	5.000,—

S 240 Forderungen H

S		H
(a)	55.000,—	

S 696 Aufwendungen aus AV H

S		H
(a)	5.000,—	

Beispiel b): Verbuchung bei indirekter Abschreibung:

BS:			an			
(36)	Wertberichtig.	45.000,— DM	an	(07)	Maschinen	100.000,— DM
(240)	Forderungen	55.000,— DM		(481)	MwSt	5.000,— DM
(696)	Aufw. aus AV	5.000,— DM				

S 07 Maschinen H

S		H	
AB	100.000,—	(b)	100.000,—

S 36 Wertberichtigungen H

S		H	
(b)	45.000,—	AB	40.000,—
		(65)	5.000,—
	45.000,—		45.000,—

S 240 Forderungen H

S		H
(b)	55.000,—	

S 481 MwSt H

S	H	
	(b)	5.000,—

S 696 Aufwendungen aus AV H

S		H
(b)	5.000,—	

4. Schließlich ist noch auf den Fall hinzuweisen, daß bei einem Anlagenkauf **gebrauchte Anlagen in Zahlung gegeben** werden. In diesem Fall muß ein gesonderter Kauf und ein gesonderter Verkauf unterstellt werden.

   Beispiel a): Verbuchung bei direkter Abschreibung:
   Ausgangsdaten wie oben; die alte Anlage wird für 60.000 DM in Zahlung gegeben, die neue Anlage hat einen Anschaffungswert von 100.000 DM; der Restbetrag wird per Bankscheck bezahlt.

BS:				
(07) Maschinen	100.000,— DM	an	(07) Maschinen	55.000,— DM
(260) Vorsteuer	10.000,— DM		(546) Erträge a. AV	5.000,— DM
	110.000,— DM		(481) MwSt	6.000,— DM
			(280) Bank	44.000,— DM
				110.000,— DM

S	07 Maschinen		H
AB	60.000,—	(65)	5.000,—
(a)	100.000,—	(a)	55.000,—

S	481 MwSt		H
		(a)	6.000,—

S	546 Erträge aus AV		H
		(a)	5.000,—

S	260 Vorsteuer		H
(a)	10.000,—		

S	280 Bank		H
		(a)	44.000,—

Beispiel b): Verbuchung bei indirekter Abschreibung:
Ausgangsdaten wie oben, jedoch wird die alte Maschine für 45.000 DM in Zahlung gegeben.

BS:				
(07) Maschinen	100.000,— DM	an	(07) Maschinen	100.000,— DM
(260) Vorsteuer	10.000,— DM		(481) MwSt	4.500,— DM
(36) Wertberichtig.	45.000,— DM		(280) Bank	60.500,— DM
(696) Aufwendungen aus AV	10.000,— DM			
	165.000,— DM			165.000,— DM

S	07 Maschinen		H
AB	100.000,—	(b)	100.000,—
(b)	100.000,—		

S	36 Wertberichtigungen		H
(b)	45.000,—	AB	40.000,—
		(65)	5.000,—

S	260 Vorsteuer		H
(b)	10.000,—		

S	481 MwSt		H
		(b)	4.500,—

S	696 Aufwendungen aus AV		H
(b)	10.000,—		

S	280 Bank		H
		(b)	60.500,—

(→ Übungsaufgabe 15)

2. Die Verbuchung der Personalaufwendungen

a. Die Verbuchung der Löhne und Gehälter

Die Arbeitnehmer werden für ihr Tätigkeit in der Unternehmung entlohnt. Dabei sind regelmäßig sowohl Höhe als auch Art der Entlohnung (z. B. Zeitlohn, Akkordlohn oder Prämienlohn) durch tarifvertragliche Bestimmungen, Betriebsvereinbarungen oder durch Einzelvertrag normiert. Für die Unternehmung stellt das so vereinbarte Arbeitsentgelt eine aufwandsmäßige Belastung dar, die auf dem Konto „62 Löhne" für gewerbliche Mitarbeiter und Konto „63 Gehälter" für Angestellte verbucht wird und gewinnschmälernd wirkt. Im folgenden wird bei der Verbuchung der Personalaufwendungen lediglich das Konto „62 Löhne" herangezogen. Für Gehälter besteht kein materieller Unterschied; es gilt die analoge Verbuchung.

Für den Arbeitnehmer kommt nicht das gesamte tariflich festgelegte oder vertraglich vereinbarte Entgelt (**Bruttolohn oder Bruttogehalt**) zur Auszahlung. Vielmehr ist der Arbeitnehmer zu einer Reihe von Zahlungen verpflichtet, die das Bruttoarbeitsentgelt schmälern. In der Regel sind diese Zahlungen unmittelbar durch das Unternehmen einzubehalten (**Quellenabzugsverfahren**) und an die unterschiedlichen Institutionen abzuführen (Schuldner ist jedoch der Arbeitnehmer). Nach Einbehaltung dieser „Abzüge" kommt lediglich das **Nettoarbeitsentgelt** zur Auszahlung.

Im einzelnen ist der Arbeitgeber aufgrund gesetzlicher Bestimmungen verpflichtet, folgende Abgaben vom Bruttoarbeitsentgelt eines jeden Arbeitnehmers einzubehalten:

- die Lohnsteuer des Arbeitnehmers,
- die Kirchensteuer des Arbeitnehmers,
- der Anteil des Arbeitnehmers an der Sozialversicherung (meist 50% des Gesamtbetrages).

Die **Lohnsteuer** ist eine besondere Erhebungsform der Einkommensteuer und stellt eine Steuer auf das Bruttoarbeitsentgelt dar (Einkünfte aus nichtselbständiger Tätigkeit). Als Grundlage für die Berechnung der Höhe der einzubehaltende Steuer dient dem Unternehmen die Lohnsteuerkarte. Diese wird von dem Wohnsitz-Einwohnermeldeamt dem Arbeitnehmer ausgestellt, der sie dann an den Arbeitgeber weiterleitet. Die Lohnsteuerkarte enthält alle für die Besteuerung des Arbeitnehmers relevanten Daten wie z. B. Lohnsteuerklasse, Familienstand, Konfessionszugehörigkeit, Freibeträge usw. Unter Zugrundelegung dieser Informationen ermittelt die Unternehmung mit Hilfe von Lohnsteuertabellen die Steuerbelastung des einzelnen Arbeitnehmers und behält diesen Betrag vom Bruttoarbeitsentgelt ein. Spätestens bis zum 10. Tag des folgenden Monats muß der Arbeitgeber die einbehaltenen Steuerbeträge an das Finanzamt abführen.

Die **Kirchensteuer** wird ebenfalls nach den Eintragungen der Lohnsteuerkarte bezüglich der Konfession unter Beachtung des für das jeweilige Bundesland geltenden Steuersatzes vom Arbeitgeber einbehalten und zusammen mit der Lohnsteuer an das Finanzamt abgeführt. Von dort erfolgt dann eine Weiterleitung zu den kirchlichen Organisationen.

Auch die **Sozialabgaben** richten sich in ihrer Höhe nach dem Bruttoarbeitsentgelt des Arbeitnehmers; jedoch wird der Arbeitnehmer nur mit 50% der gesamten Sozialabgaben belastet (**Arbeitnehmeranteil zur Sozialversicherung**). Die anderen 50% der Sozialversicherungslast sind vom Arbeitgeber zu bezahlen (**Arbeitgeberanteil zur Sozialversicherung**). Im einzelnen sind zu unterscheiden:

- Krankenversicherung,
- Rentenversicherung,
- Arbeitslosenversicherung.

Der Arbeitnehmeranteil zur Sozialversicherung wird ebenfalls durch die Unternehmung vom Bruttoarbeitsentgelt einbehalten und regelmäßig an die Krankenkasse abgeführt, die dann die Verrechnung mit den anderen Versicherungsträgern vornimmt.

Alle durch die Unternehmung für den Arbeitnehmer einbehaltenen Beträge führen, sofern sie nicht sofort an die jeweiligen Institutionen abgeführt werden, bis zur Freisetzung bei der Unternehmung zu einem **durchlaufenden Posten**. Die Verbuchung erfolgt zum Zeitpunkt der Einbehaltung auf dem Konto „483 Verbindlichkeiten gegen Sozialversicherungsträger" (Habenbuchung), das bei Abführung der Beträge im Soll gegengebucht wird.

Wie schon angemerkt, sind die Sozialabgaben für den Arbeitnehmer zur Hälfte vom Arbeitnehmer selbst und zur Hälfte vom Arbeitgeber zu tragen. Dies führt in Höhe des **Arbeitgeberanteils zur Sozialversicherung** zu einer weiteren über das Bruttoarbeitsentgelt hinausgehenden Aufwandsbelastung der Unternehmung. Die Verbuchung dieses Arbeitgeberanteils erfolgt in dem Aufwandskonto „64 Soziale Abgaben" (Sollbuchung), während die Gegenbuchung ebenfalls über „483 sonstige Verbindlichkeiten" vorzunehmen ist.

Beispiel:

1. Ein lediger Arbeitnehmer (Steuerklasse I) bezieht ein steuerpflichtiges Bruttoeinkommen von 3.227,— DM. Die Unternehmung behält die Steuer in Höhe von 732,— DM ein, ebenso die Kirchensteuer in Höhe von 58,56 DM (8% der Lohnsteuer). Die Arbeitnehmerbeiträge zur Sozialversicherung betragen 501,54 DM; sie setzen sich zusammen aus: Rentenversicherung 295,32 DM, Arbeitslosenversicherung 49,22 DM, Krankenversicherung 157,— DM. Auch der Arbeitnehmerbeitrag zur Sozialversicherung beläuft sich auf 501,54 DM. Das Nettoentgelt wird per Bank überwiesen.
   BS: (62) Löhne 3.227,— DM
   (64) Soziale Abgaben 501,54 DM
   an (280) Bank 1.934,90 DM
   an (483) Verb. geg. Soz. Vers. 1.793,64 DM

S	62 Löhne	H
(1) 3.227,—		

S	64 Soziale Abgaben	H
(1) 501,54		

S	280 Bank	H
		(1) 1.934,90

S	483 Verb. geg. Soz. Vers.	H
		(1) 1.793,64

2. Die einbehaltenen Beträge werden per Bank an die jeweiligen Institutionen abgeführt.
   BS: (483) Verb. geg. Soz. Vers. an (280) Bank 1.793,64 DM

S	280 Bank		H
		(1)	1.934,90
		(2)	1.793,64

S	483 Verb. geg. Soz. Vers.		H
(2)	1.793,64	(1)	1.793,64

b. Die Verbuchung freiwilliger sozialer Leistungen und von Vorschüssen

Neben den gesetzlichen Sozialleistungen erbringen Unternehmen für ihre Arbeitnehmer häufig auch **freiwillige Sozialbeiträge**. Diese führen zu weiteren Aufwandsbelastungen der Unternehmen. Die Verbuchung erfolgt auf dem Konto „640 soziale Abgaben“ bzw. auf einem entsprechenden Unterkonto für freiwillige soziale Leistungen.

Vorschüsse der Unternehmung an die Angestellten werden zwar meist zusammen mit dem Lohn oder Gehalt ausgezahlt, stellen jedoch keine Gehaltszahlung dar. Die Verbuchung bei der Auszahlung des Vorschusses erfolgt auf dem Konto „264 Forderungen an Mitarbeiter“ und führt unversteuert zu einer entsprechenden Erhöhung der Nettoauszahlung bei dem Arbeitnehmer. Umgekehrt ist bei der Rückzahlung des Vorschusses durch den Arbeitnehmer die Einbehaltung von dem Nettoarbeitsentgelt vorzunehmen; der gesamte Vorgang wird also wie die Vergabe eines normalen Darlehens behandelt.

Beispiel:

1. (Vgl. vorangegangenes Beispiel aus Abschnitt a.) Ein lediger Arbeitnehmer (Steuerklasse I) bezieht ein steuerpflichtiges Bruttoeinkommen von 3.227,— DM. Folgende Abzüge sind zu berücksichtigen: Lohnsteuer 732,— DM, Kirchensteuer 58,56 DM; Arbeitnehmerbeiträge zur Sozialversicherung 501,54 DM.
   Der Arbeitgeberbeitrag zur Sozialversicherung beträgt ebenfalls 501,54 DM. Dem Arbeitnehmer wird ein Gehaltsvorschuß in Höhe von 3.000,— DM gewährt.

BS:	(264)	sonstige Forderungen		3.000,— DM
	(62)	Löhne		3.227,— DM
	(640)	Soziale Abgaben		501,54 DM
		an (280)	Bank	4.934,90 DM
		an (483)	Verb. geg. Soz. Vers.	1.793.64 DM

S	62 Löhne		H
(1)	3.227,—		

S	640 soziale Abgaben		H
(1)	501,54		

S	280 Bank		H
		(1)	4.934,90

S	264 Forderungen an MA		H
(1)	3.000,—		

S	483 Verb. geg. Soz. Vers.		H
		(1)	1.793,64

2. Im folgenden Monat erfolgt die Gehaltsauszahlung unter Einbehaltung von 1.000,— DM für die Rückzahlung des Vorschusses.

BS:	(62) Löhne	3.227,— DM		
	(640) Soziale Abgaben	501,54 DM		
		an (280)	Bank	934,90 DM
		an (264)	Forderungen an MA	1.000,— DM
		an (483)	Verb. geg. Soz. Vers.	1.793,64 DM

S	62 Löhne		H
(1)	3.227,—		
(2)	3.227,—		

S	640 soziale Abgaben		H
(1)	501,54		
(2)	501,54		

S	280 Bank		H
		(1)	4.934,90
		(2)	934,90

S	264 Forderungen an MA		H
(1)	3.000,—	(2)	1.000,—

S	483 Verb. geg. Soz. Vers.		H
		(1)	1.793,64
		(2)	1.793,64

c. Die Verbuchung vermögenswirksamer Leistungen

Vermögenswirksame Leistungen stellen besondere Spar- oder Anlageformen für den Arbeitnehmer dar, die vom Staat durch Prämien begünstigt werden. Voraussetzung ist, daß die gesamten vermögenswirksamen Leistungen für den begünstigten Zweck langfristig auf einem besonderen Konto des Arbeitnehmers angelegt werden. In Betracht kommt dafür eine Anlage:

- als Sparbeiträge
- als Wertpapieranlage,
- als Belegschaftsaktie oder sonstige Vermögensbeteiligung,
- zu bestimmten Zwecken (Bau, Erwerb, Erweiterung oder Entschuldung eines Baugrundstücks).

Voraussetzung für den Anspruch auf **Prämie** ist weiterhin, daß das Einkommen des Sparers 27.000 DM (für Ehegatten 54.000 DM), nicht übersteigt.

Die Erbringung der vermögenswirksamen Leistung kann generell erfolgen:

- allein vom Arbeitnehmer. Der Arbeitnehmer verfügt über seinen Nettolohn, indem er einen bestimmten Teil vermögenswirksam anlegen läßt.
- allein vom Arbeitgeber. Der Arbeitgeber erbringt zugunsten der Arbeitnehmer vermögenswirksame Leistungen. Diese sind arbeitsrechtlich Bestandteil des Lohns oder Gehalts. Es erhöht sich also das steuer- und versicherungspflichtige Bruttoarbeitsentgelt des Arbeitnehmers um diesen Betrag. Für den Arbeitgeber entstehen zusätzliche soziale Aufwendungen in Höhe der vermögenswirksamen Leistungen.

teils vom Arbeitgeber, teils vom Arbeitnehmer. In Höhe des Arbeitgeberanteils der vermögenswirksamen Leistungen erhöht sich das steuer- und versicherungspflichtige Bruttoarbeitsentgelt.

Nach dem 5. VermBG werden darüberhinaus vermögenswirksame Leistungen bis zu 624 DM im Kalenderjahr bzw. bei Vermögensbeteiligungen bis zu 936 DM im Kalenderjahr durch Zahlung einer **Arbeitnehmer-Sparzulage** begünstigt. Auch hier gelten die bereits bei den vermögenswirksamen Leistungen genannten Anlage- und Einkommensbedingungen. Die Arbeitnehmer-Sparzulage beträgt differenziert für die unterschiedlichen Anlageformen 20% oder 10% der vermögenswirksamen Leistung. Die Arbeitnehmersparzulage wird nach der Änderung des 5. Verm.BG durch das Steuerreformgesetz 1990 durch das Finanzamt ausbezahlt.

Beispiel 1): Erbringung der vermögenswirksamen Leistung allein durch den Arbeitnehmer

Ein lediger Arbeitnehmer (Steuerklasse I) bezieht ein steuerpflichtiges Bruttoeinkommen von 3.227,— DM. Folgende Abzüge sind zu berücksichtigen: Lohnsteuer 732,— DM, Kirchensteuer 58,56 DM; Arbeitnehmerbeiträge zur Sozialversicherung 501,54 DM. Der Arbeitgeberbeitrag zur Sozialversicherung beträgt ebenfalls 501,54 DM. Der Arbeitnehmer hat einen vermögenswirksamen Prämiensparvertrag über 624,— DM abgeschlossen. Der monatliche Betrag wird vom Arbeitgeber einbehalten und dem Kreditinstitut per Bank zugeführt.

Bruttoarbeitsentgelt	3.227,— DM
·/· Lohnsteuer	732,— DM
·/· Kirchensteuer	58,56 DM
·/· AN-Beiträge Sozialversicherung	501,54 DM
·/· vermögenswirksame Anlage	52,— DM
Nettoauszahlung	1.882,90 DM

BS:

(62) Löhne	3.227,— DM		
(640) soziale Abgaben	501,54 DM		
		an (280) Bank (Nettoauszahlung)	1.882,90 DM
		an (280) Bank (Überweisung der VL)	52,— DM
		an (483) Verb. geg. Soz. Vers.	1.793,64 DM

S	62 Löhne	H
(1) 3.227,—		

S	640 soziale Abgaben	H
(1) 501,54		

S	280 Bank	H
		(1) 1.882,90
		(1) VL 52,—

S	483 Verb. geg. Soz. Vers.	H
		(1) 1.793,64

Beispiel 2): Erbringung der vermögenswirksamen Leistungen allein durch den Arbeitgeber

Ein lediger Arbeitnehmer (Steuerklasse I) bezieht ein Bruttoarbeitseinkommen von 2.030,— DM. Der Arbeitnehmer hat einen vermögenswirksamen Prämiensparvertrag abgeschlossen. Die Beträge (52,— DM monatlich) werden ausschließlich vom Arbeitgeber aufgebracht, einbehalten und dem Kreditinstitut per Bank zugeführt. Folgende Abzüge sind zu berücksichtigen: Lohnsteuer 310,70 DM, Kirchensteuer 24,86 DM, Arbeitnehmerbeiträge zur Sozialversicherung 337,28 DM. Der Arbeitgeberbeitrag zur Sozialversicherung beträgt ebenfalls 337,28 DM.

Bruttoarbeitsentgelt	2.030,— DM
+ vermögenswirksame Leistungen des Arbeitgebers	52,— DM
steuerpflichtiges Arbeitsentgelt	2.082,— DM
·/· Lohnsteuer	310,70 DM
·/· Kirchensteuer	24,86 DM
·/· Arbeitnehmerbeitrag zur Sozialversicherung	337,28 DM
·/· vermögenswirksame Leistung (Einbehaltung)	52,— DM
Nettoauszahlung	1.357,16 DM

BS: (62) Löhne	2.030,— DM		
(640) soziale Abgaben	337,28 DM		
(643) sonstige soziale Abgaben	52,— DM		
		an (280) Bank (Nettoauszahlung)	1.357,16 DM
		an (280) Bank (Überweisung der VL)	52,— DM
		an (483) Verb. geg. Soz. Vers.	1.010,12 DM

Auf die Verbuchung auf T-Konten kann hier verzichtet werden.

Beispiel 3): 25% der vermögenswirksamen Leistung werden vom Arbeitgeber, 75% vom Arbeitnehmer erbracht.

Ein lediger Arbeitnehmer (Steuerklasse I) bezieht ein Bruttoarbeitseinkommen von 2.030,— DM. Folgende Abzüge sind zu berücksichtigen: Lohnsteuer 300,— DM, Kirchensteuer 24,— DM, Arbeitnehmerbeiträge zur Sozialversicherung 330,97 DM.

Bruttoarbeitsentgelt	2.030,— DM
+ vermögenswirksame Leistungen des Arbeitgebers	13,— DM
steuerpflichtiges Arbeitsentgelt	2.043,— DM
·/· Lohnsteuer	300,— DM
·/· Kirchensteuer	24,— DM
·/· Arbeitnehmerbeitrag zur Sozialversicherung	330,97 DM
·/· vermögenswirksame Leistung (Einbehaltung)	52,— DM
Nettoauszahlung	1.336,03 DM

BS:

(62) Löhne	2.030,— DM		
(640) soziale Abgaben	330,97 DM		
(643) sonstige soziale Abgaben	13,— DM		
		an (280) Bank (Nettoauszahlung)	1.336,03 DM
		an (280) Bank (Überweisung VL)	52,— DM
		an (483) Verb. geg. Soz. Vers.	985,94 DM

(→ Übungsaufgabe 20)

3. Die Verbuchung des Wechselverkehrs

a. Allgemeines

Der Wechsel ist ein altes Instrument des Zahlungsverkehrs. Geschichtlich erlangte er seine Bedeutung vor allem durch die Gefahren des Geldtransports und die Schwierigkeiten des Geldwechselns. Diese Funktionen hat er heute eingebüßt; es fallen ihm jedoch die nicht weniger wichtigen Aufgaben des **Kredit- und Zahlungsmittels** zu.

An dieser Stelle können nur die wesentlichen rechtlichen und betriebswirtschaftlichen Grundlagen für das Verständnis der Wechselbuchungen dargelegt werden. Detailliertere Informationen können jedem Lehrbuch der Finanzwirtschaft entnommen werden.

Beispiel 1):

Großhändler G liefert dem Einzelhändler E Waren im Wert von 10.000 DM, deren Bezahlung (11.000 DM incl. USt) sofort fällig wäre. Der Einzelhändler ist zur Zahlung im Augenblick nicht in der Lage. Er erklärt sich jedoch bereit, nach drei Monaten – bis dahin glaubt er, sich aus dem Warenverkauf finanzielle Mittel beschafft zu haben – den Betrag zu bezahlen. G sei von der Bonität des E überzeugt.

Diese Kreditgewährung durch G kann mit Hilfe des Instruments „Wechsel“, das der besonderen Strenge des Wechselgesetzes unterliegt, abgewickelt und abgesichert werden.

Der Großhändler G stellt einen Wechsel aus, in dem er E zur Zahlung von 11.000 DM an seine „eigene Order“ verpflichtet. G ist **Aussteller** oder **Trassant** und, da er den Wechsel an seine „eigene Order“ ausgestellt hat, der angegebene Betrag also an ihn zu entrichten ist, gleichzeitig **Wechselnehmer, Wechselempfänger** oder **Remittent**; E ist **Bezogener** oder **Trassat**. Hat der Bezogene E durch seine Unterschrift auf der Schmalseite des Wechsels – auch „**Querschreiben**“ genannt – die Annahme des Wechsels vollzogen, so ist er zum **Akzeptanten** geworden und der Wechsel zum **Akzept**. Den noch nicht akzeptierten Wechsel bezeichnet man als **Tratte**.

Der Wechsel ist – wir betrachten hier nur den Warenwechsel – ein Mittel der Kreditgewährung. Der Großhändler G wird dem Einzelhändler E diesen Kredit jedoch nur gegen eine bestimmte Bezahlung gewähren. Der Preis des Kredits setzt sich aus dem **Zinsbetrag (Diskont)** und den **Wechselspesen** (Wechselsteuer, Porti, Bankprovision u.ä.) zusammen.

Für die Behandlung von Diskont und Spesen unterscheidet man grundsätzlich zwei Möglichkeiten:

- Diskont und Spesen werden in den Wechselbetrag mit eingerechnet,
- Diskont und Spesen werden dem Bezogenen gesondert in Rechnung gestellt. Der Wechselbetrag lautet nur über den ursprünglichen Forderungsbetrag (im Beispiel 1) 11.000 DM).

Hier soll nur die letztgenannte Methode, die auch buchtechnisch zu einer erwünschten Trennung von Bestands- und Aufwandskonten führt, behandelt werden. G erhält danach von E den gesondert berechneten Wechseldiskont und die Spesen überwiesen.

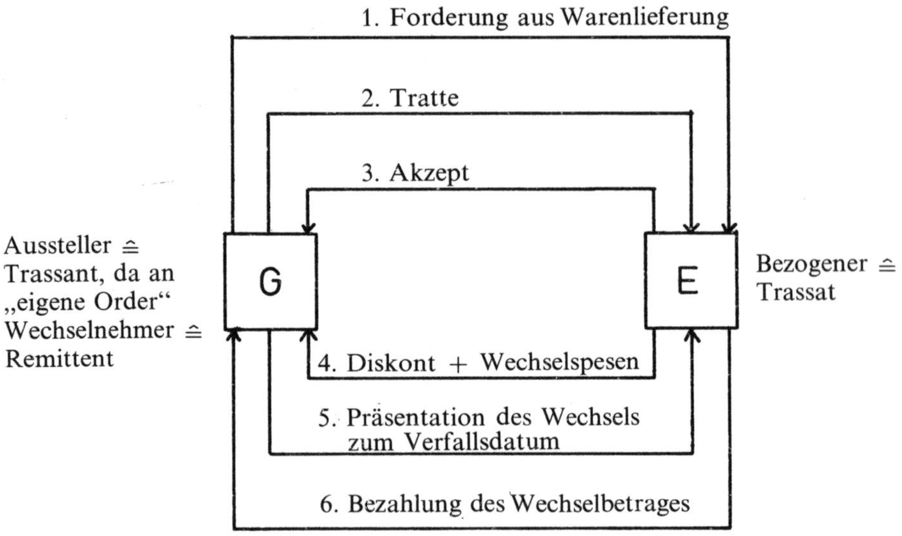

Großhändler G besitzt die Möglichkeit, das Akzept drei Monate (Wechselzeit) aufzubewahren und es dann E zur Zahlung vorzulegen.

Benötigt G vor Ablauf von drei Monaten selbst finanzielle Mittel, so kann er den Wechsel als Zahlungsmittel an eine Bank oder aber an einen Gläubiger weiterveräußern. In beiden Fällen gewährt G nicht voll drei Monate den Kredit, für den er von E bereits den Diskont empfangen hat, sondern nur eine kürzere Zeit, während de fakto die Bank bzw. der Drittgläubiger für die Restlaufzeit Kreditgeber ist. Entsprechend zahlt die Bank bzw. verrechnet der Drittgläubiger nicht den vollen Wechselbetrag, sondern nur einen um den Diskont auf die Restlaufzeit und Wechselspesen verminderten Betrag.

Formal erfolgt die Veräußerung des Wechsels durch das **Indossament** und die Übergabe des Papiers. Auf die Rückseite des Wechsels unmittelbar unter die Steuermarken setzt man den Vermerk „Für mich an die Order des Herrn ...“. Den Veräußerer bezeichnet man als **Indossant**, den Empfänger als **Indossatar**. Auf die **Orderklausel** kann auch verzichtet werden, es genügt der Name des Empfängers, Ort, Datum und Unterschrift des Veräußerers. Die Umlauffähigkeit des Wechsels wird noch erhöht durch das sogenannte „Blankoindossament“. Der Veräußerer unterschreibt lediglich auf der Rückseite des Wechsels, ohne den Empfänger namentlich zu nennen.

Dadurch ist jeder Besitzer des Wechselpapiers legitimiert, die verbriefte Forderung geltend zu machen. Weitere Übereignungen des Wechsels können wiederum durch Voll- oder Blankoindossament erfolgen, in jedem Falle werden durch das Indossament und die Weitergabe des Papiers alle Rechte aus dem Wechsel auf den Nachmann, den Indossatar, übertragen; man spricht daher auch von der **Transportfunktion** des Wechsels.

Bestand eine Verbindlichkeit des Großhändlers G gegenüber einem Dritten D schon bei der Ausstellung des Wechsels, so kann der Aussteller G den Bezogenen E direkt anweisen, an den Dritten D zu zahlen. Dieser ist dann Wechselnehmer, Empfänger oder Remittent. Da in dem vorliegenden Dreiecksgeschäft D den Kredit gewährt, steht auch ihm der Diskont zu, der ihm direkt von E überwiesen wird oder, wenn E an G zahlt, von letzterem weiterverrechnet wird. D kann den Wechsel bis zum Verfallsdatum behalten und dann den Wechselbetrag eintreiben oder durch Indossament vorzeitig unter Abzug von Diskont weiterveräußern.

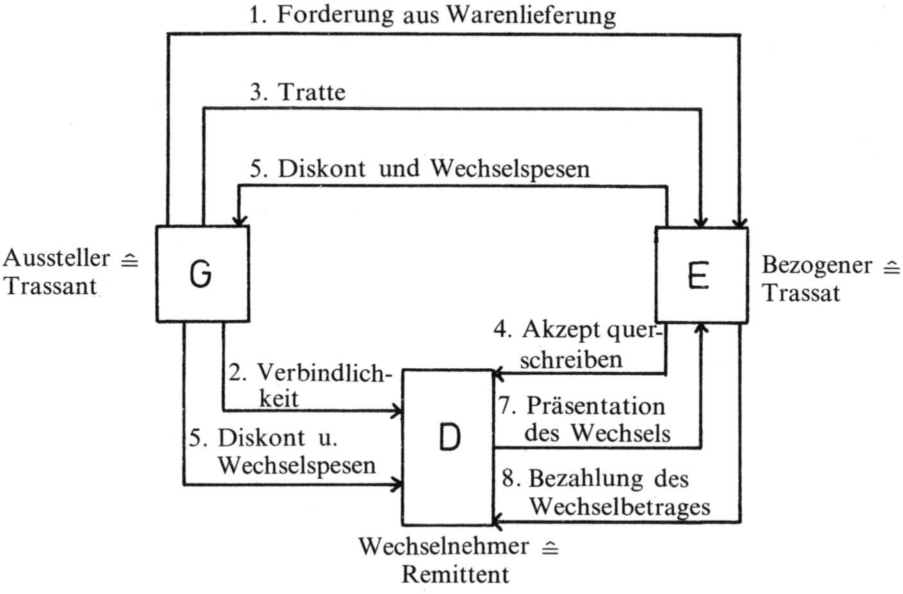

Der Wechsel setzt sich aus einer Reihe einzelner Bestandteile zusammen; fehlt auch nur einer der wesentlichen Bestandteile, so verliert der Wechsel seine Kraft.

- Die Bezeichnung als **Wechsel** muß im Text der Urkunde erfolgen (z. B. „Gegen diesen Wechsel zahlen Sie ...“). Die bloße Überschrift „Wechsel“ genügt nicht.
- Der Text muß die unbedingte Angabe, eine bestimmte Geldsumme zu zahlen, enthalten.
  Die Doppelangabe in Ziffern und Buchstaben ist möglich, aber nicht notwendig; weichen beide voneinander ab, so gilt die Angabe in Buchstaben.
- Der Text muß die Angabe dessen, der zahlen soll (Bezogener, Trassat), enthalten; bei einem Kaufmann genügt der Firmenname.
  Von einem **Kellerwechsel** spricht man, wenn der als Bezogener bezeichnete nicht existiert.

Der Aussteller kann den Wechsel auch auf sich selbst ziehen. Dann sind Aussteller und Bezogener ein und dieselbe Person. Man spricht dann von einem **Eigenwechsel** oder **Solawechsel**. Der Solawechsel ist also ein reines Zahlungsversprechen des Wechselschuldners an den Wechselgläubiger.

- Im Wechseltext ist die **Verfallszeit**, der Zeitpunkt also, an dem der Wechsel zur Zahlung fällig ist, anzugeben.

- Beim Sichtwechsel ist der Wechsel sofort fällig, wenn er dem Wechselschuldner vorgelegt wird.
- Beim Nach-Sichtwechsel ist der Wechsel eine bestimmte Zeit nach Vorlage fällig.
- Beim Datowechsel ist der Wechsel in einer angegebenen Zeit nach der Ausstellung fällig.
- Beim Tagwechsel bestimmt ein genau angegebener Kalendertag, wann der Wechsel fällig ist. Diese Form wird am häufigsten gewählt.
- Enthält der Wechsel keine Verfallszeit, so gilt er als Sichtwechsel.

· Im Wechseltext ist der **Zahlungsort** anzugeben. Ist kein Zahlungsort angegeben, so gilt der beim Namen des Bezogenen angegebene Ort als Zahlungsort. Ist der Wechsel am gleichen Ort zahlbar, an dem er ausgestellt wurde, so spricht man vom **Platzwechsel**, andernfalls vom **Distanz-** bzw. **Domizilwechsel**.

· Im Wechseltext ist der Name dessen, an den oder an dessen **Order** gezahlt werden soll (Wechselnehmer, Wechselempfänger, Remittent) anzugeben. Der Aussteller kann den Wechsel auch auf sich selbst, an seine eigene Order ausstellen („Zahlen Sie an mich selbst"; „an meine eigene Order").

· Der Wechsel muß die Angabe des Tages und des Ortes der Ausstellung beinhalten. Fehlt der Ausstellungsort, so gilt als solcher ein beim Namen des Ausstellers angegebener Ort.

· Der Wechsel muß die Unterschrift des Ausstellers (Trassant) enthalten. Sie muß eigenhändig auf die Vorderseite des Wechsels unter den Wechseltext gesetzt werden.

Gibt der Aussteller den Wechsel weiter, so ist laut Wechselgesetz i.d.F. v. 1959 **Wechselsteuer** zu entrichten. Wird dem Bezogenen die Tratte unversteuert zum Akzept vorgelegt, so hat er vor der Rückgabe des Wechsels für die Versteuerung zu sorgen. Die Steuer wird durch Stempelmarken erhoben, die auf der Wechselrückseite aufgeklebt und durch Eintragung des Verwendungszeitpunktes entwertet werden. Die Wechselsteuermarken sind bei der Post erhältlich. Auf jede angefangene 100 DM Wechselbetrag entfallen 0,15 DM Wechselsteuer.

Die Vereinbarungen über Wechseldiskont und Wechselspesen erfolgen nach privatrechtlichen Grundsätzen frei zwischen den Vertragspartnern. Dies gilt auch für die Diskontierung von Wechseln bei den Banken. Aus Wettbewerbsgründen halten sich jedoch die meisten Banken bei der Diskontierung an folgende Bedingungen:

· Bundesbankdiskontfähige Wechsel	– Diskontsatz der Bundesbank + 3%
· Sonstige Wechsel	– Diskontsatz der Bundesbank + 4,5%
· Mindestdiskont je Wechsel	– 2,— DM
· Inkassoprovision pro Wechsel	– 1‰ des Wechselbetrages

Der Wechseldiskont unterliegt der Umsatzsteuer. Dies mag zunächst unverständlich erscheinen, denn nach § 4 Nr. 8 UStG sind Umsätze aus Kreditgewährung usw., also auch Zinsen, steuerfrei. Hier wird der Wechseldiskont jedoch ursprünglich nicht mit dem Wechsel, sondern mit dem zugrundeliegenden Warengeschäft in Zusammenhang gebracht. Der Diskont ist also als Zins für eine weitere Stundung des Kaufpreises bis zum Verfallstag des Wechsels und somit als nachträgliche Preiserhöhung, der das umsatzsteuerliche Entgelt erhöht, anzusehen. Nicht zum steuerpflichtigen Entgelt gehören die Wechselspesen, sie bleiben als Kosten des Zahlungseinzugs umsatzsteuerfrei.

Probleme ergeben sich bei der Diskontierung von Wechseln durch Geschäftsbanken. Da die meisten Bankbetriebe nicht für die Umsatzsteuer optiert haben, sind sie aufgrund § 4 Nr. 8 UStG von der Umsatzsteuerpflicht befreit. Sie können daher bei der Diskontabrechnung dem Bankkunden keine „Vorsteuer" offen in Rechnung stellen.

b. Die Verbuchung der Wechselgeschäfte

Wechsel, die sich im Besitz der Unternehmung befinden, bei denen die Unternehmung also Gläubiger ist, bezeichnet man als **Besitzwechsel** oder **Remissen**. Es handelt sich um besonders verbriefte Forderungen, die auf dem aktiven Bestandskonto „245 Besitzwechsel" mit dem angegebenen Wechselbetrag verbucht werden. Wechsel, die die Unternehmung akzeptiert hat, bei denen sie also Bezogener (Wechselschuldner) ist, sind als **Schuldwechsel** oder **Akzepte** auf dem besonderen passiven Bestandskonto „45 Schuldwechsel" mit dem Wechselbetrag zu verbuchen. Schuld- und Besitzwechsel dürfen nicht gegeneinander saldiert werden (Bruttoprinzip).

Die Verbuchung der Zinserträge aus der Kreditgewährung durch Wechsel erfolgt auf Konto „573 Diskonterträge"; sonstige Wechselspesen können über das Konto „579 sonstige Erträge" verbucht werden. Zinsaufwendungen, die aus der Akzeptierung von Wechseln resultieren, sind auf dem Konto „753 Diskontaufwand" zu verbuchen. Aufwendungen für Wechselsteuermarken werden auf Konto „705 Wechselsteuer" verbucht, während die sonstigen Wechselspesen über Konto „693 sonstige Aufwendungen" verbucht werden.

Beispiel 2):
Großhändler G hat eine Warenforderung von 11.000 DM incl. USt an Einzelhändler E. Der Einzelhändler E akzeptiert einen von G über 11.000 DM ausgestellten Wechsel (Laufzeit 3 Monate) an dessen eigene Order und überweist sofort den vereinbarten Diskont in Höhe von 6% p.a. sowie sonstige Wechselspesen in Höhe von 15 DM. Der Wechsel wird von dem Bezogenen versteuert.

a) Bei Hereinnahme des Wechsels zahlungshalber

bucht G:
BS: (245) Besitzwechsel an (240) Forderungen 11.000,— DM

Gleichzeitig bucht E:
BS: (440) Verbindlichkeiten an (45) Schuldwechsel 11.000,— DM

b) Berechnung des Diskonts nach der einfachen Zinsformel

$$Z = \frac{K \cdot p \cdot t}{360 \cdot 100}$$

K = Kapital (hier Wechselbetrag),
p = Prozentsatz p.a.,
t = Wechsellaufzeit in Tagen.

$$\frac{11.000 \cdot 6 \cdot 90}{360 \cdot 100} = 165,\text{— DM Wechseldiskont.}$$

Auf diesen Betrag ist USt zu verrechnen, da es sich um eine nachträgliche Entgeltserhöhung handelt. E hat also insgesamt 181,50 DM (165,— DM + 10% USt) Wechseldiskont sowie 15,— DM Wechselspesen an G zu überweisen.

G bucht:

BS: (280) Bank 196,50 DM	an (573)	Diskontertrag	165,— DM
	an (481)	MwSt	16,50 DM
	an (579)	sonstige Erträge	15,— DM

E bucht:

BS: (753) Diskontaufw.	165,— DM		
(260) VSt	16,50 DM	an (280) Bank	181,50 DM

c) Da E den Wechsel versteuert hat, bucht er weiterhin (die Wechselsteuermarken hat er gegen Barzahlung bezogen)

BS: (705) Wechselsteuer an (288) Kasse 16,50 DM

G bucht

S	240 Forderungen		H
AB	11.000,—	(a)	11.000,—

S	245 Besitzwechsel		H
(a)	11.000,—		

S	280 Bank		H
(b)	196,50		

S	573 Diskontertrag		H
		(b)	165,—

S	481 MwSt		H
		(b)	16,50

S	579 sonstige Erträge		H
		(b)	15,—

E bucht

S	440 Verbindlichkeiten		H
(a)	11.000,—	AB	11.000,—

S	45 Schuldwechsel		H
		(a)	11.000,—

S	280 Bank		H
		(b)	196,50

S	753 Diskontaufwand		H
(b)	165,–		

S	260 VSt		H
(b)	16,50		

S	705 Wechselsteuer		H
(c)	16,50		

S	288 Kasse		H
		(c)	16,50

S	693 sonstige Aufwendungen		H
(b)	15,—		

G kann den Wechsel aus Beispiel 2) auf verschiedene Weise weiterverwenden.

Beispiel 3):

Fortsetzung von Beispiel 2): G behält den Wechsel drei Monate in seinem Portefeuille und präsentiert ihn dann E. E überweist den Betrag per Bank.

G bucht:

BS: (280) Bank an (245) Besitzwechsel 11.000,— DM

E bucht:
BS: (45) Schuldwechsel an (280) Bank 11.000,— DM

G bucht

S	245 Besitzwechsel		H
(a)	11.000,—	(3)	11.000,—

S	280 Bank		H
(b)	196,50		
(3)	11.000,—		

E bucht

S	45 Schuldwechsel		H
(3)	11.000,—	(a)	11.000,—

S	280 Bank		H
		(b)	196,50
		(3)	11.000,—

Beispiel 4):
Fortsetzung von Beispiel 2): G indossiert den Wechsel nach drei Monaten einer Bank zum Inkasso. Die Bank zieht den Mindestdiskont von 2,— DM und eine Inkassoprovision von 11,— DM ab. (Die Bank weist keine gesonderte Vorsteuer auf den Mindestdiskont aus, so daß eine Steuerkorrektur unterbleibt.)

G bucht bei der Weitergabe des Wechsels:
BS: (280) Bank 10.987,— DM
(573) Diskontertrag 2,— DM
(579) sonstige Erträge 11,— DM an (245) Besitzwechsel 11.000,— DM

S	280 Bank		H
(b)	196,50		
(4)	10.987,—		

S	245 Besitzwechsel		H
(a)	11.000,—	(4)	11.000,—

S	573 Diskontertrag		H
(4)	2,—	(b)	165,—

S	579 sonstige Erträge		H
(4)	11,—	(b)	15,—

Wenn die Bank den Wechsel E präsentiert, bucht dieser wieder wie in Beispiel 3).

Beispiel 5):
Der Wechsel aus Beispiel 2) wird von G nach zwei Monaten an Dritt indossiert. Dieser überweist den Wechselbetrag unter Abzug des Diskonts (6% p.a.) auf die Restlaufzeit und von sonstigen Wechselspesen in Höhe von 11,— DM.

a) **G bucht**:
BS: (280) Bank 10.928,50 DM
(573) Diskontertrag 55,— DM
(579) sonstige Erträge 11,— DM
(481) MwSt 5,50 DM an (245) Besitzwechsel 11.000,— DM

b) **Dritt bucht**:
BS: (13) Besitzwechsel 11.000,— DM
an (280) Bank 10.928,50 DM
an (573) Diskontertrag 55,— DM
an (579) sonstige Erträge 11,— DM
an (481) MwSt 5,50 DM

G bucht

S 280 Bank H

(b)	196,50		
(5a)	10.928,50		

S 573 Diskontertrag H

(5a)	55,—	(b)	165,—

S 579 sonstige Erträge H

(5a)	11,—	(b)	15,—

S 481 MwSt H

(5a)	5,50	(b)	16,50

S 245 Besitzwechsel H

(a)	11.000,—	(5a)	11.000,—

Dritt bucht

S 245 Besitzwechsel H

(5b)	11.000,—		

S 280 Bank H

		(5b)	10.928,50

S 573 Diskontertrag H

		(5b)	55,—

S 579 sonstige Erträge H

		(5b)	11,—

S 481 MwSt H

		(5b)	5,50

Beispiel 6):
Dritt aus Beispiel 5) präsentiert zur Verfallszeit dem Bezogenen den Wechsel zur Zahlung. Dieser zahlt per Bankscheck.

a) **Dritt bucht**:
BS: (280) Bank 11.000,— DM an (245) Besitzwechsel 11.000,— DM

b) **Der Bezogene E bucht**:
BS: (45) Schuldwechsel 11.000,— DM an (280) Bank 11.000,— DM

Dritt bucht

S 245 Besitzwechsel H

(5b)	11.000,—	(6a)	11.000,—

S 280 Bank H

(6a)	11.000,—	(5b)	10.928,50

Der Bezogene E bucht

S 280 Bank H

		(6b)	11.000,—

S 45 Schuldwechsel H

(6b)	11.000,—	(a)	11.000,—

Beispiel 7):
G indossiert den Wechsel aus Beispiel 2) nach 2 Monaten an eine Bank. Die Bank schreibt G den Wechselbetrag, vermindert um den Diskont (6% p.a.) auf die Restlaufzeit und sonstige Wechselspesen in Höhe von 11,— DM, gut. Die Bank weist bei der Diskontabrechnung keine USt gesondert aus.

G bucht:

BS: (280) Bank	10.934,— DM			
(573) Diskontertrag	55,— DM			
(579) sonstige Erträge	11,— DM	an	(245) Besitzwechsel	11.000,— DM

S	280 Bank		H
(b)	196,50		
(7)	10.934,—		

S	579 sonstige Erträge		H
(7)	11,—	(b)	15,—

S	573 Diskontertrag		H
(7)	55,—	(b)	165,—

S	245 Besitzwechsel		H
(a)	11.000,—	(7)	11.000,—

G kann auch die auf die Diskontberechnung entfallende USt (5,50 DM) korrigieren; dies setzt allerdings voraus, daß der Bezogene E benachrichtigt wird, so daß dieser auch seine Vorsteuer entsprechend korrigieren kann.

Beispiel 8):
Großhändler G hat eine Warenforderung von 11.000,— DM incl. USt an Einzelhändler E. Gleichzeitig besitzt G selbst eine Verbindlichkeit von 15.000,— DM gegenüber D. Der Großhändler stellt eine 3-Monats-Tratte aus, indem er den Einzelhändler E (Bezogener) anweist, 11.000,— DM nach der Laufzeit unmittelbar an Dritt D zu zahlen. E akzeptiert den Wechsel und überweist gleichzeitig den vereinbarten Diskont (6% p.a.) sowie sonstige Wechselspesen in Höhe von 15,— DM an G. Der Wechsel wird von dem Bezogenen versteuert. G überweist den fehlenden Differenzbetrag an D (D stellt gleiche Wechselkosten in Rechnung).

Lösung:
E bucht wie in Beispiel 2)

G bucht:

a) BS:	(280) Bank	196,50 DM	an (573) Diskontertrag	165,— DM
			an (579) sonstige Erträge	15,— DM
			an (481) MwSt	16,50 DM
b) BS:	(573) Diskontertrag	165,— DM		
	(579) sonstige Erträge	15,— DM		
	(481) MwSt	16,50 DM		
	(440) Verbindlichkeiten	10.803,50 DM	an Forderungen	11.000,— DM
	(440) Verbindlichkeiten	4.196,50 DM	an Bank	4.196,50 DM
		15.196,50 DM		15.196,50 DM

D bucht:

c) BS:	(245) Besitzwechsel	11.000,— DM		
	(280) Bank	4.196,50 DM	an (240) Forderungen	15.000,— DM
			an (573) Diskontertrag	165,— DM
			an (579) sonstige Erträge	15,— DM
			an (481) MwSt	16,50 DM
		15.196,50 DM		15.196,50 DM

G bucht

S	240 Forderung		H
AB	11.000,—	(8b)	11.000,—

D bucht

S	240 Forderung		H
AB	15.000,—	(8c)	15.000,—

S	440 Verbindlichkeiten		H
(8b)	10.803,50	AB	15.000,—
(8b)	4.196,50		

S	245 Besitzwechsel		H
(8c)	11.000,—		

S	280 Bank		H
(8a)	196,50	(8b)	4.196,50

S	280 Bank		H
(8c)	4.196,50		

S	573 Diskontertrag		H
(8b)	165,—	(8b)	165,—

S	573 Diskontertrag		H
		(8c)	165,—

S	579 sonstige Erträge		H
(8b)	15,-	(8a)	15,—

S	579 sonstige Erträge		H
		(8c)	15,—

S	481 MwSt		H
(8b)	16,50	(8a)	16,50

S	481 MwSt		H
		(8c)	16,50

D kann den Wechsel wiederum auf verschiedene Arten verwenden. Vgl. dazu die Beispiele 3) bis 7).

c. Wechselprolongation

Der Bezogene sieht sich am Verfalltag des Wechsels nicht in der Lage, den Wechselbetrag zu bezahlen. Handelt es sich bei dem Wechsel um ein Papier „an eigene Order" und ist der Aussteller noch in Besitz des Wechsels, so kann der Bezogene bei dem Aussteller um die Ausstellung eines neuen Wechsels über den gleichen Betrag einkommen. Der alte Wechsel ist an den Bezogenen zu übereignen. Auch wenn der Aussteller wieder von der Bonität des Bezogenen überzeugt ist, wird er den verbrieften Anschlußkredit natürlich nur gegen erneute Inrechnungstellung von Wechselkosten gewähren.

Beispiel 9):
Fortsetzung aus Beispiel 2) Da der Bezogene E zum Verfalltag nicht in der Lage ist, den Wechselbetrag zu bezahlen, akzeptiert er einen Prolongationswechsel über weitere drei Monate (der erste Wechsel wird an E übereignet). E hat den Wechsel zu versteuern und den Diskont (9% p.a.) sowie sonstige Wechselspesen in Höhe von 25,— DM an G zu überweisen.

G bucht:

a) BS: [(245) Besitzwechsel	an (245)	Besitzwechsel	11.000,— DM]
b) BS: (280) Bank 297,25 DM	an (573)	Diskontertrag	247,50 DM
	an (579)	sonstige Erträge	25,— DM
	an (481)	MwSt	24,75 DM

E bucht:

c) BS:	[(45) Schuldwechsel an (45) Schuldwechsel			11.000,— DM]
d) BS:	(753) Diskontaufwand	247,50 DM		
	(693) sonstiger Aufwand	25,— DM		
	(260) VSt	24,75 DM	an (280) Bank	297,25 DM
	(705) Wechselsteuer	16,50 DM	an (288) Kasse	16,50 DM
		313,75 DM		313,75 DM

G bucht

S 245 Besitzwechsel H

S		H	
(1)	11.000,—	(9a)	11.000,—
(9a)	11.000,—		

S 280 Bank H

S		H	
(b)	196,50		
(9b)	297,25		

S 573 Diskontertrag H

S		H	
		(b)	165,—
		(9b)	247,50

S 579 sonstige Erträge H

S		H	
		(b)	15,—
		(9b)	25,—

S 481 MwSt H

S		H	
		(b)	16,50
		(9b)	24,75

E bucht

S 45 Schuldwechsel H

S		H	
(9c)	11.000,—	(a)	11.000,—
		(9c)	11.000,—

S 280 Bank H

S		H	
		(b)	196,50
		(9d)	297,25

S 753 Diskontaufwand H

S		H	
(b)	165,—		
(9d)	247,50		

S 693 sonstiger Aufwand H

S		H	
(b)	15,—		
(9d)	25,—		

S 260 VSt H

S		H	
(b)	16,50		
(9d)	24,75		

S 705 Wechselsteuer H

S		H	
(c)	16,50		
(9d)	16,50		

S 288 Kasse H

S		H	
		(c)	16,50
		(9d)	16,50

Hat der Aussteller den ursprünglichen Wechsel bereits vor dem Verfalldatum indossiert oder waren unmittelbar bei der Wechselausstellung Aussteller und Remittent nicht identisch, so kann der Aussteller, um ebenfalls einen Protest zu vermeiden, dem Bezogenen die zur Einlösung des Wechsels notwendigen finanziellen Mittel zur Verfügung stellen. Dies geschieht wiederum unter Sicherung durch einen Prolongationswechsel.

Beispiel 10):

Fortsetzung aus Beispiel 8) E akzeptiert einen Prolongationswechsel des G an „eigene Order“ über 11.000,— DM, um in den Besitz finanzieller Mittel zu gelangen, mit denen er den ursprünglichen Wechsel, der ihm von D präsentiert wird, einlöst. E versteuert den Prolongationswechsel und überweist wiederum 9% p.a. Diskont sowie 25,— DM sonstige Wechselspesen an G.

G bucht:

a) BS: (245) Besitzwechsel	an (280) Bank		11.000,— DM
b) BS: (280) Bank 247,50 DM	an (573) Diskontertrag		247,50 DM
	an (579) sonstiger Ertrag		25,— DM
	an (481) MwSt		24,75 DM

E bucht:

c) BS: (280) Bank an (45) Schuldwechsel 11.000,— DM

d) BS: (753) Diskontaufwand	247,50 DM		
(693) sonstiger Aufwand	25,— DM		
(260) VSt	24,75 DM	an (280) Bank	297,25 DM
(705) Wechselsteuer	16,50 DM	an (288) Kasse	16,50 DM
	313,75 DM		313,75 DM

Wenn der ursprüngliche Wechsel von D präsentiert wird, löst E ein und bucht
e) BS: (44) Schuldwechsel an (16) Bank 11.000,— DM

G bucht

S 245 Besitzwechsel H

S		H	
(10a)	11.000,—		

S 280 Bank H

S		H	
(8a)	196,50		
(10b)	247,50		

S 573 Diskontertrag H

S		H	
(8b)	165,—	(8a)	165,—
		(10b)	247,50

S 579 sonstige Erträge H

S		H	
(8b)	15,—	(8a)	15,—
		(10b)	25,—

S 481 MwSt H

S		H	
(8b)	16,50	(8a)	16,50
		(10b)	24,75

E bucht

S 280 Bank H

S		H	
(10c)	11.000,—	(b)	196,50
		(10d)	297,25
		(10e)	11.000,—

S 45 Schuldwechsel H

S		H	
(10e)	11.000,—	(a)	11.000,—
		(10c)	11.000,—

S 753 Diskontaufwand H

S		H	
(b)	165,—		
(10d)	247,50		

S 693 sonstiger Aufwand H

S		H	
(b)	15,—		
(10d)	25,—		

S 705 Wechselsteuer H

S		H	
(c)	16,50		
(10d)	16,50		

S	260 VSt		H
(b)	16,50		
(10d)	24,75		

S	288 Kasse		H
		(c)	16,50
		(10d)	16,50

d. Wechselprotest und Wechselregreß

Löst der Bezogene den Wechsel nicht ein, so geht der Wechsel zu Protest. Es ist durch bestimmte Protestbeamte eine Protesturkunde auszustellen, in der die Tatsache der „Verweigerung der Annahme oder der Zahlung" des Wechsels aufgenommen wird. Da **Protestwechsel** mit einem besonders großen Risiko behaftet sind, sind sie buchmäßig von den übrigen Wechselforderungen getrennt zu halten. Sie werden daher auf ein Protestwechselkonto umgebucht, solange sie im Bestand geführt werden.

Der Inhaber eines zu Protest gegangenen Wechsels ist berechtigt, gegen Indossanten, Aussteller und Wechselbürgen Rückgriff zu nehmen. Sie alle haften dem Inhaber als Gesamtschuldner. Dabei kann sich der Wechselinhaber an jeden der Verpflichteten halten und ist nicht an eine bestimmte Reihenfolge gebunden („Sprungregreß").

Bei **Rückgriff** des Wechselinhabers auf einen seiner Vormänner (nur die „Vormänner" haften als Gesamtschuldner) stehen dem Regreßberechtigten neben der Wechselsumme und dem Anspruch auf Erstattung der Protestkosten und der sonstigen Auslagen $^1/_3\%$ Provision und mindestens 6% Zinsen zu. Dabei ist zu beachten, daß die in Rechnung gestellten Protestkosten, sonstigen Auslagen, Provisionen und Zinsen zusätzliches Entgelt darstellen und daher der Umsatzsteuer unterliegen.

(→ Übungsaufgabe 22)

4. Die Verbuchung betrieblicher und privater Steuern

Bislang wurde bereits die Verbuchung von Umsatzsteuer, Lohnsteuer und Kirchensteuer dargestellt, die für die Unternehmung als durchlaufender Posten (Verbuchung über „48 Sonstige Verbindlichkeiten") gekennzeichnet werden können, da Steuerschuldner außerhalb der Unternehmung stehende Personen sind. Zugleich stellen diese Steuern die wichtigsten Steuerarten des deutschen Steuersystems dar, da sie derzeit mehr als 50% des gesamten Steueraufkommens ausmachen. Darüberhinaus ist die Unternehmung jedoch von einem Vielsteuersystem umgeben, dem sich nunmehr zugewandt werden soll.

Die hier zu behandelnden Steuerarten treffen entweder den Betrieb oder den Unternehmer als Privatmann; dementsprechend unterscheidet man

- Betriebssteuern und
- Privatsteuern.

Während **Privatsteuern** grundsätzlich über das Privatkonto gebucht werden, ist die Verbuchung von Betriebssteuern uneinheitlich; **Betriebssteuern** können entweder erfolgswirksam oder aktivierungspflichtig sein. Im folgenden soll sich nur den wichtigsten Betriebs- und Privatsteuern zugewandt werden:

a. Einkommensteuer

Der Einkommensteuer unterliegen alle natürlichen Personen, die **Einkünfte** aus

(1) Land- und Forstwirtschaft,
(2) Gewerbebetrieb,
(3) selbständiger Arbeit,
(4) nichtselbständiger Arbeit,
(5) Kapitalvermögen,
(6) Vermietung und Verpachtung,
(7) Sonstigen Einkünften,

beziehen. Unter Einkünfte versteht das Einkommensteuergesetz Reineinkünfte; das sind bei den ersten drei Einkunftsarten der **Gewinn**, bei den weiteren vier Einkunftsarten der **Überschuß der Einnahmen über die Werbungskosten**. Werbungskosten sind Aufwendungen zur Erwerbung, Sicherung und Erhaltung der Einnahmen aus der jeweiligen Einkunftsart. Addiert man die Summe der einzelnen Einkünfte, so erhält man den **Gesamtbetrag der Einkünfte**. Von diesem werden die sog. **Sonderausgaben** abgezogen, die als Privatausgaben weder Betriebsausgaben (Aufwendungen) noch Werbungskosten darstellen, also z. B. Vorsorgeaufwendungen (Versicherungen) und Steuerberatungskosten. Man kann dann von dem folgenden Schema ausgehen:

Gesamtbetrag der Einkünfte
·/· Sonderausgaben

Einkommen
·/· Freibeträge
·/· außergewöhnliche Belastung

---

zu versteuernder Einkommensbetrag

===

Bei einer Einzelunternehmung oder Personengesellschaft (z. B. OHG, KG) wird jeder einzelne Gesellschafter mit seinen gesamten Einkünften als natürliche Person besteuert, nicht dagegen das Unternehmen als solches. Die Einkommensteuer ist daher eine Privatsteuer und wird über das Privatkonto verbucht, soweit eine Zahlung über betriebliche Geldkonten erfolgt.

b. Körperschaftsteuer

Die Körperschaftsteuer stellt die Einkommensteuer der juristischen Personen (AG, KGaA, GmbH) dar. Da unter wirtschaftlichen Aspekten das erwirtschaftete Einkommen (= Gewinn) den Anteilseignern zusteht, unterliegen die ausgeschütteten Gewinnanteile der persönlichen Einkommensteuer des Anteilseigners. Dem wird durch das am 1.1. 1977 neu eingeführte **Anrechnungssystem** Rechnung getragen; danach unterliegen ausgeschüttete Gewinne einem Steuersatz von 36%, der aber auf die persönliche Einkommensteuer des Anteilseigners angerechnet wird. Dagegen werden die einbehaltenen Gewinne mit einem Steuersatz von 56% (ab 1990: 50%) besteuert. Dabei stellt der körperschaftsteuerliche **Gewinn** einen um die nichtabzugsfähigen Ausgaben modifizierten handelsrechtlichen Gewinn dar.

Steuerschuldner ist jedoch die juristische Person, d.h. die Unternehmung in der Rechtsform der Kapitalgesellschaft. Die von ihr zu zahlende Körperschaftsteuer vermindert ihren disponiblen Gewinn und ist daher handelsrechtlich – unabhängig von der andersartigen Auffassung des Steuerrechts, die die Körperschaftsteuer als Gewinnverwendung auffaßt – als Aufwand zu verbuchen. Hierzu ist nach dem IKR das Konto „771 Körperschaftsteuer" heranzuziehen. Die Körperschaftsteuer kann damit als erfolgswirksame Betriebssteuer gekennzeichnet werden.

c. Vermögensteuer

Bemessungsgrundlage der Vermögensteuer ist das persönliche Gesamtvermögen einer natürlichen oder juristischen Person. Das Gesamtvermögen setzt sich dabei zusammen aus

(1) Land- und forstwirtschaftlichem Vermögen,
(2) Grundvermögen,
(3) Betriebsvermögen,
(4) sonstigem Vermögen.

Der Regelsteuersatz, mit dem das Gesamtvermögen abzüglich der Freibeträge besteuert wird, beträgt derzeit für natürliche Personen 0,5% und bei Kapitalgesellschaften 0,6%. Analog zur Einkommensteuer wird bei einer **Einzelunternehmung oder Personengesellschaft** jeder einzelne Gesellschafter mit seinem Gesamtvermögen als natürliche Person besteuert, nicht dagegen das Unternehmen als solches. Die Vermögensteuer ist daher bei natürlichen Personen eine Privatsteuer und wird über das Privatkonto verbucht, soweit eine Zahlung über betriebliche Geldkonten erfolgt.

Bei **Kapitalgesellschaften** ist jedoch durch ihre juristische Verselbständigung die Unternehmung der Steuerschuldner. Die von ihr zu zahlende Vermögensteuer wirkt erfolgsmindernd und ist handelsrechtlich – unabhängig von ihrer andersartigen steuerlichen Behandlung – erfolgswirksam als Aufwand unter dem Konto „701 Vermögensteuer" zu verbuchen. Nur bei juristischen Personen ist damit die Vermögensteuer eine Betriebssteuer.

d. Gewerbesteuer

Die Gewerbesteuer als derzeitige Haupteinnahmequelle der Gemeinden untergliedert sich in die

- Gewerbeertragsteuer und in die
- Gewerbekapitalsteuer.

Steuergegenstand ist der **Gewerbebetrieb**, der zugleich auch Steuerschuldner ist. Da jedes erwerbswirtschaftliche Unternehmen ein Gewerbe ausübt, stellt die Gewerbesteuer eine Betriebssteuer dar, die auf einem gesonderten Aufwandskonto verbucht werden muß.

Die **Gewerbeertragsteuer** knüpft an den Gewerbeertrag an, der sich aus dem einkommen- bzw. körperschaftsteuerlichen Gewinn, den Zinsen auf das langfristige Kapital sowie aus spezifischen gewerbesteuerlichen Modifikationen zusammensetzt. Als Ertragsteuer wird diese Betriebsteuer über das Aufwandskonto „770 Gewerbeertragsteuer" verbucht.

Die **Gewerbekapitalsteuer** hat als Bemessungsgrundlage das Betriebsvermögen, das um gewisse gewerbesteuerliche Modifikationen (z. B. Dauerschulden) korrigiert wird. Die Gewerbekapitalsteuer wird als Betriebssteuer über das Aufwandskonto „700 Gewerbekapitalsteuer" verbucht.

e. Grunderwerbsteuer

Die Grunderwerbsteuer besteuert den Umsatz von Grundstücken. Zur Vermeidung einer Doppelbesteuerung sind daher Grundstückskäufe bzw. -verkäufe von der Umsatzsteuer befreit. Die Grunderwerbsteuer, die an den Wert des Grundstückes anknüpft, ist derzeit noch eine Landessteuer, der ein Regel-Steuersatz von 2% zugrundeliegt.

Steuerschuldner sind die an dem Erwerbsvorgang Beteiligten als Gesamtschuldner, jedoch wird in der Regel dem Käufer des Grundstückes die Zahlung aufgebürdet. Da die Zahlung der Grunderwerbsteuer im Gegensatz zur Vorsteuer nicht vom Finanzamt erstattet wird, wird sie als Anschaffungsnebenkosten des erworbenen Grundstückes betrachtet und ist damit im jeweiligen Grundstückskonto zu aktivieren. Die Grunderwerbsteuer ist damit eine Betriebssteuer, die nicht erfolgswirksam ist, sondern als Zugang auf einem aktiven Bestandskonto (Grundstücke) verbucht wird.

f. Weitere Aufwandsteuern

Als Aufwandsteuer werden weiterhin verbucht die Grundsteuer als Steuer auf den betrieblichen Grundbesitz (Kto-Nr. 702), die Kraftfahrzeugsteuer auf firmeneigene Pkw's oder Lkw's (Kto-Nr. 703), die Wechselsteuer als Steuer auf den Wechselverkehr (Kto-Nr. 705) sowie die verschiedenen vom Unternehmen abzuführenden Verbrauchsteuern (Kto-Nr. 708).

g. Weitere aktivierungspflichtige Steuern

Aktivierungspflichtig sind weiterhin die Börsenumsatzsteuer bei der Anschaffung von Wertpapieren sowie Einfuhrzölle (Bezugskosten).

5. Zeitliche Abgrenzung

a. Sonstige Forderungen und sonstige Verbindlichkeiten

Eines der Hauptziele der Finanzbuchhaltung ist die **periodengerechte Erfolgsermittlung** (vgl. S. 18f). Dieses Ziel versucht man dadurch zu erreichen, daß man den in einer Periode entstandenen Erträgen den in dieser Periode verursachten Aufwendungen gegenüberstellt. Diesem Postulat wurde bereits durch die Berücksichtigung von Bestandsveränderungen und Abschreibungen Rechnung getragen. Das

Beispiel der Abschreibungen zeigte zugleich, daß Zahlungsvorgänge nicht immer mit der Erfolgswirksamkeit übereinstimmen müssen. Jedoch ist anzustreben, daß Aufwendungen und Erträge derjenigen Periode zeitlich zuzuordnen sind, in der sie verursacht worden sind (**Verursachungsprinzip**).

Wenn Aufwand und Ausgabe sowie Ertrag und Einnahme sich zeitlich decken, ergeben sich keine Probleme hinsichtlich der zeitlichen Abgrenzung der Geschäftsjahre. In dem Fall jedoch, in dem diese Deckung nicht mehr gegeben ist, sind besondere buchhalterische Maßnahmen erforderlich.

Zunächst sollen die Fälle betrachtet werden, bei denen im „alten" für die Verbuchung und den Abschluß relevanten Geschäftsjahr ein erfolgswirksamer Geschäftsvorfall verursacht wurde, der Zahlungsstrom aber erst in der darauf folgenden Periode zu erwarten ist. Da ein unmittelbarer Buchungsanlaß nach dem **Belegprinzip** erst in Verbindung mit der Zahlung in der folgenden neuen Periode besteht, nach dem Verursachungsprinzip der Geschäftsvorfall aber eindeutig der alten, abzuschließenden Periode zuzuordnen ist, gilt es den **Zahlungsstrom** im alten Jahr zu **antizipieren** (anticipere (lat.) = vorwegnehmen, vorzuziehen). Dies erfolgt, indem der erwartete Zahlungsvorgang als Forderung oder Verbindlichkeit verbucht wird.

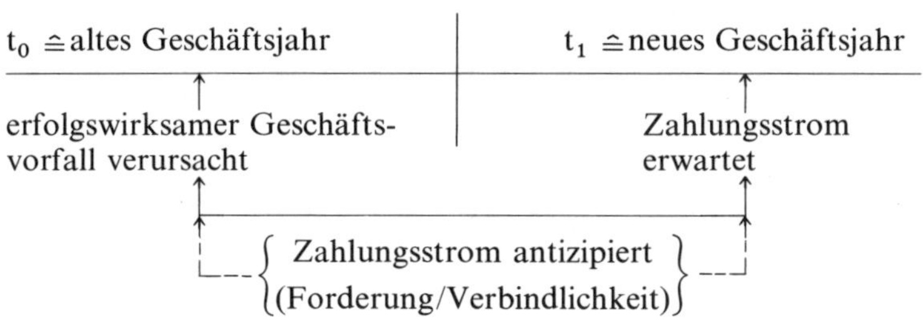

Beispiel 1):
Wir haben, beginnend mit dem 1.10.1988, ein Lagerhaus gemietet. Die Miete von monatlich 1.000 DM ist halbjährlich, und zwar nachträglich, ohne Umsatzsteuer zu zahlen. Geschäftsjahresschluß ist der 31.12. 1988.
BS: (670) Mieten und Pachten an (483) Sonstige Verbindlichkeiten 3.000,— DM

Die Erfolgswirksamkeit bezieht sich im alten Geschäftsjahr auf drei Monate. Da die Mieten noch zu zahlen sind, dies aber zum Geschäftsjahresschluß noch nicht geschehen ist, handelt es sich um eine **sonstige Verbindlichkeit** (= **antizipative Passiva**). Würde man diese Verbuchung nicht vornehmen, so würde im Beispiel ein um 3.000 DM zu hoher betrieblicher Erfolg ausgewiesen und ein um 3.000 DM zu niedriger Schuldenstand. Daraus folgt zugleich, daß allein der **Grundsatz der Vollständigkeit** im vorliegenden Fall eine zeitliche Abgrenzung verlangt.

Beispiel 2):
Zinsen von 700 DM für das abgelaufene Geschäftsjahr werden uns erst im neuen Jahr auf unserem Bankkonto gutgeschrieben.
BS: (26) Sonstige Forderungen an (570) Zinserträge 700,— DM

Auch in diesem Fall ist die Verursachung des Erfolges bereits im alten Geschäftsjahr gegeben, wenn auch die Einzahlung erst im neuen Jahr erfolgt. Ebenfalls ist im vorliegenden Beispiel die Verbuchung des Ertrages aus dem Grundsatz der Vollständigkeit heraus erforderlich, weil auf die Gutschrift der Zinsen ein einklagbarer

Anspruch besteht. Ohne die Verbuchung im alten Jahr als **sonstige Forderung (antizipative Aktiva)** würde das Vermögen und die Erträge (und damit der Erfolg) um 700 DM zu niedrig ausgewiesen.

Erfolgt nun im folgenden Geschäftsjahr der Zahlungsvorgang, so ist die sonstige Forderung oder sonstige Verbindlichkeit auszubuchen und der entsprechende Betrag auf dem Geldkonto einzubuchen.

Beispiel 1a): Fortsetzung Beispiel 1)
Die Miete für das ab dem 1.10.88 gemietete Lagerhaus wird nachträglich am 31.3.89 überwiesen.
BS: (483) Sonstige Verbindlichkeiten 3.000,— DM
(670) Mieten und Pachten 3.000,— DM an (280) Bank 6.000,— DM

Beispiel 2a): Fortsetzung Beispiel 1)
Zinsgutschrift auf dem Bankkonto im neuen Jahr über 700 DM.
BS: (280) Bank an (26) Sonstige Forderungen 700,— DM

Wie aus dem Beispiel 1a) zu entnehmen ist, kann sich der Zahlungsvorgang und damit die Erfolgswirksamkeit auf mehrere Perioden beziehen, so daß die Erfolgswirksamkeit zeitanteilig den Perioden zuzurechnen ist.

Zusammenfassend gilt also für die **antizipativen Posten:**

Vorgang	Abschlußstichtag altes Jahr	 neues Jahr	Bilanzposition
antizipative Passiva	Aufwand	Ausgabe	480 Sonstige Verbindlichkeit
antizipative Aktiva	Ertrag	Einnahme	26 Sonstige Forderung

b. Aktiver und passiver Rechnungsabgrenzungsposten

Neben den bereits erwähnten antizipativen Posten sind die dazu inversen Vorgänge, die sog. **transitorischen Posten**, zu behandeln. Hierbei handelt es sich um die Fälle, bei denen der Zahlungsvorgang bereits im alten Geschäftsjahr erfolgte, die Erfolgswirksamkeit jedoch erst in der folgenden Periode gegeben ist. Daher ist der Aufwand oder Ertrag nicht im alten Geschäftsjahr zu verbuchen, sondern in das neue Jahr hinüberzuziehen (transire (lat.) = hinübergehen). Dies gelingt dadurch, daß man beim Zahlungsvorgang die Gegenbuchung auf gesonderte **erfolgsneutrale Rechnungsabgrenzungsposten** vornimmt und diese im neuen Geschäftsjahr erfolgswirksam auflöst. Ohne diese Rechnungsabgrenzungsposten würde der Erfolg der Periode zu hoch oder zu niedrig ausgewiesen. Wäre der Erfolg zu hoch, so wird dieser durch den Ansatz eines transitorischen Passivpostens in der Bilanz (passiver Rechnungsabgrenzungsposten) korrigiert.

Beispiel:
Wir erhalten im Dezember die Pacht für ein Grundstück über 1.200 DM für ein

halbes Jahr im voraus (Geschäftsjahresschluß 31.12.) auf unser Bankkonto überwiesen.

Altes Geschäftsjahr:
BS: (280) Bank an (54) Sonstige Erträge 1.200,— DM
(54) Sonstige Erträge an (49) Passive Rechnungsabgrenzungsposten 1.200,— DM

oder
BS: (280) Bank an (49) Passive Rechnungsabgrenzungsposten 1.200,— DM

Da der eigentliche Leistungsvorgang der Verpachtung erst im neuen Geschäftsjahr erfolgt, kann der Ertrag auch erst im neuen Jahr verbucht werden. Dies gelingt dadurch, daß man im neuen Jahr den passiven Rechnungsabgrenzungsposten auflöst und den entsprechenden Ertrag erst dann einbucht.

Neues Geschäftsjahr:
BS: (49) Passiver Rechnungsabgrenzungsposten
an (54) Sonstige Erträge 1.200,— DM

Die Bilanz wirkt zum Abschlußstichtag wie ein Kräftespeicher, in dem künftige Aufwendungen und Erträge gespeichert sind, die infolge des späteren Leistungsvorganges auch erst in späteren Perioden sichtbar werden. Allerdings zeigt die Höhe der passiven Rechnungsabgrenzungsposten, welche Einnahmen bereits im alten Geschäftsjahr schon eingegangen sind, aber im neuen Geschäftsjahr erst als Ertrag wirken. Umgekehrt dient ein aktiver Rechnungsabgrenzungsposten (transitorische Aktiva) dazu, Ausgaben des alten Jahres als Aufwand erst dem neuen Jahr zuzuordnen, wenn der Leistungsvorgang erst nach Geschäftsjahresschluß abgeschlossen ist.

Beispiel:
Wir zahlen die Kraftfahrzeugsteuer von insgesamt 12.000 DM am 1.7.1989 für ein Jahr per Bank im voraus (Geschäftsjahresschluß 31.12.1989).

Altes Geschäftsjahr:
BS: (703) Kfz-Steuer an (280) Bank 12.000,— DM
(29) Aktiver Rechnungsabgrenzungsposten
an (703) Kfz-Steuer 6.000,— DM

oder
BS: (703) Kfz-Steuer 6.000,— DM
(29) Aktiver Rechnungsabgrenzungsposten 6.000,— DM
an (280) Bank 12.000,— DM

Neues Geschäftsjahr:
BS: (703) Kfz-Steuern an (29) Aktiver Rechnungsabgrenzungsposten 6.000,— DM

Wie man dem letzten Beispiel entnehmen kann, ist auch bei den Rechnungsabgrenzungsposten darauf zu achten, daß sich die Erfolgswirksamkeit auf verschiedene Perioden beziehen kann und eine zeitanteilige Zuordnung der Aufwendungen oder Erträge erforderlich sein kann. Daran kann man auch erkennen, daß Rechnungsabgrenzungsposten keine Vermögens- oder Schuldposten in der Bilanz darstellen, sondern als reine Verrechnungsposten aufzufassen sind.

Zusammenfassend gilt für die **transitorischen Posten**:

Vorgang	Abschlußstichtag altes Jahr	 neues Jahr	Bilanzposition
transitorische Aktiva	Ausgabe	Aufwand	29 Aktiver Rechnungsabgrenzungsposten
transitorische Passiva	Einnahme	Ertrag	49 Passiver Rechnungsabgrenzungsposten

c. Rückstellungen

In den bislang dargestellten Fällen der zeitlichen Abgrenzung wurde unterstellt, daß Sicherheit über die Höhe des Zahlungs- und Leistungsvorganges besteht. Dies muß jedoch nicht immer zutreffen, vielmehr ist bei antizipativen Passiva auch der Fall denkbar, daß die Aufwandsverursachung bereits im alten Geschäftsjahr liegt, über die Höhe des Aufwandes und der Auszahlung jedoch Ungewißheit besteht. Derartige Sachverhalte, die den antizipativen Passiva sehr ähnlich sind, werden durch Rückstellungen erfaßt.

Rückstellungen sind also Passivposten, die der periodengerechten Erfolgsermittlung durch Antizipieren von Aufwendungen dienen. Die Rückstellungsbegründung erfolgt durch das Realisationsprinzip und das Imparitätsprinzip. (Vgl. S. 20)

Nach dem Realisationsprinzip sind Aufwendungen (Verluste) und Erträge (Gewinne) der Periode zuzuordnen in der sie verursacht wurden, unabhängig davon, wann die entsprechenden Einnahmen oder Ausgaben erfolgen. Danach sind verursachte und realisierte, jedoch noch nicht verausgabte Aufwendungen, deren zeitlicher Anfall und/oder Höhe nicht sicher sondern nur wahrscheinlich ist, durch die Bildung sog. **Aufwandsrückstellungen** zu berücksichtigen. Sie dienen der periodengerechten Erfolgsermittlung und beinhalten sog. **„Innenverpflichtungen“**; sie besitzen also keinen Schuldcharakter gegenüber Dritten.

In § 249 HGB werden folgende Aufwandsrückstellungen aufgezählt:

(1) im Geschäftsjahr unterlassene Aufwendungen für Instandsetzung oder Abraumbeseitigung (Nachholung innerhalb 3 Monate).

(2) Gewährleistungen ohne rechtliche Verpflichtungen.

Für beide besteht eine Passivierungspflicht, während für

(3) ihrer Eigenart nach genau umschriebenen, dem Geschäftsjahr oder einem früheren Geschäftsjahr zuzuordnende Aufwendungen die am Abschlußstichtag wahrscheinlich oder sicher, aber hinsichtlich ihrer Höhe oder des Zeitpunktes ihres Eintritts unbestimmt sind

lediglich ein Wahlrecht zur Rückstellungsbildung (Passivierungswahlrecht) besteht.

Nach dem Imparitätsprinzip sind zukünftige vorhersehbare Risiken und Verluste (Elementarverluste) erfolgswirksam zu antizipieren. Dabei begründet das sub-) **Prinzip der finanziellen Vorsorge** Rückstellungen wegen

(a) ungewisser Verbindlichkeiten und

(b) drohender Verluste aus schwebenden Geschäften.

Beide werden auch als **Schuld-** bzw. **Verlustrückstellungen** bezeichnet. Nach § 249, Abs. 1 HGB besteht für sie eine Passivierungspflicht.

Anlässe für die Bildung von Rückstellungen für ungewisse Verbindlichkeiten können z. B. sein:

- anhängige Prozesse
- mögliche Steuernachzahlungen
- Provisionen, Gratifikationen und Tantiemen, die nach dem Ergebnis des letzten Geschäftsjahres bezahlt werden
- Kosten der Jahresabschlußprüfung (strittig)
- Ausgleichsansprüche der Handelsvertreter
- Inanspruchnahme aus dem Wechselobligo, aus Bürgschaften o. ä.

Ist bereits bei Abschluß eines Liefervertrages der noch von keiner Vertragspartei erfüllt wurde (sog. **schwebendes Geschäft**) erkennbar, daß die Verkaufserlöse die zugehörigen Aufwendungen nicht decken, das „Elementargeschäft" also mit Verlust abschließt, so ist dieser Verlust durch eine Rückstellungsbildung nach (b) zu berücksichtigen.

Die Rückstellungsarten nach (a) und (b) besitzen grundsätzlich Schuldcharakter, stellen also eine Verpflichtung gegenüber Dritten dar. Diese Rückstellungen stellen dem Grunde nach also Fremdkapital dar. Nur in der die künftige Inanspruchnahme (Ausgabe) übersteigenden Höhe können die Rückstellungen Eigenkapitalanteile, die dann als **„versteckte Rücklagen"** bezeichnet werden, enthalten. Werden Rückstellungen also zu hoch bemessen, so stellen sie einen Mischposten von Eigen- und Fremdkapital dar.

Als weiteres (sub-)Prinzip zum Imparitätsprinzip kann das **Prinzip der verlustfreien Bewertung** im Falle der sog. **Anarbeitungskosten** zur Rückstellungsbegründung führen. Hierauf soll jedoch nicht näher eingegangen werden.

Durch die Rückstellungsbildung zu Lasten eines Aufwandskontos wird zwar eine Minderung des Erfolges herbeigeführt, jedoch werden dadurch keine finanziellen Mittel gebunden, da die freiwerdenden Mittel investiert werden können und eine direkte Verknüpfung zwischen Aktiv- und Passivseite der Bilanz nicht besteht. Vielmehr sollen die durch die Verminderung des Erfolges vorhandenen Mittel lediglich vor der Ausschüttung bewahrt werden (sog. **Ausschüttungssperrfunktion**).

Entsprechend dem Ungewißheitscharakter muß die Höhe der Rückstellungen geschätzt werden, wobei nach dem **Prinzip der vorsichtigen Bewertung** auch pessimistische Erwartungen in das Kalkül eingehen sollen. Erfahrungen aus früheren Jahren ergeben hier häufig wertvolle Anhaltspunkte. Die Schätzung hat vor allem zu beachten, daß einerseits nicht zu geringe Beträge in die Rückstellungen eingehen, sie andererseits aber auch nicht zu hoch bemessen werden.

Nach dem IKR sind für die Verbuchung der Rückstellungen folgende Kosten vorgesehen:

37 Rückstellungen für Pensionen und ähnliche Verpflichtungen
38 Steuerrückstellungen
39 sonstige Rückstellungen

Das Konto „39 sonstige Rückstellungen", das alle Rückstellungsarten außer den auf Kto 37 und 38 gesondert auszuweisenden Rückstellungen beinhaltet, ist weiter differenziert. An dieser Stelle kann jedoch darauf verzichtet werden.

Die erfolgsrelevante Bildung der Rückstellung wird grundsätzlich zu Lasten desjenigen Aufwandskontos vorgenommen, das verursachungsgerecht anzusprechen ist.

1. Beispiel:
Wir rechnen am Jahresende mit einer Gewerbeertragsteuernachzahlung von 3.000 DM.
BS: (770) Gewerbeertragsteuer an (38) Steuerrückstellungen 3.000,— DM.

Im **nachhinein** erweist sich dann,

a) ob die Rückstellung richtig bemessen war oder
b) die Rückstellung zu hoch angesetzt worden war oder
c) ob die tatsächlichen Ausgaben die Rückstellung übersteigen.

Während im ersten Fall die Rückstellung zu Lasten eines Geldkontos nur ausgebucht zu werden braucht, ergeben sich im zweiten Fall „548 Erträge aus der Auflösung von Rückstellungen". Schließlich muß im dritten Fall eine Aufwandsnachholung zu Lasten des jeweiligen Aufwandskontos vorgenommen werden.

Fall a):
Im nächsten Geschäftsjahr überweisen wir 3.000 DM Gewerbeertragsteuer an das Finanzamt.
BS: (38) Steuerrückstellungen an (280) Bank 3.000,— DM

Fall b):
Im nächsten Geschäftsjahr erhalten wir den Steuerbescheid zur Gewerbeertragsteuer über 2.000 DM, die wir per Bank überweisen.

BS: (38) Steuerrückstellungen 3.000,— DM			
	an (280)	Bank	2.000,— DM
	an (548)	Erträge aus der Auflösung von Rückstellungen	1.000,— DM

Fall c):
Im nächsten Geschäftsjahr erhalten wir den Steuerbescheid zur Gewerbeertragsteuer über 5.000 DM, die wir per Bank überweisen.
BS: (38) Steuerrückstellungen 3.000,— DM
(770) Gewerbeertragsteuer 2.000,— DM an (280) Bank 5.000,— DM

2. Beispiel:
Im Geschäftsjahr verursachte und notwendige Instandsetzungsarbeiten können nicht mehr durchgeführt werden, sollen jedoch innerhalb der ersten drei Monate des neuen Geschäftsjahres nachgeholt werden: Es wird erwartet, daß für die Instandsetzung Materialien im Wert von 10.000 DM und ein Lohnaufwand von 5.000 DM entsteht.

Nach § 249, Abs. 1 Abschn. 1 HGB besteht die Pflicht zur Bildung einer entsprechenden Aufwandsrückstellung.

BS: (601) Aufwand Fremdfabrikate 10.000,— DM
(62) Löhne 5.000,— DM
an (39) sonstige Rückstellungen 15.000,— DM

Fall a):
Die Instandhaltung wird zu den unterstellten Bedingungen durchgeführt.
BS: (39) sonstige Rückstellungen (15.000,— DM)
an (601) Fremdfabrikate 10.000,— DM
an (62) Löhne 5.000,— DM

Die Habenbuchung in den Konten 601 und 62 führt zu einer Stornierung der sich aus der laufenden Abrechnung ergebenden Aufwandsbelastung. Werden also bei Durchführung der Reparatur im neuen Geschäftsjahr die Fremdbauteile vom Lager entnommen, so führt der Lagerentnahmeschein und die normale Abrechnungsprozedur zur Buchung:
BS: (601) Aufwand Fremdfabrikate an (201) Fremdfabrikate 10.000 DM

S	201 Fremdfabrikate		H
		(1)	10.000,—

S	601 Aufw. Fremdfabrikate		H
(1)	10.000,—	(39)	10.000,—

Dieser Aufwand wird durch die Auflösung der Rückstellung storniert. Analoges gilt für die Lohnbuchung.

Fall b):
Die Instandsetzung führt zu einem Materialaufwand von 8.000 DM und Löhnen von 4.000 DM
BS: (39) sonst. Rückstellungen 15.000,— DM
an (601) Aufwand Fremdfabrikate 8.000,— DM
an (62) Löhne 4.000,— DM
an (548) Erträge aus der Auflösung von RSt 3.000,— DM

Die Stornierung in den Aufwandskonten (601) und (62) erfolgt hier nur zu den tatsächlichen Aufwendungen, den der normale Abrechnungsablauf (Materialentnahmeschein, Stundenzettel) auch nur zu einer Aufwandsbelastung in der tatsächlichen (hier niedrigeren) Höhe führt.

Fall c):
Die Instandsetzung führt zu einem Materialaufwand von 12.000,— DM und Löhnen von 6.000,— DM.
BS: (39) sonst. Rückstellungen 15.000,— DM
an (601) Aufwand Fremdfabrikate 10.000,— DM
an (62) Löhne 5.000,— DM

Der normale Abrechnungsablauf führt automatisch zu einer Aufwandsbelastung von 2.000 DM für Aufwand Fremdbauteile und 1.000 DM für Löhne aus neuem Geschäftsjahr. Es werden nämlich für 12.000 DM Fremdbauteile mit Materialschein entnommen. Dies führt zur Aufwandsbuchung von 12.000 DM im Konto 601. Durch die Auflösung der Rückstellungen werden aber nur 10.000 DM storniert. Für Löhne gilt analoges.

3. Beispiel:
Der Lieferant hat mit einem Kunden einen Vertrag zur Lieferung von Fertigfabri-

katen von 10.000 DM geschlossen. Die Fertigfabrikate stehen mit 11.000 DM zu Buche. Der Marktpreis liegt bei 12.000 DM; der Lieferant hat aus kommerziellen Gesichtspunkten (Markt-Lieferanteilsgewinn) einen Verlust in Kauf genommen.

Entsprechend dem aus dem Imparitätsprinzip abgeleiteten Prinzip der finanziellen Vorsorge ist am Geschäftsjahresschluß für das **schwebende Geschäft** eine Verlustantizipation durch Bildung einer Rückstellung für drohende Verluste aus schwebenden Geschäften vorzunehmen.

BS: (698) sonst. betr. Aufwand
(Rückstellungszuführung) an (39) sonst. Rückstellung 1.000,— DM

Bei Realisierung des Geschäfts wäre (verkürzt) zu buchen (alles ohne USt)

BS: (280) Bank 10.000,— DM
(39) sonst. Rückstellung 1.000,— DM an (220) Fertigerzeugnisse
11.000,— DM

d. Zeitliche Abgrenzung und Umsatzsteuer

Die Verbuchung der Umsatzsteuer spielt bei der zeitlichen Abgrenzung keine große Rolle, da die meisten Aufwendungen und Erträge umsatzsteuerfrei sind. Für die umsatzsteuerpflichtigen Aufwendungen und Erträge gelten jedoch folgende **Grundsätze**:

Für die Entstehung der Umsatzsteuerschuld ist der **Zeitpunkt der Leistung,** nicht dagegen der Zeitpunkt der Zahlung ausschlaggebend. Daher werden Vor- und Mehrwertsteuer bei antizipativen Posten (sonstige Forderungen, sonstige Verbindlichkeiten) wie bei Forderungen und Verbindlichkeiten sonst üblich voll erfaßt. Wird wie bei den transitorischen Posten Umsatzsteuer für das nächste Jahr gezahlt, so ist diese für das alte Jahr noch nicht anrechenbar und ist im Abschlußzeitpunkt über die gesonderten Konten

„2629 Noch nicht anzurechnende Vorsteuer“ und
„4811 Noch nicht fällige Mehrwertsteuer”

zu verbuchen. Diese Konten sind zu dem Zeitpunkt, an dem die Leistung erbracht wird, aufzulösen. Schließlich ist noch nicht gezahlte und noch nicht fällige Umsatzsteuer nicht zu verbuchen; letzteres gilt z. B. für Rückstellungen, da es hier weder zu einer Rechnungserstellung noch zu einer Zahlung gekommen ist.

Beispiel 1:
Am 31.12. (Geschäftsjahresschluß) haben wir die Vertreterprovision des Monats Dezember in Höhe von 1.700 DM plus 10% USt. noch nicht bezahlt.

BS: (676) Provisionen 1.700 DM
(260) Vorsteuer 170 DM
an (480) Sonstige Verbindlichkeiten 1.870,— DM

Beispiel 2:
Die Januarmiete für eine vermietete Lagerhalle in Höhe von 500 DM plus 10% USt. geht bereits am 27.12. bar ein.

Altes Geschäftsjahr:

BS: (288) Kasse 550,— DM an (49) Passive Rechnungsabgrenzungsposten 500,— DM
(4811) Noch nicht fällige Mehrwertsteuer 50,— DM

Neues Geschäftsjahr:

BS: (49) Passive Rechnungsabgrenzungsposten 500,— DM
(4811) Noch nicht fällige Mehrwertsteuer 50,— DM
an (54) Sonstige Erträge 500,— DM
an (481) Mehrwertsteuer 50,— DM

Beispiel 3:

Die Handelsvertreterprovision für den Monat Dezember ist mangels einer endgültigen Abrechnung noch nicht bezahlt; sie beläuft sich voraussichtlich auf 6.000 DM plus 10% USt.

BS: (656) Provisionen an (39) Sonstige Rückstellungen 6.000,— DM

(→ Übungsaufgabe 23 bis 25)

6. Abschreibungen auf Forderungen

a. Grundsätzliches zur Forderungsbewertung

Hinsichtlich der Bewertung von Forderungen gilt nach §253, Abs. 3 HGB das Niederstwertprinzip (vgl. S. 20); danach sind zweifelhafte Forderungen nach ihrem wahrscheinlichen Wert anzusetzen, uneinbringliche Forderungen abzuschreiben.

Daraus läßt sich entnehmen, daß man zur Ermittlung des Wertansatzes von Forderungen folgende Unterscheidung vornehmen muß:

Güte der Forderung	Wertansatz
„einwandfrei“	Nennwert
zweifelhaft	wahrscheinlicher Wert
uneinbringlich	Null

„Einwandfreie“ Forderungen sind Außenbestände, von denen man annimmt (!), daß sie in voller Höhe eingehen, da über die Bonität des Schuldners keinerlei Zweifel bestehen. Derartige „einwandfreie“ Forderungen sind zum Nennwert zu bewerten. Unter **Nennwert** versteht man bei Forderungen aus Lieferungen und Leistungen den Warenverkaufswert der verkauften Ware zuzüglich der berechneten Mehrwertsteuer.

Zweifelhafte Forderungen entstehen, wenn der Kunde z.B. trotz mehrmaliger Mahnung nicht zahlt, wenn das Vergleichs- oder Konkursverfahren über das Vermögen des Kunden eröffnet worden ist oder Zahlungsbefehlen widersprochen wird. Der **wahrscheinliche Wert**, mit dem die zweifelhafte Forderung einzusetzen ist, ist dabei der Geldbetrag, mit dem die Forderung wahrscheinlich eingehen wird; er liegt regelmäßig unter dem Nennwert.

Uneinbringlich ist eine Forderung z.B. dann, wenn der Konkurs mangels Masse eingestellt worden ist, das Konkurs- oder Vergleichsverfahren über das Vermögen des Schuldners ergebnislos abgeschlossen worden ist oder wenn fruchtlos gepfändet wurde. In diesen Fällen ist die Forderung voll abzuschreiben und auszubuchen.

Die Unterteilung in „einwandfreie", zweifelhafte und uneinbringliche Forderungen kann man vornehmen, indem man, dem **Grundsatz der Einzelbewertung** folgend, die Bonität jedes einzelnen Kunden untersucht. Dabei wird das in jeder einzelnen Forderung liegende **spezielle Kreditrisiko** erfaßt und der Forderungsbewertung zugrundegelegt; daraus resultiert eine **Einzelabschreibung** der Forderungen.

Bei großen Forderungsbeständen, die sich aus einer Vielzahl geringwertiger Einzelforderungsbeträgen zusammensetzen, ist die Prüfung jeder einzelnen Forderung sehr aufwendig. Daher ist es auch möglich, daß in den Forderungen enthaltene spezielle Kreditrisiko pauschal zu erfassen, wenn die entsprechende Forderungsberichtigung **(Pauschalabschreibung)** z. B. durch die Erfahrungen der Vorjahre rechnerisch nachweisbar ist.

Neben der pauschalen Forderungsberichtigung als Substitut der Einzelabschreibung zur Berücksichtigung der speziellen Kreditrisiken ist eine pauschale Beurteilung des sog. allgemeinen Kreditrisikos zu unterscheiden. Unter **allgemeinen Kreditrisiken** versteht man dabei solche Ausfallrisiken, die nicht in der Bonität der einzelnen individuellen Schuldner begründet sind, sondern regelmäßig ganze Forderungsgesamtheiten betreffen (z. B. Auslandsforderungen, Forderungen einzelner Branchen, Risiken der Konjunkturabschwächung usw.).

In der Praxis werden meist die Verfahren der Einzelwertberichtigung wegen der speziellen Kreditrisiken mit dem Verfahren der Pauschalwertberichtigung wegen des allgemeinen Kreditrisikos kombiniert. Dabei ist strittig, ob die einzelwertberichtigten Forderungen in die Berechnungsbasis für das allgemeine Kreditrisiko mit einzubeziehen sind oder nicht.[1])

Abschreibungen auf Forderungen unterscheiden sich von den Abschreibungen auf abnutzbares Anlagevermögen nicht nur durch den Anwendungsbereich, sondern auch durch die Zwecksetzung. Während Anlagenabschreibungen vorwiegend der periodengerechten Erfolgsermittlung dienen und mehrjährig nach einem Abschreibungsplan über die voraussichtliche Nutzungsdauer vorgenommen werden, dienen Abschreibungen auf Forderungen vorwiegend der richtigen Bewertung des Vermögens durch Erfassung der in den Forderungen liegenden allgemeinen und speziellen Risiken; dazu werden sie zum frühest möglichen Erkenntniszeitpunkt zur Antizipierung von Verlusten in der Regel einmalig verrechnet. Gemeinsam ist beiden Abschreibungsarten jedoch ihr Aufwandscharakter und ihre Verbuchungstechnik.

Während nach der **Bewertungstechnik** Einzelabschreibung und/oder Pauschalabschreibung zu unterscheiden sind, läßt sich nach der **Verbuchungstechnik** eine direkte und/oder indirekte Abschreibung unterscheiden, so daß sich die folgenden Möglichkeiten ergeben:

[1]) Vgl. S. 178–179

	direkte Verbuchung	indirekte Verbuchung
Einzelabschreibung oder Pauschalabschreibung zur Berücksichtigung des speziellen Kreditrisikos	X	X
Pauschalabschreibung zur Berücksichtigung des allgemeinen Kreditrisikos		X

Die eingezeichneten Kreuze geben die für Vollkaufleute vorherrschende Verbuchungsmethode an. Entsprechend § 266, Abs. 3 HGB haben große Kapitalgesellschaften die Forderungen generell netto auszuweisen, d. h. nach Abzug von Einzel- und Pauschalwertberichtigungen. Die Bildung eines Passivpostens für Wertberichtigungen für diese Gesellschaftsformen nicht mehr vorgesehen. (U. U. kann die Überleitung aus den Kosten bei indirekter Verbuchung durch Kontenbrücken erfolgen.)

b. Die direkte Einzelabschreibung auf Forderungen

Ergibt die individuelle Überprüfung des Forderungsbestandes im Rahmen der Jahresabschlußarbeiten, daß der volle Zahlungseingang bei einzelnen Forderungen nicht gewährleistet ist, so empfiehlt sich aus Gründen der Klarheit, diese zweifelhaften bzw. uneinbringlichen Forderungen von den „einwandfreien" Forderungen zu trennen. Dies geschieht, indem man die zweifelhaften oder uneinbringlichen Forderungen aus dem Konto „240 Forderungen", auf dem eine Bewertung zum Nennwert erfolgt, aussondert und auf ein gesondertes aktives Bestandskonto „241 Dubiose" umbucht. Auf diesem Konto kann nunmehr die erforderliche Bewertung zum wahrscheinlichen Wert vorgenommen werden, d. h. als Endergebnis müssen die einzelnen Forderungen mit ihrem wahrscheinlichen Geldeingang auf dem Konto „241 Dubiose" verbleiben. Das gelingt dadurch, daß man die Differenz zwischen Nenn- und wahrscheinlichem Wert, den sogenannten **Ausfallbetrag**, aus dem Konto „241 Dubiose" ausbucht (Habenbuchung). Bei der Gegenbuchung (Sollbuchung) ist zu beachten, daß Forderungsbeträge aus Lieferungen und Leistungen grundsätzlich aus einem Warenwert- und einem Umsatzsteueranteil bestehen. Während die Wertminderungen bei Forderungen hinsichtlich des Warenwertanteils Verlustcharakter besitzen, ist die anteilige Umsatzsteuerminderung nicht vom Unternehmen zu tragen, sondern nur als durchlaufender Posten zu korrigieren. Daher werden nur die Wertminderungen des Warenanteils als Aufwand im Konto „695 Abschreibungen auf Forderungen" verbucht, während die anteilige Umsatzsteuerkorrektur auf dem Konto „481 berechnete Mehrwertsteuer" vorgenommen wird. Die sofortige Korrektur auf dem Mehrwertsteuerkonto ist zwar aus steuerlicher Sicht heftig umstritten,[1]) jedoch muß aus handelsrechtlicher Sicht davon ausgegangen werden, daß bei zweifelhaften Forderungen auch der Umsatzsteueranteil nur mit dem wahrscheinlichen Wert (strenges Niederstwertprinzip) anzusetzen ist.

---

[1]) Hierauf wird noch einzugehen sein. Vgl. S. 198–199

Analog zu den zweifelhaften Forderungen ist auch bei den uneinbringlichen Forderungen vorzugehen. Nach der Umbuchung der uneinbringlichen Forderung auf das Konto „241 Dubiose" ist der Warenwertanteil voll abzuschreiben und der berechnete Mehrwertsteueranteil auszubuchen.

Beispiel:

1. In dem zum Geschäftsjahresschluß ermittelten Forderungsbestand aus Warenlieferungen von 330.000 DM sind

a) eine uneinbringliche Forderung über 11.000 DM und

b) eine zweifelhafte Forderung mit dem Nennwert von 16.500 DM enthalten, bei der mit einem 50%-igen Ausfall zu rechnen ist. Darüberhinaus besitzt eine Forderung

c) über 2.200 DM einen wahrscheinlichen Wert von 550 DM. Die Abschreibungen (hier wegen spezieller Kreditrisiken) werden direkt vorgenommen.

Lösung:

BS: a)	(241) Dubiose an (240) Forderungen		11.000,— DM
BS: b)	(241) Dubiose an (240) Forderungen		16.500,— DM
BS: c)	(241) Dubiose an (240) Forderungen		2.200,— DM
BS: d)	(695) Abschreibungen a. F.	10.000,— DM	
	(481) ber. Mehrwertsteuer	1.000,— DM	
	an (241) Dubiose		11.000,— DM
BS: e)	(695) Abschreibungen a. F.	7.500,— DM	
	(481) ber. Mehrwertsteuer	750,— DM	
	an (241) Dubiose		8.250,— DM
BS: f)	(695) Abschreibungen a. F.	1.500,— DM	
	(481) ber. Mehrwertsteuer	150,— DM	
	an (241) Dubiose		1.650,— DM

S	240 Forderungen		H
	330.000,—	(a)	11.000,—
		(b)	16.500,—
		(c)	2.200,—
		(89)	300.300,—
	330.000,—		330.000,—

S	241 Dubiose		H
(a)	11.000,—	(d)	11.000,—
(b)	16.500,—	(e)	8.250,—
(c)	2.200,—	(f)	1.650,—
		(801)	8.800,—
	29.700,—		29.700,—

S	481 ber. Mehrwertsteuer		H
(d)	1.000,—	(240)	30.000,—
(e)	750,—		
(f)	150,—		
(482)	28.100,—		
	30.000,—		30.000,—

S	695 Abschreibungen a. F.		H
(d)	10.000,—	(802)	19.000,—
(e)	7.500,—		
(f)	1.500,—		
	19.000,—		19.000,—

In den nachfolgenden Geschäftsperioden stellt sich dann heraus, ob die Forderungsbewertung richtig gewesen ist. Im „Idealfall" entspricht der wahrscheinliche Wert dem tatsächlichen Geldeingang. Ist der Geldeingang niedriger als der Buchwert der Forderung, so ist in Höhe des Differenzbetrages eine weitere Abschreibung auf Forderungen und eine entsprechende Mehrwertsteuerkorrektur vorzunehmen. Übersteigt schließlich der effekte Zahlungseingang den angesetzten Forderungswert, so ist die in den vergangenen Geschäftsperioden offensichtlich überhöht vorgenommene Abschreibung und Mehrwertsteuerkorrektur durch einen sonstigen Ertrag und eine entsprechende Einbuchung im Konto Mehrwertsteuer rückgängig zu machen.

Beispiel:

2. (Fortsetzung von Beispiel 1)
Im neuen Geschäftsjahr gehen wider Erwarten bei der für uneinbringlich gehaltenen Forderung a) per Bank 660 DM ein; dagegen bestätigt sich der Eingang von 550 DM bei der Forderung c). Die Forderung b), bei der mit einem 50%-igen Ausfall gerechnet worden war, wird schließlich per Bank mit 4.400 DM endgültig beglichen.

Lösung:

BS: a)	(280) Bank	660,— DM	an (54) sonstige Erträge	600,— DM
			an (481) ber. Mehrwertsteuer	60,— DM
BS: b)	(280) Bank	4.400,— DM		
	(695) Abschreibungen a. F.	3.500,— DM		
	(481) ber. MwSt	350,— DM		
			an (241) Dubiose	8.250,— DM
BS: c)	(280) Bank	550,— DM	an (241) Dubiose	550,— DM

S 241 Dubiose H

AB	8.800,—	(b)	8.250,—
		(c)	550,—
	8.800,—		8.800,—

S 280 Bank H

(a)	660,—	(801)	5.610,—
(b)	4.400,—		
(c)	550,—		
	5.610,—		5.610,—

S 695 Abschreibungen a.F. H

(b)	3.500,—	(802)	3.500,—

S 481 ber. MwSt H

(b)	350,—	(a)	60,—
		(482)	290,—
	350,—		350,—

S 54 sonstige Erträge H

(802)	600,—	(a)	600,—

c. Die indirekte Pauschalabschreibung (Pauschalwertberichtigung) auf Forderungen wegen allgemeiner Kreditrisiken

Die indirekte Pauschalabschreibung wegen allgemeiner Kreditrisiken läßt sich entweder auf den gesamten Forderungsbestand vor Durchführung direkter Einzelabschreibungen oder nur auf den Bestand der „einwandfreien" Forderungen anwenden. Je nachdem, welches der beiden Verfahren gewählt wird, variiert die Bezugsgröße und regelmäßig auch der Prozentsatz für die Pauschalwertberichtigung. Bei der letztgenannten Vorgehensweise, der hier gefolgt werden soll, ermittelt sich die Bezugsgröße für die Pauschalabschreibung, indem aus dem gesamten Forderungsbestand die dubiosen (incl. uneinbringlichen) Forderungen eliminiert werden. Der sich danach ergebende „einwandfreie" Forderungsbestand ist nunmehr um die anteilige Umsatzsteuer (= 1/11) zu korrigieren, da bei einer Pauschalbewertung eine direkte Zuordnung der einzelnen Ausfallbeträge (und damit die Möglichkeit der Umsatzsteuerkorrektur) zu einzelnen Forderungen a priori nicht vorgenommen werden kann. Bei dieser als **statische Methode** bezeichneten Vorgehensweise, bei der im Gegensatz zur dynamischen Methode, die vom Kreditumsatz ausgeht, der „einwandfreie" Forderungsbestand die Bezugsgröße bildet, ermittelt sich der Abschreibungsprozentsatz aus den Ausfallquoten vergangener Geschäftsjahre. Diese Erfahrungswerte sind jedoch bei geänderten Verhältnissen z. B. infolge von Konjunktur- und Branchenkrisen zu modifizieren; d. h. es muß stets geprüft werden, ob die Erfahrungen der Vergangenheit auch noch für die künftige Entwicklung relevant sind.

Liegt der Abschreibungsprozentsatz für die Pauschalabschreibung fest, so ist bei erstmaliger Bildung der Pauschalwertberichtigung, die auch als **Pauschaldelkredere** bezeichnet wird, eine indirekte Abschreibung auf den „einwandfreien" Forderungsbestand im Haben des Kontos „2492 Pauschalwertberichtigungen a. F." vorzunehmen.

Beispiel:

3. (Fortsetzung von Beispiel 1)
   Auf den einwandfreien Forderungsbestand von Beispiel 1. soll (erstmalig) eine Pauschalwertberichtigung wegen des allgemeinen Kreditrisikos von 3% zum Jahresende vorgenommen werden.

Lösung:

Gesamter Forderungsbestand	330.000 DM
·/· dubiose Forderungen (Einzelabschreibung)	29.700 DM
„einwandfreier" Forderungsbestand	300.300 DM
·/· 1/11 Umsatzsteueranteil	27.300 DM
Bezugsgröße der Pauschalabschreibung	273.000 DM

BS: (695) Abschreibungen a. F. an (2492) Pauschalwertberichtigungen a. F. 8.190,— DM

S	240 Forderungen		H
330.000,—		(a)	11.000,—
		(b)	16.500,—
		(c)	2.200,—
		(801)	300.300,—
330.000,—			330.000,—

S	241 Dubiose		H
(a)	11.000,—	(d)	11.000,—
(b)	16.500,—	(e)	8.250,—
(c)	2.200,—	(f)	1.650,—
		(801)	8.800,—
	29.700,—		29.700,—

S	695 Abschreibung a.F.		H
(d)	10.000,—	(802)	27.190,—
(e)	7.500,—		
(f)	1.500,—		
(3)	8.190,—		
	27.190,—		27.190,—

S	481 ber. MwSt.		H
(d)	1.000,—	(240)	30.000,—
(e)	750,—		
(f)	150,—		
(482)	28.100,—		
	30.000,—		30.000,—

S	2492 Pauschalwertber. a.F.		H
(801)	8.190,—	(3)	8.190,—

Im folgenden Geschäftsjahr stellt sich dann heraus, ob die Abschreibungen auf Forderungen richtig bemessen waren. Die im Wege der Einzelabschreibung berichtigten Forderungen müssen auch beim kombinierten Verfahren auf ihren effektiven Zahlungseingang einzeln überprüft werden (vgl. Beispiel 2).

Hinsichtlich des effektiven Ausfalls der indirekt abgeschriebenen Forderungen gibt es verschiedene Verbuchungsmöglichkeiten:

(1) Jeder Forderungsausfall wird durch die Ausbuchung aus dem Forderungskonto mit Gegenbuchung auf dem Konto Abschreibungen a.F. und ber. Mehrwertsteuer erfaßt. Zum Geschäftsjahresschluß wird überprüft, ob die Pauschalwertberichtigung dem neuen „einwandfreien" Forderungsbestand entspricht. In Höhe einer evtl. Differenz wird entweder bei nicht ausreichender Wertberichtigung eine neue Einstellung in die Pauschalwertberichtigung zu Forderungen vorgenommen (Gegenbuchung: Abschreibung a. F.) oder bei zu hoher Pauschalwertberichtigung diese durch eine Ertragsbuchung auf dem Konto „5452 Erträge aus der Herabsetzung der Pauschalwertberichtigung zu Forderungen" herabgesetzt.

(2) Jeder Forderungsausfall wird durch die Ausbuchung aus dem Forderungskonto mit Gegenbuchung auf dem Konto Pauschalwertberichtigung a.F. im Soll und entsprechender Buchung auf dem Konto ber. Mehrwertsteuer erfaßt. Diese Vorgehensweise wird solange vorgenommen, bis die Pauschalwertberichtigung aufgebraucht ist. Daran anschließend wird über Abschreibungen a.F. gebucht. War die Pauschalberichtigung zu hoch angesetzt, so wird sie zum Geschäftsjahresschluß entweder über „5452 Erträge aus der Herabsetzung der Pauschalwertberichtigung zu Forderungen" aufgelöst, oder es wird bei der Neufestsetzung der Pauschalwertberichtigung nur der verminderte Betrag in die Wertberichtigung eingestellt.

(3) Jeder Forderungsausfall wird einzeln dadurch erfaßt, daß zum Zeitpunkt der Erkenntnis eine Umbuchung auf Dubiose und eine Bewertung zum wahrscheinlichen Wert erfolgt. Bei Zahlungseingang wird die Forderung mit ihrem wahrscheinlichen Wert aus dem Konto Dubiose ausgebucht, Differenzen werden entweder über Pauschalwertberichtigungen (im Soll) oder über Sonstige Erträge (im Haben) berücksichtigt. Zum Geschäftsjahresschluß wird wie bei (2) vorgegangen.

Beispiel:

4. (Fortsetzung von Beispiel 3)
   Im neuen Geschäftsjahr ergeben sich die Forderungsausfälle wie bei Beispiel 2),

jedoch fällt zusätzlich eine Forderung (d) über 8.800 DM voll aus. Der neue „einwandfreie“ Forderungsbestand beträgt zum Geschäftsjahresschluß 297.000 DM, der pauschal mit 3% wertberichtigt wird. Es sind die Verfahrensweisen (1)–(3) zu verbuchen.

Lösung:

Berechnung der neuen Pauschalwertberichtigung:

„einwandfreier“ Forderungsbestand		297.000 DM
·/· 1/11 Umsatzsteueranteil		27.000 DM
Bezugsgröße der Pauschalabschreibung		270.000 DM
0,03 · 270.000 DM	=	8.100 DM

Verbuchung Verfahren (1)

BS: a) (280) Bank 660,— DM	an (54) sonstige Erträge	600,— DM
	an (481) ber. MwSt	60,— DM
BS: b) (280) Bank 4.400,— DM		
(695) Abschreibung a.F. 3.500,— DM		
(481) ber. MwSt 350,— DM	an (281) Dubiose	8.250,— DM
BS: c) (280) Bank 550,— DM	an (241) Dubiose	550,— DM
BS: d) (241) Dubiose	an (24) Forderungen	8.800,— DM
BS: e) (695) Abschreibung a.F. 8.000,— DM		
(481) ber. MwSt 800,— DM	an (241) Dubiose	8.800,— DM
BS: f) (2492) Pauschalwertberichtigung a.F.	an (5452) Erträge aus der Herabsetzung der Pauschalwertberichtigung a.F.	90,— DM

S 240 Forderungen H

S		H	
AB	300.300,—	(d)	8.800,—
(x)	5.500,—	(801)	297.000,—
	305.800,—		305.800,—

S 241 Dubiose H

S		H	
AB	8.800,—	(b)	8.250,—
(d)	8.800,—	(c)	550,—
		(e)	8.800,—
	17.600,—		17.600,—

S 280 Bank H

S		H	
(a)	660,—	(801)	5.610,—
(b)	4.400,—		
(c)	550,—		
	5.610,—		5.610,—

S 2492 Pauschalwertber. a.F. H

S		H	
(f)	90,—	AB	8.190,—
(801)	8.100,—		
	8.190,—		8.190,—

S 695 Abschreibungen a.F. H

S		H	
(b)	3.500,—	(802)	11.500,—
(e)	8.000,—		
	11.500,—		11.500,—

S 481 ber. MwSt. H

S		H	
(b)	350,—	(a)	60,—
(e)	800,—	(482)	1.090,—
	1.150,—		1.150,—

S	54 sonstige Erträge		H
(802)	600,—	(a)	600,—

S	5452 E.a. Pauschalwertber. a.F.		H
(802)	90,—	(f)	90,—

Verbuchung Verfahren (2)

BS: a–c) wie in Verbuchungsmethode (1)
BS: d) (241) Dubiose an (240) Forderungen 8.800,— DM
BS: e) (2492) Pauschalwertberichtigung a.F. 8.000,— DM
(481) ber. MwSt. 800,— DM an (241) Dubiose 8.800,— DM
BS: f) (695) Abschreibungen a.F. an (2492) Pauschalwertberichtigung a.F. 7.910,— DM

S	240 Forderungen		H
AB	300.300,—	(d)	8.800,—
(x)	5.500,—	(801)	297.000,—
	305.800,—		305.800,—

S	241 Dubiose		H
AB	8.800,—	(b)	8.250,—
(d)	8.800,—	(c)	550,—
		(e)	8.800,—
	17.600,—		17.600,—

S	280 Bank		H
(a)	660,—	(801)	5.610,—
(b)	4.400,—		
(c)	550,—		
	5.610,—		5.610,—

S	2492 E.a.Pauschalwertber. a.F.		H
(e)	8.000,—	AB	8.190,—
(801)	8.100,—	(f)	7.910,—
	16.100,—		16.100,—

S	695 Abschreibung a.F.		H
(b)	3.500,—	(802)	11.410,—
(f)	7.910,—		
	11.410,—		11.410,—

S	481 ber. MwSt		H
(b)	350,—	(a)	60,—
(e)	800,—	(482)	1.090,—
	1.150,—		1.150,—

S	54 sonstige Erträge		H
(802)	600,—	(a)	600,—

Verbuchung Verfahren (3)

BS: a–c) wie in Verbuchungsmethode (1) und (2)
BS: d) (241) Dubiose an (240) Forderungen 8.800,— DM
BS: e) (2492) Pauschalwertberichtigung a.F. 8.000,— DM
(481) ber. MwSt 800,— DM an (241) Dubiose 8.800,— DM
BS: f) (2492) Pauschalwertberichtigung a.F. an (5452) Erträge aus Herabsetzung der Pauschalwertberichtigung a.F. 190,— DM
BS: g) (695) Abschreibung a.F. an (2492) Pauschalwertberichtigung a.F. 8.100,— DM

S 240 Forderungen H

AB	300.300,—	(d)	8.800,—
(x)	5.500,—	(801)	297.000,—
	305.800,—		305.800,—

S 241 Dubiose H

AB	8.800,—	(b)	8.250,—
(d)	8.800,—	(c)	550,—
		(e)	8.800,—
	17.600,—		17.600,—

S 280 Bank H

(a)	660,—	(801)	5.610,—
(b)	4.400,—		
(c)	550,—		
	5.610,—		5.610,—

S 2492 Pauschalwertber. a. F. H

(e)	8.000,—	AB	8.190,—
(f)	190,—	(g)	8.100,—
(801)	8.100,—		
	16.290,—		16.290,—

S 695 Abschreibung a. F. H

(b)	3.500,—	(802)	11.600,—
(g)	8.100,—		
	11.600,—		11.600,—

S 481 ber. MwSt H

(b)	350,—	(a)	60,—
(e)	800,—	(481)	1.090,—
	1.150,—		1.150,—

S 54 sonstige Erträge H

(802)	600,—	(a)	600,—

S 5452 E. a. Pauschalw. a. F. H

(802)	190,—	(f)	190,—

Bei der Frage, welches der genannten Verfahren am zweckmäßigsten ist, muß vom Charakter der Pauschalwertberechtigung ausgegangen werden. Macht man sich nämlich klar, daß hierbei lediglich der gesamte, als einwandfrei angesehene Forderungsbestand zur Erfassung des allgemeinen Kreditrisikos pauschal bewertet wird, so erscheint es unlogisch, effektive Forderungsausfälle, die das Ergebnis des speziellen Kreditrisikos sind, über die Pauschalwertberichtigung auszubuchen. Damit aber erscheinen die Verfahren (2) und (3) ungeeigneter als das Verfahren (1), nach dem alle Forderungsausfälle über Abschreibungen ausgebucht werden und die Pauschalwertberichtigung lediglich am Geschäftsjahresschluß dem jeweiligen Bestand an „einwandfreien" Forderungen angepaßt wird. Darüberhinaus hat dieses Verfahren den Vorteil, einzelbewertete und pauschalbewertete Forderungsausfälle gleich zu behandeln und damit buchtechnisch am einfachsten zu sein. Es sei jedoch darauf hingewiesen, daß auch Kombinationen dieser Verfahren möglich sind und auch eine indirekte Buchung von Einzelwertberichtigungen über das Konto „2491 Einzelwertberichtigungen a. F." nach HGB (nicht Kapitalgesellschaften) und IKR durchführbar ist.

d. Zur Problematik der Umsatzsteuerberichtigung bei der Abschreibung von Forderungen

Bislang wurde bei der direkten Einzelabschreibung stets auch die Umsatzsteuer berichtigt, während bei der indirekten Pauschalabschreibung von einer Umsatzsteuerkorrektur abgesehen wurde. Während die letztere Vorgehensweise voll dem Verhalten der Praxis entspricht, ist die Umsatzsteuerkorrektur bei der direkten Einzelabschreibung von Forderungen strittig, da sie über die Abschreibung von Forderungen Manipulationen hinsichtlich der Höhe der an das Finanzamt abzuführenden Mehrwertsteuerzahllast ermöglicht. Andererseits kann hiermit auch nur – bestenfalls – ein **Steuerstundungseffekt** erreicht werden, da spätestens beim effektiven Forderungsausfall bzw. Zahlungseingang die Höhe der Mehrwertsteuerschuld offensichtlich wird. Selbst dieser Effekt würde jedoch über die Zeit hinweg bei gleicher Ausübung vernachlässigbar gering. Daher sind bereits einzelne Finanzämter dazu übergegangen, die hier praktizierte Vorgehensweise anzuerkennen, obgleich man derzeit noch in der Praxis von der steuerlichen (!) Unzulässigkeit von Mehrwertsteuerkorrekturen ausgehen muß, solange die Uneinbringlichkeit der Forderung nicht erwiesen ist. Schließlich ergibt sich handelsrechtlich nach dem strengen Niederstwertprinzip, daß nur der niedrigere wahrscheinliche Wert angesetzt werden darf, wahrscheinliche Umsatzsteuerausfälle also berücksichtigt werden müssen. Das Umsatzsteuergesetz bestimmt dagegen in § 17, daß eine Umsatzsteuerkorrektur erst bei Uneinbringlichkeit des Entgelts vorgenommen werden darf.

Daraus könnte man folgern, daß nur voll abzuschreibende uneinbringliche Forderungen zu einer Umsatzsteuerkorrektur führen können. Wann allerdings das Entgelt als uneinbringlich anzusehen ist, erläutert das Gesetz nicht. Daher ist in der Rechtsprechung die Entwicklung festzustellen, eine Uneinbringlichkeit schon bei teilweiser Uneinbringlichkeit und auch dann anzuerkennen, wenn besondere Umstände hierzu dargelegt werden können (z. B. fruchtlose Pfändung, unbekannter Aufenthalt des Schuldners). Ohne solche Gründe reicht die bloße Abschreibung als Entgeltsminderung nicht aus. Jedoch kann die Entgeltsminderung nach einem BdF-Erlaß auch in vorläufig geschätzten Beträgen bestehen.

Geht man davon aus, daß allgemeine Annahmen über den Ausfall von Forderungen in der Pauschalwertberichtigung erfaßt werden, so wird man eine direkte Einzelabschreibung nur dann vornehmen, wenn konkrete Umstände zumindest für eine teilweise Uneinbringlichkeit vorliegen. In diesem Fall ist die hier vorgeschlagene Vorgehensweise der Umsatzsteuerkorrektur nach den oben dargestellten Grundsätzen und unter Beachtung des Niederstwertprinzips sowie des nur geringen Steuerstundungseffekts durchaus praktikabel.

(→ Übungsaufgabe 26)

9. Kapitel

Die Gewinn- und Verlustverteilung bei ausgewählten Unternehmensformen

Die Verteilung und Buchung des Jahreserfolges ist abhängig von der Rechtsform der Unternehmung. Dabei bedingen sich die Besonderheiten der Rechnungslegung vor allem durch die unterschiedlichen Formen der Finanzierung und in Abhängigkeit davon durch die Art der Haftungsverhältnisse. Diese finden auch ihren Niederschlag in den einzelnen gesetzlichen Bestimmungen, die z. T. im Handelsgesetzbuch normiert sind. Zu beachten ist, daß einzelne gesetzliche Regelungen dispositives Recht darstellen, also nur zur Anwendung kommen, wenn im Gesellschaftsvertrag keine abweichenden Vereinbarungen getroffen werden (insbesondere die Personengesellschaften betreffend), während andere, insbesondere die Gewinnverteilung der Aktiengesellschaft betreffende Regelungen zwingendes (absolutes) Recht darstellen, als unbedingt zu beachten sind.

Im folgenden wird auf die wesentlichen gesetzlichen Regelungen Bezug genommen, ohne diese im einzelnen näher auszuführen. Des weiteren sind Grundkenntnisse vor allem der Finanzierung und der Haftungsverhältnisse einzelner Unternehmensformen vorausgesetzt. Diese können jedem betriebswirtschaftlichen Lehrbuch entnommen werden.

In dem vorliegenden Abschnitt wird lediglich auf die Gewinnverteilung der Stillen Gesellschaft, der Offenen Handelsgesellschaft und der Kommanditgesellschaft eingegangen. Insbesondere die Gewinnermittlung und -verteilung bei Kapitalgesellschaften bleibt hier unberücksichtigt, da, sollten nicht zu viele Kenntnisse vorausgesetzt werden, der Rahmen des vorliegenden Werkes gesprengt würde.

1. Der Abschluß der Stillen Gesellschaft

Die Rechtsverhältnisse der Stillen Gesellschaft sind in den §§ 230 bis 237 HGB, die der Erfolgsverteilung insbesondere in den §§ 231 und 232 HGB geregelt.

Eine Stille Gesellschaft liegt vor, wenn sich jemand am Handelsgewerbe eines anderen, der alleiniger Unternehmer bleibt, mit einer Vermögenseinlage beteiligt, die dabei in das Vermögen des Geschäftsinhabers übergeht (§ 230 HGB).

Hinsichtlich der Gewinn- und Verlustverteilung ist zwischen der

· typischen Stillen Gesellschaft und der
· atypischen Stillen Gesellschaft

zu unterscheiden.

Typisch für den **stillen Gesellschafter** ist eine dem Gläubiger angenäherte Rechtsstellung. Bei der Liquidation nimmt er nicht an den stillen Reserven teil und ist regelmäßig von der Verlustbeteiligung ausgeschlossen. Die Einlage des stillen Gesellschafters stellt im Konkursfall eine Konkursforderung gegenüber dem Geschäftsinhaber dar. Die Gewinnanteile des stillen Gesellschafters stellen einkommensteuerlich Einkünfte aus Kapitalvermögen dar, die der Kapitalertragsteuer unterliegen. Vom Darlehnsgläubiger unterscheidet sich der stille Gesellschafter vor allem durch die Zwecksetzung; während sich die Partner einer stillen Gesellschaft zu einem gemeinsamen Zweck zusammengeschlossen haben, verfolgt der Darlehensgläubiger seine eigenen Zwecke.

Die Rechtsstellung des **atypischen stillen Gesellschafters** ist der eines Mitunternehmers angenähert. Er nimmt grundsätzlich am Verlust teil und ist an den stillen Reserven beteiligt. Sein Gewinn rechnet einkommensteuerlich zu den Einkünften aus Gewerbebetrieb.

Die **Einlage** des stillen Gesellschafters geht nicht in das volle und unbeschränkte Eigentum des Geschäftsinhabers über. Die stille Einlage stellt daher kein Eigenkapital dar, sondern ist über ein Konto „41 langfristige Verbindlichkeiten" (stille Beteiligung) zu verbuchen. Die Gewinngutschriften des stillen Gesellschafters sind über ein Zahlungskonto bzw. sonstige kurzfristige Verbindlichkeiten zu verbuchen. Ist die vertragsgemäße Einlage noch nicht erbracht, so wird der Gewinnanteil dem Beteiligungskonto gutgeschrieben. Die Kapitalertragsteuer (25%) kann der Geschäftsinhaber vom Gewinnanteil einbehalten (durchlaufender Posten: zu buchen über Konto „480 sonstige Verbindlichkeiten") oder er trägt sie selbst mit 33 1/3%. Privatentnahmen können durch den stillen Gesellschafter nicht vorgenommen werden.

Nach den gesetzlichen Bestimmungen hat der stille Gesellschafter Anspruch auf einen **angemessenen Anteil am Gewinn**. Auch die Verlustbeteiligung soll in angemessenem Umfang, jedoch höchstens bis zur Einzahlungsverpflichtung, erfolgen (dispositives Recht). Während auch die Verlustbeteiligung des stillen Gesellschafters vertraglich ausgeschlossen werden kann, ist dies bei der Gewinnbeteiligung nicht möglich.

Beispiel 1):
B beteiligt sich als stiller Gesellschafter bei dem Einzelunternehmen A mit einer Vermögenseinlage von 50.000 DM, die er am 1. 1. t_0 zu 50% einzahlt. Das Eigenkapital des A belief sich zum gleichen Zeitpunkt auf 250.000 DM; während des laufenden Jahres tätigte A 34.600 DM Privatentnahmen. Der Unternehmensgewinn am 31. 12. t_0 beträgt 84.000 DM, wobei durch eine finanzielle Transaktion während des Jahres 8.100 DM außerordentlicher Verlust entstanden waren, die den Gewinn bereits kürzten. Lt. Gesellschaftsvertrag erhält B vorab 10% Zinsen auf das eingezahlte Kapital sowie vom Gewinnrest weitere 10%, wobei der außerordentliche Verlust unberücksichtigt bleibt. Die Kapitalertragsteuer in Höhe von 25% behält A vom Gewinnanteil des B ein. A erhält den restlichen Gewinn.

Lösung:

Gewinn	84.000,— DM
+ außerordentlicher Verlust	8.100,— DM
Gewinnverteilungsbasis für B (ordentliches Ergebnis)	92.100,— DM
Gewinnanteil des stillen Gesellschafters:	
10% Kapitalverzinsung	2.500,— DM
10% vom Rest Gewinnverteilungsbasis (= 92.100,— ·/· 2.500,— DM)	8.960,— DM
Gewinnanteil	11.460,— DM
·/· Kapitalertragsteuer (25%)	2.865,— DM
Gewinngutschrift	8.595,— DM
Gewinnanteil des Unternehmers A:	
Gewinn	84.000,— DM
·/· Gewinnanteil B	11.460,— DM
Gewinnanteil A	72.540,— DM

Die Verbuchung des Periodengewinns erfolgt aus Gründen der Übersichtlichkeit zunächst meist über eine Kontobrücke „Gewinn- und Verlustverteilung“. Die Gewinnanteile des Unternehmers werden dann zuerst über dessen Privatkonto verbucht.

BS: (801) GuV-Konto an Gewinn- und Verlustverteilung (GV) 84.000,— DM
BS: Gewinn- und Verlustverteilung 84.000,— DM
an (41) langfristige Verbindlichkeiten 8.595,— DM
an (480) sonstige Verbindlichkeiten 2.865,— DM
an (3002) Privatkonto A 72.540,— DM
BS: (3002) Privatkonto A an (300) Eigenkapital A 37.940,— DM

S 300 Eigenkapital A H

S	H
(801) 287.940,—	AB 250.000,—
	(3002) 37.940,—
287.940,—	287.940,—

S 3002 Privatkonto A H

S	H
Entnahme 34.600,—	(GV) 72.540,—
(300) 37.940,—	
72.540,—	72.540,—

S 802 GuV H

S	H
⋮	Ertrag
(695) 8.100,—	
⋮	
(GV) 84.000,—	

S Gewinnverteilung H

S	H
(3002) 72.540,—	(801) 84.000,—
(480) 2.865,—	
(41) 8.595,—	
84.000,—	84.000,—

S 41 langfr. Verbindlichk. H

S	H
(801) 33.595,—	Einlage 25.000,—
	(GV) 8.595,—
33.595,—	33.595,—

S 480 sonst. Verbindlichk. H

S	H
(801) 2.865,—	(GV) 2.865,—

Beispiel 2): Wie Beispiel 1. Die Kapitalertragsteuer übernimmt A mit 33 1/3%.

Lösung:

Gewinnanteil des stillen Gesellschafters:	
10% Kapitalverzinsung	2.500,— DM
10% vom Rest Gewinnverteilungsbasis	8.960,— DM
Gewinnanteil = Gewinngutschrift	11.460,— DM
Gewinnanteil des Unternehmers A:	
Gewinn	84.000,— DM
·/· Gewinnanteil B	11.460,— DM
·/· Kapitalertragsteuer B	3.820,— DM
Gewinnanteil A	68.720,— DM

BS: (802) GuV-Konto an Gewinn- und Verlustverteilung	84.000,— DM
BS: Gewinn- und Verlustverteilung 84.000,— DM	
an (41) langfristige Verbindlichkeiten	11.460,— DM
an (480) sonstige Verbindlichkeiten	3.820,— DM
an (3002) Privatkonto A	68.720,— DM

S	300 Eigenkapital A	H
(801) 284.120,—		AB 250.000,—
		(3002) 34.120,—
284.120,—		284,120,—

S	3002 Privatkonto A	H
Entnahme 34.600,—		(GV) 68.720,—
(300) 34.120,—		
68.720,—		68.720,—

S	81 GuV	H
⋮		Ertrag
(695) 8.100,—		
⋮		
(GV) 84.000,—		

S	Gewinnverteilung	H
(41) 11.460,—		(802) 84.000,—
(480) 3.820,—		
(3002) 68.720,—		
84.000,—		84.000,—

S	41 langfr. Verbindlichk.	H
(801) 36.460,—		Einlage 25.000,—
		(GV) 11.460,—
36.460,—		36.460,—

S	480 sonst. Verbindlichk.	H
(801) 3.820,—		(GV) 3.820,—

2. Der Abschluß der Offenen Handelsgesellschaft (OHG)

Die Rechtsverhältnisse der OHG sind in den §§ 105 bis 160 HGB, die der Erfolgsverteilung insbesondere in den §§ 120 bis 122 HGB, geregelt. Eine OHG ist eine Gesellschaft mit zwei oder mehreren Inhabern (Kaufleuten), deren Zweck auf den Betrieb eines Handelsgewerbes unter gemeinschaftlicher Firma gerichtet ist, wenn bei keinem der Gesellschafter die Haftung gegenüber den Gesellschaftsgläubigern beschränkt ist.

Für jeden Gesellschafter wird je ein Eigenkapital- und ein Privatkonto geführt. Außerdem können – je nach den Vereinbarungen des Gesellschaftsvertrages – andere Konten wie z. B. ausstehende Pflichteinlagen oder Rücklagen notwendig werden. Die Kapitalkonten werden während der Geschäftsperiode regelmäßig nicht berührt. Veränderungen des eingebrachten Kapitals durch Privateinlagen oder Privatentnahmen werden zunächst über die Privatkonten verbucht. Hier erfolgt auch die anteilige Gutschrift des Jahreserfolges. Der Saldo des Privatkontos wird dann, wenn keine feste Kapitaleinlage, die schon erbracht wurde, vereinbart ist, auf dem Eigenkapitalkonto gegengebucht. Sind im Gesellschaftsvertrag feste Kapitaleinlagen normiert, so müssen der anteilige Jahreserfolg einem Rücklagenkonto oder einem Gewinngutschriftskonto zugebucht werden.

Nach den gesetzlichen Bestimmungen (§ 122 HGB) ist jeder Gesellschafter berechtigt, vier Prozent seiner Schlußkapitaleinlage zu entnehmen. Soweit es nicht zum offenbaren Schaden der Gesellschaft gereicht oder im Gesellschaftsvertrag ausgeschlossen ist, kann der Gesellschafter auch mehr entnehmen. Bei der Verzinsung der Kapitaleinlagen werden die Privateinlagen und -entnahmen zeitanteilig berücksichtigt.

Für die **Gewinn- und Verlustverteilung** regelt das Gesetz (§ 121 HGB), daß die Kapitaleinlagen der Gesellschafter zunächst mit vier Prozent zu verzinsen sind. Ein etwaig verbleibender Gewinnrest ist zu gleichen Teilen (nach Köpfen) auf die Gesellschafter zu verteilen. Bei einem für die Kapitalverzinsung nicht ausreichenden Gewinn wird ein entsprechend niedrigerer Prozentsatz der Kapitalverzinsung ermittelt.

Verluste verteilen sich nach den gesetzlichen Vorschriften nach Köpfen. Da die vorgenannten Regelungen sehr allgemein und dispositives Recht sind, werden in den Gesellschaftsverträgen meist detailliertere und abweichende Modi vereinbart.

Zur Erleichterung der Abschlußarbeiten wird die Verteilung des Jahreserfolges meist in einer **Erfolgsverteilungstabelle** ermittelt. Die Verbuchung der Erfolgsanteile geschieht auch hier unter Zwischenschaltung des Kontos „88 Gewinn- bzw. Verlustverteilung".

Beispiel 1):
An einer OHG sind A mit 300.000 DM und B mit 200.000 DM beteiligt. Der zum Jahresschluß ausgewiesene Gewinn beträgt 40.000 DM. Privatentnahmen wurden vorgenommen von

- A am 1. 7. 10.000,— DM
- A am 1.12. 3.000,— DM
- B am 1. 4. 5.000,— DM
- B am 1. 7. 8.000,— DM

Darüber hinaus tätigte B am 1.11. eine Privateinlage von 30.000 DM. Der Gesellschaftsvertrag sieht keine festen Kapitalanteile vor; die Gewinnverteilung ist nach gesetzlichen Bestimmungen vorzunehmen.

Lösung:
Gewinnverteilungstabelle

	Anfangs-kapital	./. Ent-nahmen	+ Ein-lagen	korrigier-tes Kapital	+Ge-winn-anteil*	End-kapital
A	300.000	1.7. 10.000 1.12. 3.000		287.000	21.950	308.950
B	200.000	1.4. 5.000 1.7. 8.000	1.11. 30.000	217.000	18.050	235.050
					40.000	

* Ermittlung der Gewinnanteile

	Verzinsung d. Anfangs-kapitals	./. Zinskor-rektur der Entnahmen	+ Zinskor-rektur der Einlagen	Ver-zinsung	Kopf-quote	Gewinn-anteil
A	12.000	1.7. 200 1.12. 10		11.790	10.160	21.950
B	8.000	1.4. 150 1.7. 160	1.11. 200	7.890	10.160	18.050
				19.680	20.320	40.000
				40.000		

BS: (802) GuV-Konto	an (GV) Gewinnverteilung		40.000,— DM
BS: Gewinnverteilung 40.000,— DM			
	an (3002)	Privatkonto A	21.950,— DM
	an (3012)	Privatkonto B	18.050,— DM
BS: (3002) Privatkonto A	an (300)	Eigenkapital A	8.950,— DM
BS: (3012) Privatkonto B	an (301)	Eigenkapital B	35.050,— DM

S 802 GuV H

Aufwand	Ertrag
(GV) 40.000,—	

S Gewinnverteilung H

S	H
(3002) 21.950,—	(802) 40.000,—
(3012) 18.050,—	
40.000,—	40.000,—

riodengewinn beträgt 85.050 DM. Für die Geschäftsführung erhalten die
entäre vorab je 20.000 DM. Vom Restgewinn sind sodann die Kapital-
nit 4% zu verzinsen. Der verbleibende Gewinn ist im Verhältnis 2 : 2 : 1 : 1
C, D zu verteilen.

angs- ital	./. Entnahmen	+ Einlagen	korrigiertes Kapital	+ Gewinnanteil*	Endkapital
00	1.4. 6.000 1.7. 6.000 1.10. 6.000 1.12. 6.000	1.7. 20.000	116.000	34.820	150.820
00	1.4. 9.000 1.7. 9.000 1.10. 9.000 1.12. 9.000	1.7. 40.000	204.000	38.230	242.230
00				5.800	
00				6.200	

der Gewinnanteile

Verzinsung d. Anfangskapitals	./. Zinskorrektur der Entnahmen	+ Zinskorrektur der Einlagen	Quotenverteilung	Gewinnanteil
4.800	1.4. 180 1.7. 120 1.10. 60 1.12. 20	1.7. 400	10.000	34.820
8.000	1.4. 270 1.7. 180 1.10. 90 1.12. 30	1.7. 800	10.000	38.230
800			5.000	5.800
1.200			5.000	6.200
				85.050

-Konto an Gewinnverteilung 85.050,— DM
nnverteilung an (3002) Privatkonto A 34.820,— DM
(3012) Privatkonto B 38.230,— DM
(480) sonst. Verbindlichkeit
(Gewinnanteil C und D) 12.000,— DM

S	3012 Privatkonto B		H
1.4.	5.000,—	1.11.	30.000,—
1.7.	8.000,—	(GV)	18.050,—
(301)	35.050,—		
	48.050,—		48.050,—

S	3002 Privatkonto A		H
1.7.	10.000,—	(GV)	21.950,—
1.12.	3.000,—		
(300)	8.950,—		
	21.950,—		21.950,—

S	301 Eigenkapital B		H
(801)	235.050,—	AB	200.000,—
		(311)	35.050,—
	235.050,—		235.050,—

S	300 Eigenkapital A		H
(801)	308.950,—	AB	300.000,—
		(301)	8.950,—
	308.950,—		308.950,—

Beispiel 2):

A, B und C sind Gesellschafter einer OHG. Die Kapitalanteile betragen für A 100.000 DM, für B 150.000 DM und für C 250.000 DM. Der Jahresgewinn beträgt 115.335 DM. Privatentnahmen wurden vorgenommen von

- A am 1. 4. 10.000 DM
- A am 1.12. 8.000 DM
- B am 1.11. 12.000 DM
- B am 1.12. 4.000 DM
- C am 1. 7. 15.000 DM
- C am 1. 8. 4.000 DM.

Privateinlagen wurden vorgenommen von

- B am 1. 3. 15.000 DM
- C am 1. 2. 20.000 DM

Der Gesellschaftsvertrag sieht keine festen Kapitalanteile vor. Für ihre Geschäftsführertätigkeit erhalten A und B vom Gewinn vorab je 50.000 DM. Der Restgewinn wird nach gesetzlichen Vorschriften verteilt.

	Anfangskapital	./. Entnahme	+ Einlage	korrigiertes Kapital	+ Gewinnanteil*	Endkapital
A	100.000	1.4. 10.000 1.12. 8.000		82.000	52.755	134.755
B	150.000	1.11. 12.000 1.12. 4.000	1.3. 15.000	149.000	54.805	203.805
C	250.000	1.7. 15.000 1.8. 4.000	1.2. 20.000	251.000	7.775	258.775

* Ermittlung der Gewinnanteile

	Vorabgewinnanteil	Verzinsung des Anfangskapitals	./. Zinskorrektur der Entnahmen	+ Zinskorrektur der Einlagen	Gewinnanteil
A	50.000	3.000	1.4. 225 1.12. 20		52.755
B	50.000	4.500	1.11. 60 1.12. 10	1.3. 375	54.805
C		7.500	1.7. 225 1.8. 50	1.2. 550	7.775
					115.335

BS:	(802) GuV-Konto	an Gewinnverteilung 115.335,— DM	
BS:	Gewinnverteilung 115.345,— DM	an (3002) Privatkonto A	52.755,— DM
		an (3012) Privatkonto B	54.805,— DM
		an (3022) Privatkonto C	7.775,— DM
BS:	(3002) Privatkonto A	an (300) Eigenkapital A	34.755,— DM
BS:	(3012) Privatkonto B	an (301) Eigenkapital B	53.805,— DM
BS:	(3022) Privatkonto C	an (302) Eigenkapital C	8.775,— DM

S 802 GuV H

Soll	Haben
Aufwand	Ertrag
(GV) 115.335,—	

S Gewinnverteilung H

Soll	Haben
(3002) 52.755,—	(802) 115.335,—
(3012) 54.805,—	
(3022) 7.775,—	
115.335,—	115.335,—

S 3002 Privatkonto A H

Soll	Haben
1.4. 10.000,—	(GV) 52.755,—
1.12. 8.000,—	
(300) 34.755,—	
52.755,—	52.755,—

S 3012 Privatkonto B H

Soll	Haben
1.11. 12.000,—	1.3. 15.000,—
1.12. 4.000,—	(GV) 54.805,—
(301) 53.805,—	
69.805,—	69.805,—

S 3022 Privatkonto C H

Soll	Haben
1.7. 15.000,—	1.2. 20.000,—
1.8. 4.000,—	(GV) 7.775,—
(302) 8.775,—	
27.775,—	27.775,—

S 300 Eigenkapital A H

Soll	Haben
(801) 134.755,—	AB 100.000,—
	(3002) 34.755,—
134.755,—	134.755,—

S 301 Eigenkapital B H

Soll	Haben
(801) 203.805,—	AB 150.000,—
	(3012) 53.805,—
203.805,—	203.805,—

S (801)

(→ Übungsaufgabe 27 und 28)

3. Der Abschluß der Komman

Die Rechtsverhältnisse der KG sind in den § 161
lung insbesondere in den §§ 167 bis 169 HGI
Zweck auf den Betrieb eines Handelsgewerbes
richtet ist, ist eine Kommanditgesellschaft, wer
Gesellschaftern die Haftung gegenüber den G
einer bestimmten Vermögenseinlage beschrän
dem anderen Teile der Gesellschafter eine Bes
det (persönlich haftende Gesellschafter = **K**

Für die Komplementäre wird je ein Eigenk
rend für die Kommanditisten ein Konto Ko
leinlage zu verbuchen ist, und ein Konto Ge
lichkeiten) geführt wird. Die Vollhafter kö
entsprechend den Vorschriften für die OH
Teilhafter nur ihre Gewinngutschriften ent

Nach den gesetzlichen Vorschriften sind
gen der Gesellschafter mit vier Prozent zu v
gewinn ist in angemessenem Verhältnis zwi

Verluste sind ebenfalls angemessen zu v
doch bis zum Betrag der vertraglichen K

Beispiel 1):

	A	B
	Vollhafter	Vollhaft
Kapital	120.000	200.000
Entnahmen	1.4. 6.000 1.7. 6.000 1.10. 6.000 1.12. 6.000	1.4. 1.7. 1.10. 1.12.
Einlagen	1.7. 20.000	1.7.

Der Pe
Komplen
einlagen
auf A, B,

	An kap
A	120.
B	200.
C	20.0
D	30.0

* Ermittlun

	Vorab
A	20.000
B	20.000
C	
D	

BS: (802) Gu
BS: Gew

S 802 GuV H

S	H
Aufwand	Ertrag
(GV) 85.050,—	

S Gewinnverteilung H

S	H
(301) 34.820,—	(802) 85.050,—
(311) 38.230,—	
(480) 12.000,—	
85.050,—	85.050,—

S 3002 Privatkonto A H

S	H
1.4. 6.000,—	1.7. 20.000,—
1.7. 6.000,—	(GV) 34.820,—
1.10. 6.000,—	
1.12. 6.000,—	
(30) 30.820,—	
54.820,—	54.820,—

S 3012 Privatkonto B H

S	H
1.4. 9.000,—	1.7. 40.000,—
1.7. 9.000,—	(GV) 38.230,—
1.10. 9.000,—	
1.12. 9.000,—	
(31) 42.230,—	
78.230,—	78.230,—

S 300 Kapital A H

S	H
(801) 150.820,—	AB 120.000,—
	(3002) 30.820,—
150.820,—	150.820,—

S 301 Kapital B H

S	H
(801) 242.230,—	AB 200.000,—
	(3012) 42.230,—
242.230,—	242.230,—

S 480 sonstiger Verbindlichk. H

S	H
(801) 12.000,—	(GV) 12.000,—

Beispiel 2):

	A	B	C	D
	Vollhafter	Vollhafter	Teilhafter	Teilhafter
Kapital (vertraglich)	150.000	250.000	30.000	40.000
Kapital (einbezahlt)	150.000	250.000	15.000	20.000
Entnahmen	1.7. 15.000 1.12. 12.000	1.7. 20.000 1.12. 15.000		
Einlagen	1.4. 6.000	1.4. 8.000		

Der Periodengewinn beträgt 111.130 DM. Für die Geschäftsführung erhalten die Komplementäre vorab je 25.000 DM. Vom Restgewinn sind sodann die Kapitaleinlagen mit 4% zu verzinsen. Der verbleibende Gewinn ist im Verhältnis 2 : 3 : 1 : 1 auf A, B, C und D zu verteilen.

Lösung:

	Anfangs-kapital	./. Ent-nahmen	+ Ein-lagen	korri-giertes Kapital	+Ge-winn-anteil*	End-kapital
A	150.000	1.7. 15.000 1.12. 12.000	1.4. 6.000	129.000	43.440	172.440
B	250.000	1.7. 20.000 1.12. 15.000	1.4. 8.000	223.000	53.690	276.690
C	15.000				6.900	21.900
D	20.000				7.100	27.100

* Ermittlung der Gewinnanteile

	Vorab	Verzinsung d. Anfangs-kapitals	./. Zinskor-rektur der Entnahmen	+ Zinskor-rektur der Einlagen	Quoten-vertei-lung	Gewinn-anteil
A	25.000	6.000	1.7. 300 1.12. 40	1.4. 180	12.600	43.440
B	25.000	10.000	1.7. 400 1.12. 50	1.4. 240	18.900	53.690
C		600			6.300	6.900
D		800			6.300	7.100
						111.130

S 802 GuV H

Aufwand	Ertrag
(GV) 111.130,—	

S Gewinnverwendung H

S	H
(3002) 43.440,—	(802) 111.130,—
(3012) 53.690,—	
(304) 6.900,—	
(305) 7.100,—	
111.130,—	111.130,—

S 3002 Privatkonto A H

S	H
1.7. 15.000,—	1.4. 6.000,—
1.12. 12.000,—	(GV) 43.440,—
(300) 22.440,—	
49.440,—	49.440,—

S 3012 Privatkonto B H

S	H
1.7. 20.000,—	1.4. 8.000,—
1.12. 15.000,—	(GV) 53.690,—
(301) 26.690,—	
61.690,—	61.690,—

S	300 Kapital A		H
(801)	172.440,—	AB	150.000,—
		(3002)	22.440,—
	172.440,—		172.440,—

S	301 Kapital B		H
(801)	276.690,—	AB	250.000,—
		(3012)	26.690,—
	276.690,—		276.690,—

S	304 Einlage Kommanditist C		H
(801)	21.900,—	AB	15.000,—
		(GV)	6.900,—
	21.900,—		21.900,—

S	305 Einlage Kommanditist D		H
(801)	27.100,—	AB	20.000,—
		(GV)	7.100,—
	27.100,—		27.100,—

Die in diesem Beispiel aufgezeigte Verbuchungsmethode geht bei den Teilhaftern (hier C und D) davon aus, daß auf ihren Kapitalkonten nur die effektiv eingezahlten Beträge incl. Gewinnzuweisungen verbucht werden. Eine andere Verbuchungsmethode besteht darin, auf den Kapitalkonten der Kommanditisten die Haftungseinlage, die auch als „bedungene Einlage" bezeichnet wird, zu verzeichnen und für die noch ausstehenden Einlagen eigene Aktivkonten einzurichten, die ihrem Charakter nach sonstige Forderungen der Gesellschaft an die Kommanditisten darstellen. Solange die Einlagen nicht voll geleistet sind, werden die noch ausstehenden Einzahlungen auf dem Aktivkonto mit den jeweiligen Gewinnzuweisungen verrechnet, bis die effektiv geleisteten Einzahlungen incl. Gewinnzuweisungen der Haftungseinlage entsprechen. Erst dann dürfen die Gewinnanteile an die Kommanditisten ausgezahlt werden und eigene Gewinngutschriftskonten geführt werden.

Für die Teilhafter C und D ändert sich dann die Verbuchung in dem vorliegenden **Beispiel 2)** wie folgt:

S	302 Kapital C		H
(801)	30.000,—	AB	30.000,—
	30.000,—		30.000,—

S	303 Kapital D		H
(801)	40.000,—	AB	40.000,—
	40.000,—		40.000,—

S	003 Ausstehende Einlagen C		H
AB	15.000,—	(GV)	6.900,—
		(801)	8.100,—
	15.000,—		15.000,—

S	004 Ausstehende Einlagen D		H
AB	20.000,—	(GV)	7.100,—
		(801)	12.900,—
	20.000,—		20.000,—

(→ Übungsaufgabe 29)

Literaturverzeichnis

Bähr, Gottfried / Fischer-Winkelmann, Wolf W.: Buchführung und Bilanz, Wiesbaden 1978

Brunner, Werner / Fleckenstein, Lothar: Rechnungswesen, Bad Homburg vor der Höhe u.a. 1976

Bundesverband der Deutschen Industrie – Betriebswirtschaftlicher Ausschuß (Hrsg.): Industriekontenrahmen „IKR", Bergisch Gladbach 1986

Engelhardt, Werner / Raffée, Hans: Grundzüge der doppelten Buchhaltung, 2. Aufl., Wiesbaden (1971)

Falterbaum, Hermann: Buchführung und Bilanz, 7. Aufl., Düsseldorf 1975

Flasse, Gunther / Gräve, Günther / Hanschmann, Rolf / Heßhaus, Werner: Buchhaltung 1: System der doppelten Buchhaltung; Buchhaltung 2: Organisation und besondere Buchungsfälle, Wiesbaden (1977)

Greifzu, Julius / Lembcke, Rolf / Schöning, Hans (Hrsg.): Das Rechnungswesen. Handbuch der Buchführungsorganisation, Bilanzierung und Kostenrechnung, 13. Aufl., Wiesbaden (1975)

Hagedorn, Wolfgang: Buchführung, Bielefeld – Köln (1976)

Hartmann / Hertel: Grundlagen des betrieblichen Rechnungswesen, Bd. 2, 3. Aufl., Rinteln (1975)

Holland, Horst / Reimers, Jürgen: Buchführung, 4. Aufl., Bad Homburg vor der Höhe u.a. 1975

Scharnweber, Helmut: Buchführung und Jahresabschluß, München 1976

Schmidt, Harald: Buchführung und Steuerbilanz, Wiesbaden (1974)

Schmolke, Siegfried / Deitermann, Manfred: Industrielles Rechnungswesen – IKR, 3. Aufl., Darmstadt (1979)

Schöttler, Jürgen: Möglichkeiten zur Vereinfachung der Inventur mit Hilfe mathematisch-statistischer Methoden nach dem deutschen Bilanzrecht, Thun – Frankfurt am Main (1979)

Spulak, Reinhard: Neuere Abschreibungsverfahren in Handels- und Steuerbilanz. Ein Beitrag zum Problembereich der betriebswirtschaftlich „richtigen" Abschreibung, Thun – Frankfurt am Main (1979)

Vormbaum, Herbert: Grundlagen des betrieblichen Rechnungswesens, Stuttgart u.a. (1977)

Wöhe, Günter: Bilanzierung und Bilanzpolitik, 7. Aufl., München (1984)

Woll, Artur: Wirtschaftslexikon, 3. Aufl., München, Wien (1988)

Kontenplan (nach IKR 1986) für Technik des betrieblichen Rechnungswesens

Kontenklasse 0: Immaterielle Vermögensgegenstände und Sachanlagen

00 ausstehende Einlagen
003 ausstehende Einlagen Kommanditist
004 ausstehende Einlagen Kommanditist
02 Konzessionen, Schutzrechte, Lizenzen
03 Geschäfts- oder Firmenwert
05 unbebaute/bebaute Grundstücke
07 Maschinen
08 Betriebs- und Geschäftsausstattung

Kontenklasse 1: Finanzanlagen

11 Anteile an verbundenen Unternehmen
12 Ausleihungen an verbundene Unternehmen
13 Beteiligungen
15 Wertpapiere des Anlagevermögens
16 sonst. Ausleihungen

Kontenklasse 2: Umlaufvermögen und aktive Rechnungsabgrenzung

200 Rohstoffe
2001 Anschaffungsnebenkosten Rohstoffe
2002 Preisnachlässe Rohstoffe
201 Fremdfabrikate/Vorprodukte
202 Hilfsstoffe
2021 Anschaffungsnebenkosten Hilfsstoffe
2022 Preisnachlässe Hilfsstoffe
203 Betriebsstoffe
2031 Anschaffungsnebenkosten Betriebsstoff
2032 Preisnachlässe Betriebsstoffe
210 unfertige Erzeugnisse
220 Fertigerzeugnisse
240 Forderungen aus Lieferungen und Leistungen
241 Dubiose Forderungen
245 Besitzwechsel
2492 Pauschalwertberichtigung zu Forderungen
26 sonst. Forderungen
260 Vorsteuer
2628 Einfuhrumsatzsteuer
2629 noch nicht anzurechnende Vorsteuer
264 Forderungen an Mitarbeiter
280 Bank
288 Kasse
29 Aktive Rechnungsbegrenzung
299 Bilanzverlust (nicht durch EK gedeckter Fehlbetrag)

Kontenklasse 3: Eigenkapital und Rückstellungen

300 Eigenkapital (Gesellschafter A)
3002 Privatkonto (Gesellschafter A)
301 Eigenkapital (Gesellschafter B)
3012 Privatkonto (Gesellschafter B)
302 Eigenkapital (Gesellschafter C)
3022 Privatkonto (Gesellschafter C)
303 Eigenkapital (Gesellschafter D)
3032 Privatkonto (Gesellschafter D)
304 Einlage Kommanditist
305 Einlage Kommanditist
35 Sonderposten mit Rücklageanteil
36 Wertberichtigungen auf Anlagen
37 Rückstellungen für Pensionen und ähnliche Verpflichtungen
38 Steuerrückstellungen
39 sonst. Rückstellungen

Kontenklasse 4: Verbindlichkeiten und passive Rechnungsabgrenzung

41 langfristige Verbindlichkeiten
440 Verbindlichkeiten aus Lieferungen und Leistungen
45 Schuldwechsel
480 sonst. Verbindlichkeiten
481 Mehrwertsteuer (MwSt)
4811 noch nicht fällige MwSt
4812 Steuer auf den Eigenverbrauch
482 Umsatzsteuerverrechnung
483 Verbindlichkeiten gegen Sozialversicherungsträger
49 Passive Rechnungsabgrenzungsposten

Kontenklasse 5: Erträge

500 Umsatzerlöse
516 Skonti
517 Boni
518 andere Erlösberichtigungen
52 Bestandsveränderungen
54 sonst. Erträge
5452 Erträge aus der Herabsetzung der Pauschalwertberichtigung zu Forderungen
546 Erträge aus Abgang Anlagevermögen
548 Erträge aus der Auflösung von Rückstellungen
55 Erträge aus Beteiligungen
56 Erträge aus anderen Wertpapieren
570 Zinserträge
573 Diskonterträge
579 übrige sonstige Zinsen und ähnliche Erträge

Kontenklasse 6: Betriebliche Aufwendungen

600 Aufwand Rohstoffe
601 Aufwand Fremdfabrikate/Vorprodukte
602 Aufwand Hilfsstoffe

603 Aufwand Betriebsstoffe
616 Reparatur und Instandhaltung
62 Löhne
640 soziale Abgaben
643 sonst. soziale Abgaben
65 Abschreibungen auf Anlagen
670 Mieten und Pachten
676 Provisionen
680 Büromaterial
693 sonst. Aufwendungen
695 Abschreibungen auf Forderungen
696 Aufwendungen aus Abgang Anlagevermögen
698 sonst. betr. Aufwand (Rückstellungszuführung)

Kontenklasse 7: Weitere Aufwendungen

700 Gewerbekapitalsteuer
701 Vermögensteuer
702 Grundsteuer
703 Kfz-Steuer
705 Wechselsteuer
708 Verbrauchsteuer
74 Abschreibungen auf Finanzanlagen
751 Bankzinsen
753 Diskontaufwand
756 Zinsen für Verbindlichkeiten
76 außerordentliche Aufwendungen
770 Gewerbeertragsteuer
771 Körperschaftsteuer

Kontenklasse 8: Ergebnisrechnungen

800 Eröffnungsbilanzkonto
801 Schlußbilanzkonto
802 Gewinn- und Verlustkonto (GuV)

Kontenklasse 9: Kosten- und Leistungsrechnung (KLR)

Sachregister

Industriekontenrahmen (IKR)

IKR Kontenplan

I. AKTIVKONTEN (Kl. 0, 1, 2)		
Klasse 0: Immaterielle Vermögensgegenstände und Sachanlagen	**Klasse 1:** Finanzanlagen	**Klasse 2:** Umlaufvermögen und aktive Rechnungsabgrenzung
00 Anstehende Einlagen 0000 Ausstehende Einlagen Immaterielle Vermögensgegenstände 02 Gewerbliche Schutzrechte 0200 Konzessionen, Lizenzen, Patente u. ä. Rechte 03 Geschäfts- oder Firmenwert 0300 Geschäfts- oder Firmenwert Sachanlagen 05 Grundstücke, grundstücksgleiche Rechte und Bauten einschließlich der Bauten auf fremden Grundstücken 0500 Unbebaute Grundstücke 0510 Bebaute Grundstücke 0530 Betriebsgebäude 0590 Wohngebäude 07 Technische Anlagen und Maschinen 0720 Anlagen und Maschinen 0790 Geringwertige Anlagen und Maschinen 08 Andere Anlagen, Betriebs- und Geschäftsausstattung 0840 Fuhrpark 0850 BGA 0890 Geringwertige Vermögensgegenstände der Betriebs- und Geschäftsausstattung 09 Geleistete Anzahlungen und Anlagen im Bau 0900 Geleistete Anzahlungen auf Sachanlagen 0950 Anlagen im Bau	13 Beteiligungen 1300 Beteiligungen 15 Wertpapiere des Anlagevermögens 1500 Wertpapiere des Anlagevermögens 16 Sonstige Finanzanlagen 1600 Sonstige Finanzanlagen	Vorräte 20 Roh-, Hilfs- und Betriebsstoffe 2000 Rohstoffe/Fertigungsmaterial[1] 2010 Vorprodukte/Fremdbauteile[1] 2020 Hilfsstoffe[1] 2030 Betriebsstoffe[1] 2070 Sonstiges Material[1] 21 Unfertige Erzeugnisse, unfertige Leistungen 2100 Unfertige Erzeugnisse und Leistungen 22 Fertige Erzeugnisse und Waren 2200 Fertige Erzeugnisse 2280 Handelswaren[1] 23 Geleistete Anzahlungen auf Vorräte 2300 Geleistete Anzahlungen auf Vorräte Forderungen und sonstige Vermögensgegenstände 24 Forderungen aus Lieferungen und Leistungen 2400 Forderungen aus Lieferungen und Leistungen 2450 Wechselforderungen aus Lieferungen und Leistungen (Besitzwechsel) 2470 Zweifelhafte Forderungen 2480 Protestwechsel 26 Sonstige Vermögensgegenstände 2600 Vorsteuer 2630 Sonstige Forderungen an Finanzamt (ausgezahlte Arbeitnehmersparzulage) 2650 Forderungen an Mitarbeiter 2690 übrige sonstige Forderungen 27 Wertpapiere des Umlaufvermögens 2700 Wertpapiere des Umlaufvermögens 28 Flüssige Mittel 2800 Guthaben bei Kreditinstituten (Bank) 2850 Postgiro 2860 Schecks 2880 Kasse 29 Aktive Rechnungsabgrenzung 2900 Aktive Rechnungsabgrenzung 2920 Umsatzsteuer auf erhaltene Anzahlungen 2940 Disagio

[1] In der Abschlußprüfung (Betriebsübersicht) werden auf diesem Konto nur Bestände erfaßt. Werden im übrigen Material- oder Warenbezüge nicht sofort als Aufwendungen gebucht, sind bei den betreffenden Konten die Unterkonten Bezugskosten und Nachlässe zu führen.

II. PASSIVKONTEN (Kl. 3, 4)

Klasse 3:
Eigenkapital und Rückstellungen

Eigenkapital

30 Eigenkapital/Gezeichnetes Kapital
Bei Personengesellschaften/ Einzelunternehmen
- 3000 Kapital Gesellschafter A/ Eigenkapital
  - 3001 Privatkonto A/Privat
- 3010 Kapital Gesellschafter B
  - 3011 Privatkonto B
- 3070 Kommanditkapital Gesellschafter C
- 3080 Kommanditkapital Gesellschafter D

Bei Kapitalgesellschaften:
- 3000 Gezeichnetes Kapital (Grundkapital/ Stammkapital)

31 Kapitalrücklage
- 3100 Kapitalrücklage

32 Gewinnrücklage
- 3210 Gesetzliche Rücklage
- 3230 Satzungsmäßige Rücklagen
- 3240 Andere Gewinnrücklagen

34 Jahresüberschuß/ Jahresfehlbetrag

35 Sonderposten mit Rücklageanteil
- 3500 Sonderposten mit Rücklageanteil

36 Wertberichtigungen
- 3670 Einzelwertberichtigung zu Forderungen
- 3680 Pauschalwertberichtigung zu Forderungen

Rückstellungen

37 Rückstellungen für Pensionen und ähnliche Verpflichtungen
- 3700 Rückstellungen für Pensionen und ähnliche Verpflichtungen

38 Steuerrückstellungen
- 3800 Steuerrückstellungen

39 Sonstige Rückstellungen
- 3910 — für Gewährleistung
- 3930 — für andere ungewisse Verbindlichkeiten
- 0070 für drohende Verluste aus schwebenden Geschäften
- 3990 — für Aufwendungen

Klasse 4:
Verbindlichkeiten und passive Rechnungsabgrenzung

42 Verbindlichkeiten gegenüber Kreditinstituten
- 4200 Kurzfristige Bankverbindlichkeiten (Restlaufzeit bis zu einem Jahr)
- 4250 Langfristige Bankverbindlichkeiten

43 Erhaltene Anzahlungen auf Bestellungen
- 4300 Erhaltene Anzahlungen auf Bestellungen

44 Verbindlichkeiten aus Lieferungen und Leistungen
- 4400 Verbindlichkeiten aus Lieferungen und Leistungen

45 Wechselverbindlichkeiten
- 4500 Schuldwechsel

48 Sonstige Verbindlichkeiten
- 4800 Umsatzsteuer
- 4830 Sonstige Verbindlichkeiten gegenüber dem Finanzamt
- 4840 Verbindlichkeiten gegenüber Sozialversicherungsträgern
- 4850 Verbindlichkeiten gegenüber Mitarbeitern
- 4860 Verbindlichkeiten aus vermögenswirksamen Leistungen
- 4890 übrige sonstige Verbindlichkeiten

49 Passive Rechnungsabgrenzung
- 4900 Passive Rechnungsabgrenzung
- 4920 Vorsteuer auf geleistete Anzahlungen

III. ERTRAGSKONTEN

Klasse 5:
Erträge

50 Umsatzerlöse f. eigene Erzeugnisse u. andere eigene Leistungen
- 5000 Umsatzerlöse für eigene Erzeugnisse u. andere eigene Leistungen
  - 5001 Erlösberichtigungen

51 Umsatzerlöse für Waren und sonstige Umsatzerlöse
- 5100 Umsatzerlöse für Waren und sonstige Umsatzerlöse
  - 5101 Erlösberichtigungen

52 Erhöhung oder Verminderung des Bestandes an unfertigen und fertigen Erzeugnissen
- 5200 Bestandveränderungen
  - 5201 Bestandveränderungen an unfertigen Erzeugnissen und nicht abgerechneten Leistungen
  - 5202 Bestandsveränderungen an fertigen Erzeugnissen

53 Andere aktivierte Eigenleistungen
- 5300 Aktivierte Eigenleistungen

54 Sonstige betriebliche Erträge
- 5400 Nebenerlöse
  - 5401 aus Vermietung und Verpachtung
- 5410 Sonstige Erlöse
  - 5417 Erlöse aus dem Abgang von Gegenständen des Anlagevermögens bei Buchgewinnen
  - 5418 Erlöse aus dem Abgang von Gegenständen des Anlagevermögens bei Buchverlusten
- 5420 Eigenverbrauch
- 5430 andere sonstige betriebliche Erträge (z. B. Schadensersatzleistungen)
- 5450 Erträge aus der Auflösung oder Herabsetzung von Wertberichtigungen auf Forderungen
- 5460 Erträge aus dem Abgang von Vermögensgegenständen (Nettoerträge: Erlös ./. Buchwert)
- 5480 Erträge aus der Herabsetzung von Rückstellungen
- 5490 Periodenfremde Erträge/ Rückerstattungen (soweit nicht bei den betroffenen Ertragsarten zu erfassen)
  - 5495 Zahlungseingänge auf abgeschriebene Forderungen

55 Erträge aus Beteiligungen
- 5500 Erträge aus Beteiligungen

56 Erträge aus anderen Wertpapieren und Ausleihungen des Finanzanlagevermögens
- 5600 Erträge aus anderen Finanzanlagen

57 Sonstige Zinsen und ähnliche Erträge
- 5710 Zinserträge
- 5730 Diskonterträge
- 5780 Erträge aus Wertpapieren des Umlaufvermögens
  - 5783 Erträge aus der Zuschreibung von Wertpapieren des Umlaufvermögens
  - 5784 Erträge aus dem Abgang von Wertpapieren des Umlaufvermögens
- 5790 Sonstige zinsähnliche Erträge

58 Außerordentliche Erträge
- 5800 Außerordentliche Erträge

IV. AUFWANDSKONTEN (Kl. 6, 7)

Klasse 6:
Materialaufwand

60 Aufwendungen für Roh-, Hilfs- und Betriebsstoffe und für bezogene Waren
- 6000 Aufwendungen für Rohstoffe/Fertigungsmaterial
  - 6001 Bezugskosten
  - 6002 Nachlässe
- 6010 Aufwendungen für Vorprodukte/Fremdbauteile
  - 6011 Bezugskosten
  - 6012 Nachlässe
- 6020 Aufwendungen für Hilfsstoffe
  - 6021 Bezugskosten
  - 6022 Nachlässe
- 6030 Aufwendungen für Betriebsstoffe/Verbrauchswerkzeuge
  - 6031 Bezugskosten
  - 6032 Nachlässe
- 6040 Aufwendungen für Verpackungsmaterial
- 6050 Aufwendungen für Energie
- 6060 Aufwendungen für Reparaturmaterial
- 6070 Aufwendungen für sonstiges Material
  - 6071 Bezugskosten
  - 6072 Nachlässe
- 6080 Aufwendungen für Waren
  - 6081 Bezugskosten
  - 6082 Nachlässe

61 Aufwendungen für bezogene Leistungen
- 6100 Fremdleistungen für Erzeugnisse und andere Umsatzleistungen
- 6140 Ausgangsfrachten und Fremdlager (incl. Versicherung und anderer Nebenkosten)
- 6150 Vertriebsprovisionen
- 6160 Fremdinstandhaltung
- 6170 Sonstige Aufwendungen für bezogene Leistungen

Personalaufwand

62 Löhne
- 6200 Löhne
- 6220 Sonst. tarifl. o. vertragl. Aufwand für Lohnempfänger

63 Gehälter
- 6300 Gehälter

64 Soziale Abgaben und Aufwendungen für Altersversorgung und für Unterstützung
- 6400 Arbeitgeberanteil zur Sozialversicherung
- 6420 Beiträge zur Berufsgenossenschaft
- 6440 Aufwendungen für Altersversorgung
- 6490 Aufwendungen für Unterstützung

Abschreibungen auf Anlagevermögen

65 Abschreibungen
- 6510 Abschreibungen auf immaterielle Vermögensgegenstände des Anlagevermögens
- 6520 Abschreibung auf Sachanlagen
- 6540 Abschreibung auf geringwertige Wirtschaftsgüter
- 6550 Außerplanmäßige Abschreibungen

Abschreibungen auf Umlaufvermögen
- 6570 Unüblich hohe Abschreibungen auf Vorräte
- 6580 Unüblich hohe Abschreibungen auf Forderungen

Sonstige betriebliche Aufwendungen

66 Sonstige Personalaufwendungen
- 6690 Sonstige Personalaufwendungen

67 Aufwendungen für die Inanspruchnahme von Rechten und Diensten
- 6700 Mieten, Pachten
- 6710 Leasing
- 6720 Lizenzen und Konzessionen
- 6730 Gebühren
- 6750 Kosten des Geldverkehrs
- 6760 Provisionsaufwendungen (außer Vertriebsprovisionen)
- 6770 Rechts- und Beratungskosten

68 Aufwendungen für Kommunikation (Dokumentation, Information, Reisen, Werbung)
- 6800 Büromaterial
- 6810 Zeitungen und Fachliteratur
- 6820 Postgebühren
- 6850 Reisekosten
- 6860 Bewirtung und Präsentation
- 6870 Werbung
- 6880 Spenden (nur Kapitalgesellschaften)

69 Aufwendungen für Beiträge und Sonstiges sowie Wertkorrekturen und periodenfremde Aufwendungen
- 6900 Versicherungsbeiträge
- 6920 Beiträge zu Wirtschaftsverbänden und Berufsvertretungen
- 6930 Verluste aus Schadensfällen
- 6950 Abschreibungen auf Forderungen
  - 6951 Abschreibungen auf Forderungen wegen Uneinbringlichkeit
  - 6952 Einstellung in Einzelwertberichtigungen
  - 6953 Einstellung in Pauschalwertberichtigungen
- 6960 Verluste aus dem Abgang von Vermögensgegenständen
- 6980 Zuführungen zu Rückstellungen für Gewährleistung
- 6990 Periodenfremde Aufwendungen (soweit nicht bei den betreffenden Aufwandsarten zu erfassen)

Klasse 7:
Weitere Aufwendungen

70 Betriebliche Steuern
- 7000 Gewerbekapitalsteuer
- 7010 Vermögenssteuer (bei Kapitalgesellschaften)
- 7020 Grundsteuer
- 7030 Kraftfahrzeugsteuer
- 7050 Wechselsteuer
- 7090 Sonstige betriebliche Steuern

74 Abschreibungen auf Finanzanlagen und auf Wertpapiere des Umlaufvermögens und Verluste aus entsprechenden Abgängen
- 7400 Abschreibungen auf Finanzanlagen
- 7420 Abschreibungen auf Wertpapiere des Umlaufvermögens
- 7450 Verluste aus dem Abgang von Finanzanlagen
- 7460 Verluste aus dem Abgang von Wertpapieren des Umlaufvermögens

75 Zinsen und ähnliche Aufwendungen
- 7510 Zinsaufwendungen
- 7530 Diskontaufwendungen
- 7590 Sonstige zinsähnliche Aufwendungen

76 Außerordentliche Aufwendungen
- 7600 Außerordentliche Aufwendungen

77 Steuern von Einkommen und Ertrag
- 7700 Gewerbeertragsteuer
- 7710 Körperschaftsteuer (bei Kapitalgesellschaften)
- 7720 Kapitalertragsteuer (bei Kapitalgesellschaften)

V. ERÖFFNUNGS- UND ABSCHLUSSKONTEN

Klasse 8:
Ergebnisrechnungen

80 Eröffnung/Abschluß
- 8000 Eröffnungsbilanzkonto
- 8010 Schlußbilanzkonto
- 8020 G-u.V-Konto Gesamtkostenverfahren